新世紀成本會計

江正峰 編著

前 言

　　成本會計是高等學校會計學專業的核心課程之一。成本會計是會計工作的重要內容，存在於經濟工作和社會生活的各個方面。經濟越發達，會計越重要，與成本管理工作密切相關的成本會計也越來越重要。本著「理論夠用，突出操作，學歷證書與職業資格證書融通」的原則，本教材突出學歷證書教育與初級會計師證書教育的雙重功能，力求做到複雜問題簡單化、簡單問題趣味化。本教材在具體內容設計上，結合了會計核算與財務管理規定的內容，依託案例分析，具有以下特色：

　　1. 以實踐能力培養為目標

　　本教材採用校企合作方式編寫，聘請實踐經驗豐富的校外參編人員，將理論與實踐充分結合，再補充相應的案例教學。教材在每章開始都設計了最新的和典型的案例導入，以激發學生的學習興趣，同時便於師生在課堂上進行討論與互動。學生在學習案例的過程中可以掌握理論，提高實際工作能力和實踐能力。案例教學充分體現了應用型本科人才培養的要求，充分體現了應用型的特點，滿足成本會計實際工作崗位的需求。

　　2. 內容新穎，緊跟新準則、新政策

　　本教材以最新的《企業會計制度》為依據編寫，及時更新內容、例題和習題。本教材根據 2013 年的《小企業會計準則》和 2014 年 7 月修訂的《企業會計準則》的要求，用「預付帳款」代替「待攤費用」，用「其他應付款」代替「預提費用」，使學生學習內容不陳舊、不落後。

　　3. 教學內容與財務會計有效銜接，增加會計電算化內容

　　本教材結合財務會計的內容，將成本會計的計算結果與財務會計中的會計分錄相結合，更有利於學生對成本會計的理解。會計專業新增了成本會計實訓課程，其教材內容編寫結合電算化的內容，使學生在校學習的知識能夠滿足成本核算管理的需要，能夠滿足學生走入社會後的實際工作需要。

　　4. 任務驅動，指導性強

　　本教材將理論教學內容與更多的配套例題和習題相結合，以提高學生自主解決問題的能力。每章都設計了相應的例題和習題，破解了學生在學習空洞的理論後不會分

析問題並解決問題的難題，做到在「學中做，做中學」，以提高學生學以致用的能力。學生畢業後能從容地面對工作環境，能夠利用成本會計電算化的知識規範企業的運作，對成本核算進行規範管理，帶動產、供、銷的最優化整合，達到對企業資源最優化的管理，提高工作效率。

5. 實現「教－學－考」一體化

本教材編寫者擔任了多年會計學專業學生初級會計師考試的培訓教師，經驗豐富，能將教材內容與歷年考試真題相結合，將真題作為例題和練習穿插到對應章節的知識點中，便於學生自學和理解，從而提高會計學專業學生對此課程的學習興趣，提高初級職稱考試的通過率，同時有利於實現「教－學－考」一體化，推動會計學專業教學與初級會計師考試在教學內涵上的整合。

本書由江正峰提出編寫思想，擬訂全書的提綱和撰寫方式。各章具體分工如下：江正峰編寫第一、四、五、九章，湯小芳編寫第六、七、八章，鐘小茜編寫第二、十二章，易三軍編寫第三、十一、十四章，毛萬虎編寫第十、十三章，最後由江正峰總撰和定稿。全書在編寫和統稿的過程中，得到了出版社的支持，在此一併致謝！本書編寫過程中，參閱了大量的相關文獻資料，謹在此向相關作者深表謝意！

編者

目 錄

第一章　總論 (1)
【案例導入】 (1)
【學習目標】 (1)
第一節　成本的經濟實質和作用 (1)
第二節　成本會計的含義和對象 (5)
第三節　成本會計的職能和任務 (7)
第四節　成本會計的基礎工作和組織 (9)
【思考練習】 (13)

第二章　成本核算原理 (15)
【案例導入】 (15)
【學習目標】 (15)
第一節　成本核算的基本要求 (15)
第二節　成本核算的一般程序 (21)
第三節　生產費用的分類 (22)
【思考練習】 (25)

第三章　要素費用的歸集與分配 (29)
【案例導入】 (29)
【學習目標】 (29)
第一節　材料費用的歸集和分配 (29)
第二節　燃料和動力費用的分配 (36)
第三節　職工薪酬的歸集與分配 (39)
第四節　折舊費用的歸集與分配 (47)
【思考練習】 (49)

第四章　輔助生產費用的歸集和分配 (56)

【案例導入】 (56)

【學習目標】 (56)

第一節　輔助生產費用的歸集 (57)

第二節　輔助生產費用的分配 (59)

【思考練習】 (66)

第五章　製造費用的歸集和分配 (75)

【案例導入】 (75)

【學習目標】 (75)

第一節　製造費用的內容 (75)

第二節　製造費用的歸集和分配 (77)

【思考練習】 (83)

第六章　廢品損失的歸集與分配 (86)

【案例導入】 (86)

【學習目標】 (86)

第一節　廢品及廢品損失 (86)

第二節　廢品損失的歸集與分配 (88)

第三節　停工損失的歸集和分配 (93)

【思考練習】 (95)

第七章　生產費用在完工產品及在產品之間的歸集與分配 (98)

【案例導入】 (98)

【學習目標】 (98)

第一節　在產品數量的確定及清查核算 (98)

第二節　生產費用在完工產品及在產品之間的分配方法 (100)

【思考練習】 (109)

第八章　產品成本核算方法概述 …………………………………（113）
  【案例導入】………………………………………………………（113）
  【學習目標】………………………………………………………（113）
  第一節　企業的生產類型及其特點 ………………………………（113）
  第二節　生產特點和管理要求對產品成本計算的影響 …………（115）
  第三節　各種產品成本計算方法的實際應用 ……………………（117）
  【思考練習】………………………………………………………（119）

第九章　產品成本核算的品種法 ………………………………（121）
  【案例導入】………………………………………………………（121）
  【學習目標】………………………………………………………（121）
  第一節　品種法概述 ………………………………………………（121）
  第二節　品種法舉例 ………………………………………………（123）
  【思考練習】………………………………………………………（128）

第十章　產品成本核算的分批法 ………………………………（135）
  【案例導入】………………………………………………………（135）
  【學習目標】………………………………………………………（135）
  第一節　分批法概述 ………………………………………………（135）
  第二節　分批法舉例 ………………………………………………（138）
  第三節　簡化的分批法 ……………………………………………（142）
  【思考練習】………………………………………………………（147）

第十一章　產品成本核算的分步法 ……………………………（157）
  【案例導入】………………………………………………………（157）
  【學習目標】………………………………………………………（157）
  第一節　分步法概述 ………………………………………………（157）
  第二節　逐步結轉分步法 …………………………………………（161）

第三節　平行結轉分步法 …………………………………………………（171）
　【思考練習】 ……………………………………………………………（175）

第十二章　產品成本核算的分類法 …………………………………（185）
　【案例導入】 ……………………………………………………………（185）
　【學習目標】 ……………………………………………………………（185）
　第一節　分類法概述 ……………………………………………………（185）
　第二節　分類法舉例 ……………………………………………………（188）
　第三節　聯產品和副產品的成本計算 …………………………………（192）
　【思考練習】 ……………………………………………………………（196）

第十三章　產品成本核算的定額法 …………………………………（201）
　【案例導入】 ……………………………………………………………（201）
　【學習目標】 ……………………………………………………………（201）
　第一節　定額法概述 ……………………………………………………（201）
　第二節　定額法舉例 ……………………………………………………（209）
　【思考練習】 ……………………………………………………………（211）

第十四章　成本報表的編製與分析 …………………………………（212）
　【案例導入】 ……………………………………………………………（212）
　【學習目標】 ……………………………………………………………（212）
　第一節　成本報表的編製 ………………………………………………（212）
　第二節　成本分析 ………………………………………………………（221）
　【思考練習】 ……………………………………………………………（230）

第一章　總論

【案例導入】

小李和小張合夥開辦了一家玩具廠。根據需要，他們選定廠址後，購置了一批新型的生產設備，招聘了 10 餘名技術工人。玩具廠開張後，擺在倆人面前的第一道難題就是，在設廠之前，他們每天只記流水帳，就能知道每天發生的費用；可是，玩具廠正式成立之後，每天因產品生產會有各種成本費用的發生，只依靠登記流水帳，很難控制每個月的成本費用。應該如何計算產品成本？如何給產品定價？如何做好成本核算工作？如何設置成本核算崗位？這些都讓他們感到很茫然。如何解決這些問題呢？

【學習目標】

理解成本和產品成本的不同含義，明確成本信息的作用；掌握成本、成本會計的概念以及成本會計的職能和對象；瞭解成本會計的任務，明確成本會計工作組織的內容。

第一節　成本的經濟實質和作用

一、成本的經濟實質

成本作為一個價值範疇，在市場經濟中客觀存在。加強成本管理，努力降低成本無論對提高企業經濟效益，還是對提高國民經濟效益，都是非常重要的。要做好成本管理工作就必須首先從理論上充分認識成本的經濟實質。

馬克思指出，按照資本主義方式生產的每一件商品的價值為：$w = c + v + m$。

如果減去剩餘價值 m，那麼，在商品中剩下的只是一個在生產要素上耗費的資本價值 $c+v$ 的等價物或補償價值。$c+v$ 只是補償商品使資本家自身耗費的東西，所以對資本家來說，這就是商品的成本價格。馬克思在這裡稱商品的「成本價格」的那部分價值，指的就是商品成本。

社會主義市場經濟與資本主義市場經濟有著本質的區別。兩者都是商品經濟，但在社會主義市場經濟中，企業作為自主經營、自負盈虧的商品生產者和經營者，基本的經營目標就是向社會提供商品，滿足社會的需要，同時要以商品的銷售收入補償在商品的生產經營中所支出的各種費用後取得盈利。只有這樣，企業以至整個社會才能得以發展。因此，商品價值、成本、利潤等經濟範疇，在社會主義市場經濟中，仍然

有其存在的客觀必然性。

在社會主義市場經濟中，商品的價值仍然由三個部分組成：
(1) 已耗費的生產資料轉移的價值 (c)；
(2) 勞動者為自己的勞動所創造的價值 (v)；
(3) 勞動者為社會勞動所創造的價值 (m)。

從理論上講，上述的前兩部分，即 $c+v$，是商品價值中的補償部分，構成商品的理論成本。

綜上所述，可以將成本的經濟實質概括為生產經營中所耗費的生產資料轉移的價值和勞動者為自己所創造的價值之和。

馬克思關於商品產品成本的論述是對成本經濟實質的高度理論概括，是考慮勞動耗費的價值尺度的重要理論依據。但是，社會經濟現象是紛繁複雜的，企業在成本核算和成本管理中需要考慮的因素也是多種多樣的。因此，理論成本與實際工作中所應用到的成本概念是有一定差別的。

理論成本是企業在生產產品過程中已經耗費的、用貨幣額表現的生產資料的價值與勞動者為自己勞動所創造的價值的總和。而實際成本就是取得或製造某項財產物資時所實際支付的現金或其他等價物，指生產經營過程中實際耗費的成本。兩者的差別是理論成本不考慮生產經營活動中偶然因素和異常情況的消耗，只對正常的物化勞動和活勞動消耗進行貨幣計量，而實際成本往往受客觀條件包括經濟工作方針政策和當期生產經營條件變化的影響。

二、成本的作用

成本的經濟實質決定了成本在經濟管理工作中具有十分重要的作用。

(一) 成本是產品生產耗費的補償尺度

成本是企業生產消耗的客觀範疇。任何企業要維持起碼的簡單再生產，保證繼續經營的必要條件是首先補償其在生產中發生的耗費。企業是自負盈虧的商品生產者和經營者，其生產耗費是用自身的生產成果，即銷售收入來補償的。成本是企業確定生產經營成果的重要依據，是衡量這一耗費補償的價值尺度。企業在取得銷售收入後，必須把相當於成本的數額劃分出來，用以補償生產經營中的資金耗費，才能維持資金週轉按原有規模進行。如果企業不能按照成本來補償生產耗費，企業資金就會短缺，再生產就不能夠按照原有的規模進行。如果這樣的企業比較多，整個社會擴大再生產勢必受到影響。因此，企業加強經濟核算，講求經濟效益，既是企業自身生存的需要，也是整個社會供求發展的必然要求。

(二) 成本是綜合反應企業工作質量的綜合指標

成本是一項綜合性的經濟指標。企業經營管理中各方面工作的業績，都可直接或間接地在成本上反應出來。例如，產品設計是否合理、原材料消耗是否節約、生產工藝的合理程度、固定資產是否充分利用、勞動生產率的高低、產品質量的優劣、產品產量的多少、生產組織是否協調等，都可以通過成本直接或間接地反應出來。又如，

正確確定和認真執行企業以及企業內部各單位的成本計劃指標，可以事先控制成本水準和監督各項費用的日常開支，促使企業及企業內部各單位努力降低各種耗費。再如，企業通過對成本的對比和分析，可能及時發現在物化勞動和勞動消耗上的節約或浪費情況，以總結經驗，找出工作中的薄弱環節，採取措施挖掘潛力，合理地使用人力、物力和財力，從而降低成本，提高經濟效益。所以說，成本是綜合反應企業工作質量的指標。既然成本是綜合反應企業工作質量的指標，企業就可以通過對成本的計劃、控制、監督、考核和分析等來促使企業及企業內部各核算單位加強經濟核算，努力加強管理，降低成本，提高經濟效益。

(三) 成本是制定產品價格的一項重要因素

在商品經濟中，產品價格是產品價值的貨幣表現。產品價格應大體上符合其價值。無論國家還是企業，在制定產品價格時都應遵循價值規律的基本要求。但在現階段，人們還不能直接計算產品的價值，而只能計算成本，通過成本間接地、相對地掌握產品的價值。因此，成本就成了制定產品價格的重要因素。

當然，產品的定價是一項複雜的工作，要考慮的因素很多。例如，國家的價格政策及其他經濟政策、各種產品的比價關係、產品在市場上的供求關係及市場競爭的態勢等。所以產品成本只是制定產品價格的一項重要因素。

(四) 成本是企業進行生產經營決策的重要依據

努力提高在市場上的競爭能力和經濟效益，是社會主義市場經濟條件下對企業的客觀要求。而要做到這一點，企業首先必須進行正確的生產經營決策。進行生產經營決策，需要考慮的因素很多，成本是其中應考慮的主要因素之一。這是因為在價格等因素一定的前提下，成本的高低直接影響企業盈利的多少；而較低的成本，可以使企業在市場競爭中處於有利地位。

三、成本會計的發展

成本會計是隨著商品經濟的形成而產生的。生產成本產生於資本主義的簡單協作和工場手工業時期，完善於資本主義大機器工業生產階段。資本主義簡單協作的發展，引起了工場手工業的產生，這時各種勞動的結合表現為資本的生產力。生產力的發展和生產關係的完善，對生產管理提出了新的要求。資本家為了獲取更多的剩餘價值，對生產過程中的消耗和支出更加注意核算，因此生產成本核算被提出來。

(一) 成本會計的發展階段

成本會計先後經歷了早期成本會計、近代成本會計、現代成本會計和戰略成本會計四個階段。成本會計的方式和理論體系，隨著發展階段的不同而有所不同。

1. 第一階段：早期成本會計階段（1880—1920 年）

隨著英國產業革命完成，機器代替了手工勞動，工廠代替了手工工場。會計人員為了滿足企業管理上的需要，起初是在會計帳簿之外，用統計的方法來計算成本。此時，成本會計開始萌芽。從成本會計的方式來看，在早期成本會計階段，成本會計主

要是採用分批法或分步法；從成本會計的目的來看，成本會計是為了計算產品成本以確定存貨成本及銷售成本。所以，初創階段的成本會計也稱為記錄型成本會計。

2. 第二階段：近代成本會計階段（1921—1945年）

19世紀末20世紀初在製造業中發展起來的以泰勒為代表的科學管理，對成本會計的發展產生了深刻的影響。標準成本法的出現使成本計算方法和成本管理方法發生了巨大的變化，成本會計進入了一個新的發展階段。近代成本會計主要採用標準成本制度和成本預測，為生產過程的成本控制提供條件。

3. 第三階段：現代成本會計階段（1946—1980年）

從20世紀50年代起，西方國家的社會經濟進入了新的發展時期。隨著管理的現代化，運籌學、系統工程學和電子計算機科學等科學技術成就在成本會計中得到廣泛應用，從而使成本會計發展到一個新的階段，即成本會計發展重點已由如何對成本進行事中控制、事後計算和分析轉移發展到如何預測、決策和規劃成本，形成了新型的以管理為主的現代成本會計。

4. 第四階段：戰略成本會計階段（1981年以後）

20世紀80年代以來，電腦技術的進步，生產方式的改變，產品生命週期的縮短，以及全球性競爭的加劇，大大改變了產品成本結構與市場競爭模式。成本管理的視角應由單純的生產經營過程管理和重股東財富，擴展到與顧客需求及利益直接相關的、包括產品設計和產品使用環節的產品生命週期管理，更加關注產品的顧客可察覺價值；同時要求企業更加注重內部組織管理，盡可能地消除各種增加顧客價值的內耗，以獲取市場競爭優勢。此時，戰略相關性成本管理信息已成為成本管理系統不可缺少的部分。

除此之外，由於成本管理的不同目的，形成了對成本信息的不同需求，使成本有各種各樣的組合。同時人們對它的認識也是日趨深化的。於是，目標成本、可控成本、責任成本、相關成本、可避免成本等新的成本概念源源不斷地湧現，形成了多元化的成本概念體系。

(二) 成本會計的發展方向

1. 明確工作方向

成本核算不只是財務部門、財務人員的事情，也是全部門、全員共同的事情。一是成本核算需要生產車間、技術部門、採購部門等多部門的配合；二是計算出的成本是否合理，不但需要財務部門的自我評價和時間的驗證，還需要生產、技術等部門的評價，讓生產等部門對自己計算出的結果做個論證等，是有必要的。成本會計實務可以接受成本會計理論的指引，但要突破相關理論的束縛，不要局限在成本會計理論的框框裡面。最好的成本會計核算和管理體系就是最貼近企業生產流程的核算體系，因為這才能反應本公司的生產管理特點。每一個企業的生產特點都有其特殊性。公司的管理層在不同的階段有著不一樣的關注點，所以在確定了整體思路的前提下，成本核算體系要有一定的可變性，關鍵是要在成本理論的指導下解決管理層關心的問題，將業務和財務相結合。

2. 提高成本會計水準

為建立中國特色的會計理論研究方法體系，理論研究者必須衝破傳統會計觀的束縛，解放思想，勇於開拓新的研究領域和研究課題；應本著創新精神、務實態度和嚴謹作風，深入企業調查研究，同實際工作者密切合作，發現問題，解決問題；廣泛開展案例分析，從理論高度提煉成功經驗。理論研究應針對中國成本會計實際問題，致力於將理論研究成果轉化為生產力。在此基礎上，講究實效，建立成本會計理論研究成果的考核、評價和激勵機制，充分發揮成本理論研究對成本會計實踐的指導作用。為了適應現代成本會計的發展，必須完善成本會計的組織，建立和健全成本會計規章制度，實行全方位、全過程、全員管理成本，使決策層和所有部門、單位都重視成本，提高全員成本意識和素質。

3. 改進信息管理手段

採用以計算機技術為中心的信息管理手段已成為現代成本會計的一種必然趨勢。計算機的廣泛應用大大加快了信息反饋速度，增強了業務處理能力，能夠使企業及時、準確地進行成本預測、決策和核算，有效地實施成本控制，分析成本。實踐證明，實現成本會計電算化是當務之急，是實行新的成本會計方法的技術前提。為了推動會計電算化深入發展，必須加快會計電算化從核算型向管理型轉變，將會計信息系統有機地融入企業的管理信息系統，為成本會計和管理會計提供可靠的技術支持。

第二節　成本會計的含義和對象

一、成本會計的含義

成本會計是以貨幣為主要計量單位，運用會計的基本原理和一般原則，採用一定的技術方法，對企業生產經營過程中發生的各項耗費進行系統、全面、綜合的核算和監督的一種管理活動。由於成本有狹義和廣義之分，成本會計也可以分為狹義成本會計和廣義成本會計。狹義成本會計對生產經營過程中發生的費用進行歸集、分配，計算出有關成本計算對象的總成本和單位成本，並加以分析和考核。狹義成本會計側重於產品成本的核算。廣義的成本會計即現代成本會計，是成本會計與管理的直接結合。它按照成本最優化的要求，採用現代數學和數理統計的原理和方法，建立起數量化的管理技術，對企業生產經營過程中發生的資源耗費進行預測、決策、計劃、控制、核算、分析和考核等一系列價值管理，旨在提高經濟效益。現代成本會計從經營著眼，從技術著手，著眼於規劃未來、控制現在、核算與考核過去。它貫穿於成本管理的全過程，促使企業合理利用內部有限資源，降低成本，以實現企業生產經營的最優化運轉，提高企業的市場競爭能力。

二、成本會計的對象

成本會計的對象是指成本會計反應和監督的內容，即企業再生產經營過程中發生

新世紀成本會計

的各項費用以及產品生產成本的形成。明確成本會計的對象，對於確定成本會計的任務，研究和運用成本會計的方法，更好地發揮成本會計在經濟管理中的作用，有著重要的意義。

從理論上講，成本所包括的內容，也就是成本會計應該反應和監督的內容。但為了更為詳細、具體地瞭解成本會計的對象，還必須結合企業的具體生產經營過程和現行企業會計制度的有關規定來加以說明。不同企業成本會計核算和監督的內容基本相同，所以，成本會計的對象可以概括為各行業企業生產經營業務的成本和有關期間費用，簡稱成本、費用。因此，成本會計實際上是成本、費用會計。下面以工業企業為例，說明成本會計應反應和監督的內容。

工業企業的基本生產經營活動是生產和銷售工業產品。在產品的直接生產過程中，即從原材料投入生產到產成品制成的產品製造過程中，企業一方面製造出產品來，另一方面要發生各種各樣的生產耗費。這一過程中的生產耗費，概括地講，包括勞動資料與勞動對象等物化勞動耗費和活勞動耗費兩大部分。其中房屋、機器設備等作為固定資產的勞動資料，在生產過程中長期發揮作用，直至報廢而不改變其實物形態，但其價值則隨著固定資產的磨損，通過計提折舊的方式，逐漸地、部分地轉移到所製造的產品中去，構成產品生產成本的一部分。原材料等勞動對象，在生產過程中或者被消耗掉，或者改變其實物形態，其價值也隨之一次全部地轉移到新產品中去，也構成產品生產成本的一部分。生產過程是勞動者借助於勞動工具對勞動對象進行加工、製造產品的過程，通過勞動者對勞動對象的加工，才能改變原有勞動對象的使用價值，並且創造出新的價值來。其中勞動者為自己勞動所創造的那部分價值，則以工資形式支付給勞動者，用於個人消費，因此，這部分工資也構成產品生產成本的一部分。具體來說，在產品的製造過程中發生的各種生產耗費，主要包括原料及主要材料、輔助材料、燃料等的支出，生產單位（如分廠、車間）固定資產的折舊，直接生產人員及生產單位管理人員的工資以及其他一些貨幣支出等。所有這些支出，就構成了企業在產品製造過程中的全部生產費用，而為生產一定種類、一定數量產品而發生的各種生產費用支出的總和就構成了產品的生產成本。上述產品製造過程中各種生產費用的支出和產品生產成本的形成，是成本會計應反應和監督的主要內容。

在產品的銷售過程中，企業為銷售產品也會發生各種各樣的費用支出。例如，應由企業負擔的運輸費、裝卸費、包裝費、保險費、展覽費、差旅費、廣告費，以及為銷售本企業商品而專設的銷售機構的職工工資及福利費、類似工資性質的費用、業務費等。所有這些為銷售本企業產品而發生的費用，構成了企業的銷售費用。銷售費用也是企業在生產經營過程中所發生的一項重要費用，它的支出及歸集過程，也應該成為成本會計所反應和監督的內容。

企業的行政管理部門為組織和管理生產經營活動，也會發生各種各樣的費用。例如，企業行政管理部門人員的工資、固定資產折舊、工會經費、業務招待費、壞帳損失等。這些費用可統稱為管理費用。企業的管理費用，也是企業在生產經營過程中所發生的一項重要費用，其支出及歸集過程，也應該成為成本會計所反應和監督的內容。

此外，企業為籌集生產經營所需資金等也會發生一些費用。例如，利息淨支出、

匯兌淨損失、金融機構的手續費等。這些費用可統稱為財務費用。財務費用亦是企業在生產經營過程中發生的費用，它的支出及歸集過程也應該屬於成本會計反應和監督的內容。

上述的銷售費用、管理費用和財務費用，與產品生產沒有直接聯繫，而是按發生的期間歸集，直接計入當期損益的，因此，它們構成了企業的期間費用。

綜上所述，可以把工業企業成本會計的對象概括為工業企業生產經營過程中發生的產品生產成本和期間費用。

商品流通企業、交通運輸企業、施工企業、農業企業等其他行業企業的生產經營過程雖然各有特點，但按照現行企業會計制度的有關規定，從總體上看，它們在生產經營過程中所發生的各種費用，同樣是部分形成企業的生產經營業務成本，部分作為期間費用直接計入當期損益。

以上按照現行企業會計制度的有關規定，對成本會計的對象進行了概括性的闡述。但成本會計不僅應該按照現行企業會計制度的有關規定為企業正確確定利潤和進行成本管理提供可靠的生產經營業務成本和期間費用信息，而且應該從企業內部經營管理的需要出發，提供多方面的成本信息。例如，為了進行短期的生產經營的預測和決策，應計算變動成本、固定成本、機會成本和差別成本等；為了加強企業內部的成本控制和考核，應計算可控成本和不可控成本；為了進一步提高成本信息的決策相關性，還可以計算作業成本；等等。上述按照現行企業會計制度的有關規定所計算的成本（包括生產經營業務成本和期間費用），可稱為財務成本；為企業內部經營管理的需要所計算的成本，可稱為管理成本。因此，成本會計的對象，總括地說應該包括各行業企業的財務成本和管理成本。

第三節　成本會計的職能和任務

一、成本會計的職能

成本會計的職能，是指成本會計在經濟管理中的功能。成本會計作為會計的一個重要分支，其基本職能同會計一樣，具有反應和監督兩大基本職能。但從成本會計的產生和發展的歷史來看，隨著生產過程的日趨複雜，生產、經營管理對成本會計不斷提出新的要求，成本會計的目的和功能已在基本職能之上有了進一步發展。因此，現代成本會計職能應包括成本預測、成本決策、成本計劃、成本控制、成本核算、成本分析、成本考核和成本反饋等具體內容。

一是預測職能。成本預測是確定目標成本和選擇達到目標成本最佳途徑的重要手段，是進行成本決策和編製成本計劃的基礎。企業通過成本預測可以尋求降低產品成本、提高經濟效益的途徑。它可以減少生產經營管理的盲目性。

二是決策職能。在成本預測的基礎上，企業根據市場營銷和產品功能分析，挖掘潛力，擬訂降低成本、費用的各種方案，並採用一定的專門方法進行可行性研究和技

術經濟分析，選擇最優方案，以確定目標成本。

三是計劃職能。為了保證成本決策所確定的目標成本得以實現，企業必須通過一定的程序和方法，以貨幣形式規定計劃期產品的生產耗費和各種產品的成本水準，並以書面文件的形式下達各執行單位和部門，作為計劃執行和考核的依據。

四是控制職能。控制是指根據成本計劃（預算），制定各項消耗定額、費用定額、標準成本等，對各項實際發生和將要發生的成本費用進行審核，及時揭示執行過程中的差異，採取措施將成本費用控制在計劃、預算之內。

五是核算職能。核算是指採用與成本計算對象相適應的成本計算方法，按規定的成本項目，通過對一系列的生產費用的歸集與分配，做出有關帳務處理，正確劃分各種費用界限，從而計算出各種產品的實際總成本和單位成本，並編製成本報表，為成本管理提供客觀、真實的成本資料。

六是分析職能。分析是指根據成本核算所提供的信息和其他有關資料，將本期實際成本與上期實際成本，國內和國外同類產品的成本等進行比較，分析成本水準與構成的變動情況，系統地研究影響成本費用升降的各種因素及其影響程度、成本超支節約的責任或原因，並提出積極建議，以採取有效措施，進一步挖掘增產節約降低產品成本的潛力。

七是考核職能。考核是定期對成本計劃及有關指標實際完成情況進行總結和評價。在成本分析的基礎上，企業以各責任者為對象，以其可控制的成本為界限，並按責任的歸屬來核算和考核其成本指標完成情況，評價其工作業績和決定其獎懲。

八是反饋職能。在考核的基礎上，企業將成本數據向企業管理階層反饋，以便做出更科學的修訂、補充和完善，為下一個生產週期做出切合實際的判斷做準備。

成本會計的各項職能是相互聯繫、相互依存的。成本預測是成本決策的前提，成本決策既是成本預測的結果，又是制訂成本計劃的依據；成本計劃是成本決策所確定的目標的具體化；成本控制是對成本計劃的實施進行的監督，是實現成本決策既定目標的保證；成本核算是對成本計劃是否完成的檢驗；成本分析是對計劃完成與否的原因進行的檢查；成本考核是實現成本計劃的重要手段；成本反饋為下一年度的成本預測提供依據。這一系列職能中，成本核算是基礎，沒有成本核算，其他各項職能都無法進行。

二、成本會計的任務

成本會計的任務是成本會計職能的具體化，也是人們期望成本會計應達到的目的和對成本會計的要求。從整體意義上說，成本會計的根本任務是促進企業盡可能節約生產經營過程中物化勞動和活勞動的消耗，不斷提高經濟效益。具體來說，成本會計的任務主要有以下幾個方面：

(一) *正確計算產品成本，及時提供成本信息*

成本數據正確可靠，才能滿足管理的需要。如果成本資料不能反應產品成本的實際水準，不僅難以考核成本計劃的完成情況和進行成本決策，而且會影響利潤的正確計量

和存貨的正確計價，歪曲企業的財務狀況。及時編製各種成本報表，可以使企業的有關人員及時瞭解成本的變化情況，並為制定售價、做出成本決策提供重要參考資料。

(二) 優化成本決策，確立目標成本

優化成本決策，需要在科學的成本預測基礎上收集整理各種成本信息，在現實和可能的條件下，採取各種降低成本的措施，從若干可行方案中選擇生產每件合格產品所消耗活勞動和物化勞動最少的方案，使成本最低化作為制定目標成本的基礎。為了優化成本決策，需增強企業員工的成本意識，使之在處理每一項業務活動時都能自覺地考慮和重視降低產品成本的要求，把所費與所得進行比較，以提高企業的經濟效益。

(三) 加強成本控制，防止擠占成本

加強成本控制，首先是進行目標成本控制。它主要依靠執行者自主管理，進行自我控制，以提高技術，厲行節約，注重效益。其次是遵守各項法規的規定，控制各項費用支出、營業外支出等擠占成本。

(四) 建立成本責任制度，加強成本責任考核

成本責任制是對企業各部門、各層次和執行人在成本方面的職責所做的規定，是提高職工降低成本的責任心，發揮其主動性、積極性和創造力的有效辦法。建立成本責任制度，要把完成成本降低任務的責任落實到每個部門、層次和責任人，使職工的責、權、利相結合，使職工的勞動所得同勞動成本相結合；各責任單位與個人要承擔降低成本之責，執行成本計劃之權，獲得獎勵之利。實行成本責任制度時，成本會計要以責任者為核算對象，按責任的歸屬對所發生的可控成本進行記錄、匯總、分配整理、計算、傳遞和報告，並將各責任單位或個人的實際可控成本與其目標成本相比較，揭示差異，尋找發生原因，據以確定獎懲並挖掘進一步降低成本的潛力。

第四節　成本會計的基礎工作和組織

一、成本會計的基礎工作

成本會計的基礎工作是保證成本會計工作正常進行的前提條件。不重視基礎工作，成本會計工作就不能順利開展，難以保證工作質量，也就無法完成預期的任務。

(一) 健全原始記錄

原始記錄是指按照規定的格式，對企業的生產、技術經濟活動的具體事實所做的最初書面記載。它是進行各項核算的前提條件，是編製費用預算、嚴格控制成本費用支出的重要依據。成本會計有關的原始記錄主要包括以下內容：

(1) 反應生產經營過程中物化勞動消耗的原始記錄。
(2) 反應活勞動消耗的原始記錄。
(3) 反應在生產經營過程中發生的各種費用支出的原始記錄。

(4) 其他原始記錄。

原始記錄是一切核算的基礎，成本核算也不例外。因此，原始記錄必須真實正確、內容完整、手續齊全、要素完備，以便為成本計算、控制、預測和決策提供客觀的依據。

(二) 建立適合企業內部的結算價格

在生產經營過程中，企業內部各單位之間往往會相互提供半成品、材料、勞務等。為了分清企業內部各單位的經濟責任，明確各單位工作業績以及總體評價與考核的需要，應制定企業內部結算價格。

制定結算價格的主要依據有：

(1) 內部轉移的材料物資等，應以當時的市場價格為內部結算價格；

(2) 材料物資、勞務等也可以以市場價格為基礎，雙方協商定價，即我們通常所說的「議價」，作為內部的結算價格；

(3) 企業生產的零部件、半成品等在內部轉移時，可以用標準成本或計劃成本作為內部結算價格；

(4) 在原有成本的基礎上，加上合理的利潤（即一定利潤率計算）作為內部的價格。

除上述計價方法外，企業也可以根據生產特點和管理要求以及結算的具體情況來確定其合理的結算價格。

(三) 健全存貨的計量、驗收、領退和盤點制度

為了保證入庫材料物資數量與質量，必須搞好計量與驗收工作。準確的計量和嚴格的質量檢測是保證原始記錄可靠性的前提。為了保證領、退的材料物資準確無誤，必須及時辦好領料和退料憑證手續，使成本中的材料費用相對準確。由於材料物資等存貨品種、規格多，進出頻繁，儘管管理嚴格，但帳面不符的現象還是經常存在，所以對材料物資還得進行定期或不定期的清查盤點，進行帳面調整，以保證庫存材料物資的真實性，確保成本中的材料等費用更加準確。

(四) 實施有效的定額管理

定額是指在一定生產技術組織條件下，對人力、財力、物力的消耗及占用所規定的數量標準。科學先進的定額，是對產品成本進行預測、核算、控制和考核的依據。與成本核算有關的消耗定額，主要包括：工時定額，產量定額，材料、燃料、動力、工具等消耗的定額，有關費用的定額如製造費用的預算等。消耗定額服務於不同的成本管理目的，可表現為不同的消耗水準。當企業編製成本計劃時，消耗定額是根據計劃期內平均消耗水準所制定的；當定額作為分配實際成本的標準時，其是以能體現現行消耗水準的定額為依據來衡量；當企業為實現預期利潤而控制成本時，消耗定額是將企業實現預期利潤必須達到的消耗水準作為衡量的尺度。定額制定後，為了保持它的科學性和先進性，還必須根據生產的發展、技術的進步、勞動生產率的提高，進行不斷的修訂，使它為成本管理與核算提供客觀的依據。

（五）頒布科學、完善的規章制度

規章制度是企業為進行正常的生產經營和管理而制定的有關制度、章程和規則。規章制度是人們行動的準繩，是實施有效的成本管理的保證。

企業內與成本會計有關的規章制度主要包括計量驗收制度、定額管理制度、崗位責任制度、考勤制度、質量檢查制度、設備管理和維修制度、材料收發領用制度、物資盤存制度、費用開支規定以及其他各種成本管理制度等。各種規章制度的具體內容應隨著生產的發展、經營情況的變化、管理水準的提高等，不斷改進，逐步完善。

二、成本會計工作的組織

成本會計工作的組織主要包括：設置成本會計機構，配備必要的成本會計人員，制定成本會計制度等。

（一）設置成本會計機構

成本會計機構是指企業從事成本會計工作的職能單位，是企業會計機構的組成部分。設置成本會計機構應明確企業內部對成本會計應承擔的職責和義務，堅持分工與協作相結合、統一與分散相結合、專業與群眾相結合的原則。

《中華人民共和國會計法》（以下簡稱《會計法》）第二十一條和《會計基礎工作規範》第六條都規定，是否單獨設置會計機構由各單位根據自身會計業務的需要自主決定。一般而言，一個單位是否單獨設置會計機構，往往取決於下列各因素：

（1）單位規模的大小。一個單位的規模，往往決定了這個單位內部職能部門的設置，也決定了會計機構的設置與否。一般來說，大中型企業和具有一定規模的事業行政單位，以及財務收支數額較大、會計業務較多的社會團體和其他經濟組織，都應單獨設置會計機構，如會計（或財務）處、部、科、股、組等，以便及時組織本單位各項經濟活動和財務收支的核算，實行有效的會計監督。

（2）經濟業務和財務收支的繁簡。經濟業務多、財務收支量大的單位，有必要單獨設置會計機構，以保證會計工作的效率和會計信息的質量。

（3）經營管理的要求。有效的經營管理是以信息的及時準確和全面系統為前提的。一個單位在經營管理上的要求越高，對會計信息的需求就相應增加，對會計信息系統的要求也越高，從而決定了該單位設置會計機構的必要。

企業內部各級成本會計機構之間的組織分工，有集中工作和分散工作兩種方式。

（1）集中工作方式，是指成本會計工作中的核算、分析等各方面的工作，主要由廠部成本會計機構集中進行。車間等其他單位中的成本會計機構和人員只負責登記原始記錄和填製原始憑證，對它們進行初步的審核、整理和匯總，為廠部進一步工作提供資料。

（2）分散工作方式，亦稱非集中工作方式，是指成本會計工作中的核算和分析等方面的工作，分散由車間等其他單位的成本會計機構或人員分別進行。廠部成本會計機構負責對各下級成本會計機構或人員進行業務上的指導和監督，並對全廠成本進行綜合的核算、分析等工作。

（二）配備成本會計人員

在企業的成本會計機構中，配備足夠數量、能夠勝任工作的成本會計人員，是做好成本會計工作的關鍵。成本會計人員應該認真履行自己的職責，遵守職業道德，堅持原則，遵紀守法，正確行使自己的職權。

成本會計崗位職責如下：

（1）審核公司各項成本的支出，進行成本核算、費用管理、成本分析，並定期編製成本分析報表。

（2）每月末進行費用分配，及時與生產、銷售部門核對在產品、產成品，並編製差異原因上報。

（3）進行有關成本管理工作，主要做好成本的核算和控制工作。進行成本的匯總、決算工作。

（4）協助各部門進行成本經濟核算，並分解下達成本、費用、計劃指標。收集有關信息和數據，進行有關盈虧預測工作。

（5）評估成本方案，及時改進成本核算方法。

（6）保管好成本、計算資料並按月裝訂，定期歸檔。

（三）制定成本會計制度

成本會計制度是指對進行成本會計工作所做的規定。它的內涵與外延隨著經濟環境的變化在不斷發展變化。商品經濟條件下，現代企業的成本會計制度內容包括成本預測、決策、規劃、控制、計算、分析和考核等的有關規定，指導著成本會計工作的全過程。這也被稱作廣義的成本會計制度。

成本會計制度是組織和處理成本會計工作的規範，是會計制度的組成部分。企業應根據會計基本準則、有關具體準則、行業會計制度、企業內部管理的需要和生產經營的特點制定企業內部成本會計制度。其基本內容包括：

（1）關於成本會計工作的組織分工及職責權限。

（2）關於成本定額、成本預算和計劃的編製方法。

（3）關於存貨的收發領退和盤存制度。

（4）關於成本核算的原始記錄和憑證傳遞流程。

（5）關於成本核算的規定，包括成本計算對象和成本計算方法的確定，成本核算帳戶和成本項目的設置，生產費用歸集與分配的方法，在產品計價方法等。

（6）關於成本預測的制度，包括預測的資料收集要求，一般方法與必要程序等。

（7）關於成本控制的制度，包括有關原始憑證的審核辦法，有關費用的開支標準和審批權限，成本差異的計算與分析，差異信息的反饋程序與時間限制，控制成本業績的考核與獎懲辦法等。

（8）關於成本分析的制度，包括成本的一般方法、指標種類及計算口徑等。

（9）關於成本報表的制度，包括成本報表的種類、格式、編製方法、傳遞程序、報送日期等。

（10）關於企業內部勞務、半成品、材料轉移價格的制定和轉帳結算的方法。

【思考練習】

一、單項選擇題

1. 產品的理論成本由（　　）構成。
   A. 耗費的生產資料的價值　　B. 勞動者為社會創造的價值
   C. 勞動者為自己的勞動所創造的價值　D. A 和 C
2. 下列各項不應計入產品成本的是（　　）。
   A. 廢品損失　　　　　　　　B. 管理費用
   C. 修理期間的停工損失　　　D. 季節性停工損失
3. 成本會計最基本的職能是（　　）。
   A. 成本預算　　　　　　　　B. 成本決策
   C. 成本核算　　　　　　　　D. 成本考核
4. 成本會計的對象是（　　）。
   A. 產品成本的形成過程
   B. 各項生產費用的歸集和分配
   C. 各行業企業生產經營業務的成本和有關的期間費用
   D. 製造業的成本
5. 從管理角度來看，成本會計是（　　）的一個組成部分。
   A. 管理會計　　　　　　　　B. 財務會計
   C. 財務管理　　　　　　　　D. 預算會計
6. 成本會計的任務主要決定於（　　）。
   A. 企業經營管理的要求　　　B. 成本核算
   C. 成本控制　　　　　　　　D. 成本決策
7. 成本會計最基本的任務和中心環節是（　　）。
   A. 進行成本預測，編製成本計劃
   B. 審核和控制各項費用的支出
   C. 進行成本核算，提供實際成本的核算資料
   D. 參與企業的生產經營決策
8. 成本的經濟實質是（　　）。
   A. 生產經營過程中所耗費生產資料轉移價值的貨幣表現
   B. 勞動者為自己勞動所創造價值的貨幣表現
   C. 勞動者為社會勞動所創造價值的貨幣表現
   D. 企業在生產經營過程中所耗費的資金的總和

二、多項選擇題

1. 產品成本的作用有（　　）。

A. 產品成本是補償生產耗費的尺度
B. 產品成本是綜合反應企業工作質量的重要指標
C. 產品成本是制定產品價格的一項重要因素
D. 產品成本是企業進行決策的重要依據

2. 製造業生產經營過程中發生的下列支出，（　　）不應計入產品成本。
A. 管理費用　　　　　　　　B. 財務費用
C. 營業費用　　　　　　　　D. 製造費用

3. 下列關於成本會計職能的說法中，正確的有（　　）。
A. 成本預測是成本決策的前提
B. 成本計劃是成本決策目標的具體化
C. 成本控制對成本計劃的實施進行監督
D. 成本分析和考核對以後的預測和決策以及編製新的成本計劃提供依據

4. 下列會計法規、制度中，屬於企業內部的成本會計制度、規程和辦法的有（　　）。
A. 關於成本預測和決策的制度
B. 《企業會計準則》
C. 關於成本定額、成本計劃的編製制度
D. 《企業會計制度》

5. 下列關於成本會計、財務會計和管理會計之間的關係的描述中，正確的有（　　）。
A. 成本會計提供的成本信息既可以為財務會計編製財務報表之用，也可滿足企業內部管理人員進行決策或業績評價的需要
B. 就財務報表的編製而言，成本會計附屬於財務會計
C. 從管理角度來看，成本會計也是管理會計的一個組成部分
D. 財務會計與管理會計都必須依賴於成本會計系統所提供的信息

三、判斷題

1. 成本是為實現一定目的而發生的耗費，是對象化的耗費。　　　　　　（　　）
2. 只有製造業才有成本會計。　　　　　　　　　　　　　　　　　　（　　）
3. 在成本會計工作組織上，大中型企業一般採用分散工作方式，小型企業一般採用集中工作方式。　　　　　　　　　　　　　　　　　　　　　　　　（　　）
4. 企業在經營過程中發生的各項經營管理費用，應計入產品成本。　　（　　）
5. 凡有經濟活動的地方，就有成本的存在。　　　　　　　　　　　　（　　）
6. 成本預測是成本會計的基礎。　　　　　　　　　　　　　　　　　（　　）
7. 企業一定時期的生產費用等於同一時期的產品成本。　　　　　　　（　　）
8. 成本是指企業為生產產品、提供勞務而發生的各種耗費。　　　　　（　　）

第二章　成本核算原理

【案例導入】

華元公司 8 月份購買了一臺設備,支出 71.2 萬元,該設備預計使用 10 年,無殘值;支付公司行政人員工資 50 萬元,計提了福利費 7 萬元,還提取了工會經費、教育經費 1.75 萬元;支付公司辦公等費用 12 萬元;支付本月生產產品的工人工資 120 萬元,生產管理人員工資 12 萬元,並按規定比例提取職工福利費、工會經費和教育經費;支付廣告費 50 萬元;支付違約罰款 20 萬元;本月折舊費 55 萬元,其中公司管理部門 17 萬元,車間 38 萬元;本月應交所得稅 22 萬元;應分配給投資人利潤 25 萬元;生產領用材料 310 萬元;購進材料 500 萬元。

案例思考:你認為該公司該月份的支出、費用、生產費用和產品成本各項目應為多少?

【學習目標】

熟練掌握生產費用要素的分類及各產品成本項目,熟練掌握成本核算的一般程序和帳戶設置,瞭解成本核算基本方法的不同之處和成本核算的基本要求,掌握成本核算方法的分類及應用,瞭解企業生產特點和成本管理要求對成本核算方法的影響。

第一節　成本核算的基本要求

一、成本核算的意義

成本核算是把一定時期內企業生產經營過程中所發生的費用,按其性質和發生地點,分類歸集、匯總、核算,計算出該時期內生產經營費用發生總額和分別計算出每種產品的實際成本和單位成本的管理活動。其基本任務是正確、及時地核算產品實際總成本和單位成本,提供正確的成本數據,為企業經營決策提供科學依據,並借以考核成本計劃執行情況,綜合反應企業的生產經營管理水準。

成本核算的目的在於:

(1) 構建全面的企業成本管理體系,尋求改善企業成本的有效方法。

(2) 跳出傳統的成本控制框架,從企業整體經營的視角,更宏觀地分析並控制成本。

(3) 掌握成本核算的主要方法及各自的優缺點,根據情況的變化改良現有的核算體系。

（4）掌握成本分析的主要方法，為決策者提供關鍵有效的成本數字支持。

成本核算主要以會計核算為基礎，以貨幣為計算單位。成本核算是成本管理工作的重要組成部分，它是將企業在生產經營過程中發生的各種耗費按照一定的對象進行分配和歸集，以計算總成本和單位成本。成本核算的正確與否，直接影響企業的成本預測、計劃、分析、考核和改進等控制工作，同時也對企業的成本決策和經營決策的正確與否產生重大影響。成本核算過程，是對企業生產經營過程中各種耗費如實反應的過程，也是為更好地實施成本管理進行成本信息反饋的過程，因此，成本核算對企業成本計劃的實施、成本水準的控制和目標成本的實現起著至關重要的作用。

通過成本核算，企業可以檢查、監督和考核預算和成本計劃的執行情況，反應成本水準，對成本控制的績效以及成本管理水準進行檢查和測量，評價成本管理體系的有效性，研究在何處可以降低成本，進行持續改進。

二、成本核算的原則

企業進行成本核算的目標是為企業提供真實可靠的成本信息，成本核算原則是成本會計人員進行成本核算時所應遵循的基本規範。儘管不同企業因生產特點和管理要求的不同，使得成本核算各具特點，但對所有的企業來說，成本核算提供的信息都必須相關、及時、準確。只有這樣，才能不斷提高成本核算質量，充分發揮成本核算的作用。為此，企業在進行成本核算時，必須遵循成本核算的基本原則與規範。

（1）合法性原則。合法性指計入成本的費用都必須符合法律、法令、制度等的規定。不合規定的費用不能計入成本。在實際工作中，企業要建立健全各項成本管理制度，加強各項成本管理的基礎工作。任何生產耗費的發生都必須取得合法的原始憑證；各項財產物資要按歷史成本計價；各種核算方法與處理程序不僅要符合有關規定，而且要前後一致，嚴禁亂擠、亂攤成本，嚴禁各種弄虛作假行為的發生，以確保所提供的成本信息的客觀、真實。

（2）可靠性原則。可靠性包括真實性和可核實性。真實性就是所提供的成本信息與客觀的經濟事項相一致，不應摻假，或人為地提高、降低成本。可核實性指成本核算資料按一定的原則由不同的會計人員加以核算，都能得到相同的結果。真實性和可核實性可保證成本核算信息的正確可靠。

（3）相關性原則。相關性包括成本信息的有用性和及時性。有用性是指成本核算要為管理當局提供有用的信息，為成本管理、預測、決策服務。及時性是強調信息取得的時間性。及時的信息反饋，可使企業及時地採取措施，改進工作。

（4）分期核算原則。企業為了取得一定期間所生產產品的成本，必須將川流不息的生產活動按一定階段（如月、季、年）劃分為各個時期，分別計算各期產品的成本。成本核算的分期，必須與會計年度的分月、分季、分年相一致。這樣可以便於利潤的計算。

（5）權責發生制原則。應由本期成本負擔的費用，不論是否已經支付，都要計入本期成本；不應由本期成本負擔的費用（即已計入以前各期的成本，或應由以後各期成本負擔的費用），雖然在本期支付，也不應計入本期成本，以便正確提供各項成本信息。

（6）實際成本計價原則。生產所耗用的原材料、燃料、動力要按實際耗用數量的

實際單位成本計算，完工產品成本的計算要按實際發生的成本計算。原材料、燃料、產成品的帳戶可按計劃成本（或定額成本、標準成本）加、減成本差異，以調整到實際成本。

（7）一致性原則。成本核算所採用的方法，前後各期必須一致，以使各期的成本資料有統一的口徑，前後連貫，互相可比。

（8）劃分收益性支出與資本性支出原則。該原則是指成本核算時應嚴格區分收益性支出與資本性支出的界限，以正確計算各期的成本、費用和利潤。收益性支出要在發生時計入當期的產品成本或期間費用。區分收益性支出與資本性支出的目的就是正確確定資產的價值和正確計算企業各期的成本、費用和利潤。若將資本性支出錯列為收益性支出，結果必然是少計了資產價值，多計了當期成本、費用，導致當期利潤虛減；反之，若將收益性支出錯列為資本性支出，結果必然是多計了資產價值，少計了當期成本、費用，導致當期利潤虛增。

（9）重要性原則。對於成本有重大影響的項目應作為重點，力求精確。而對於那些不太重要的瑣碎項目，則可以從簡處理。

（10）效益性原則。該原則是指成本核算作為一項工作，本身要講求效益，要進行成本效益分析。某些重要的成本數據，由於能為企業內部管理和外界有關各方面提供有用的信息，或者能為降低產品成本、提高經濟效益起到很大的作用，應多花時間、多投入精力，盡量把核算工作搞得細一些，數據算得準一些；反之，不必在一些無關緊要的成本數據上花費太多的精力，非得求出一個精確值不可。效益性原則就是要求將成本核算時的付出與由此所帶來的所得進行對比。只有所得大於付出，從事該工作才是合算的、有效益的，也才是有必要的、有意義的。

以上十項原則相互聯繫，共同構成了一個完整的成本核算原則體系。確立這些原則的根本目的就是保證並提高成本信息的有用性：對內部管理人員的預測、決策、控制有用，對外界各方掌握成本信息、瞭解財務狀況與經營成本有用。

三、成本核算的要求

成本核算過程，既是對生產經營過程中各種耗費發生進行歸類反應的過程，也是企業管理要求進行信息反饋的過程，還是對成本計劃的實施進行檢驗和控制的過程。可見成本核算不僅是成本會計的基本任務，同時也是企業經營管理的重要組成部分。因此，為了充分發揮成本核算的作用，在成本核算工作中，除了做好成本核算的基礎工作之外，還應貫徹以下各項要求：

（一）正確劃分各項費用界限

為了保證產品成本核算的客觀性和合理性，正確計算產品成本，更好地為企業經營管理服務，在生產費用歸集和分配的過程中，必須正確劃分以下四個方面的費用界限。

1. 正確劃分應計入產品成本和不應計入產品成本的費用界限

企業的經營活動是多方面的，企業耗費和支出的用途也是多方面的，其中只有一部分費用可以計入產品成本。

首先，一般情況下，非生產經營活動的耗費不能計入產品成本，只有生產經營活動的成本才可能計入產品成本。

其次，生產經營活動的成本分為正常的成本和非正常的成本，只有正常的生產經營活動成本才可能計入產品成本，非正常的經營活動成本不計入產品成本。非正常的經營活動成本包括災害損失、盜竊損失等非常損失；滯納金、違約金、罰款、損害賠償等賠償支出；交易性金融資產跌價損失、壞帳損失、存貨跌價損失、長期股權投資減值損失、持有至到期投資減值損失、固定資產減值損失等不能預期的原因引起的資產減值損失；債務重組損失；等等。正常的生產經營活動成本又分為產品成本和期間成本。正常的生產成本計入產品成本，其他正常的生產經營成本列為期間成本。

2. 正確劃分各會計期成本的費用界限

應計入生產經營成本的費用，還應在各月之間進行劃分，以便分月計算產品成本。應由本月產品負擔的費用，應全部計入本月產品成本；不應由本月負擔的生產經營費用，不應計入本月的產品成本。

為了正確劃分各會計期的費用界限，要求企業不能提前結帳，將本月費用作為下月費用處理；也不能延後結帳，將下月費用作為本月費用處理。

3. 正確劃分不同成本對象的費用界限

對於應計入本月產品成本的費用還應在各種產品之間進行劃分：凡是能分清應由某種產品負擔的直接成本，應直接計入該產品成本；各種產品共同發生、不易分清應由哪種產品負擔的間接費用，則應採用合理的方法分配計入有關產品的成本，並保持一貫性。

4. 正確劃分完工產品和在產品成本的界限

月末計算產品成本時，如果某產品已經全部完工，則計入該產品的全部生產成本之和，就是該產品的完工產品成本。如果這種產品全部尚未完工，則計入該產品的生產成本之和，就是該產品的月末在產品成本。如果某種產品既有完工產品又有在產品，已計入該產品的生產成本還應在完工產品和在產品之間進行分配，以便分別確定完工產品成本和在產品成本。

【例2-1】A企業某年4月份的支出情況如下：

（1）本月生產甲、乙兩種產品。甲產品發生直接材料費用65,000元、直接生產工人工資及福利費15,000元，乙產品發生直接材料費用23,000元、直接生產工人工資及福利費10,000元，共計113,000元。

（2）本月車間發生一般消耗用材料4,000元，車間管理人員工資及福利費2,400元，車間管理人員辦公費等1,600元，共計8,000元。

（3）預付下半年生產車間租入固定資產租金7,000元，管理部門租入固定資產租金3,000元。

（4）購買機器設備一臺，支付貨款120,000元。

（5）本月應付銀行短期借款利息1,800元，6月末支付。

（6）支付廠部辦公費用500元。

（7）支付本月廠部管理人員工資及福利費13,000元，車間管理人員工資及福利

6,000元。

（8）本月共支付產品銷售費用9,000元。

（9）月末，甲產品尚有在產品100件，其單位在產品成本為35元，乙產品全部完工。本月製造費用分配比例為：甲產品60%，乙產品40%。

【要求】計算分析各方面費用的劃分。

計算分析結果如下：

（1）生產經營管理費用＝65,000+15,000+23,000+10,000+4,000+2,400+1,600+7,000+3,000+1,800+500+13,000+6,000+9,000＝161,300（元）

非生產經營管理費用＝120,000（元）

（2）計入成本的生產費用＝65,000+15,000+23,000+10,000+4,000+2,400+1,600+7,000+6,000＝134,000（元）

不計入成本的期間費用＝3,000+1,800+500+13,000+9,000＝27,300（元）

（3）計入本月成本的生產費用＝113,000+8,000+6,000＝127,000（元）

計入本月的期間費用＝1,800+500+13,000+9,000＝24,300（元）

（4）本月應計入甲產品成本的費用＝65,000+15,000+（8,000+6,000）×60%＝88,400（元）

本月應計入乙產品成本的費用＝23,000+10,000+（8,000+6,000）×40%＝38,600（元）

（5）本月甲產品月末在產品成本＝35×100＝3,500（元）

本月完工甲產品成本＝88,400-3,500＝84,900（元）

本月完工乙產品成本＝38,600（元）

生產經營管理費用 161,300元					非生產經營管理費用 120,000元
計入成本的生產費用 134,000元				不計入成本的期間費用 27,300元	
計入本月成本的生產費用 127,000元		計入非本月成本的生產費用 7,000元	計入本月的期間費用 24,300元	計入非本月的期間費用 3,000元	
本月應計入甲產品成本的費用 88,400元	本月應計入乙產品成本的費用 38,600元				
本月完工甲產品成本 84,900元	甲產品月末在產品成本 3,500元				

通過【例2-1】的分析計算可以看出，上述五個方面費用界限的劃分過程，應該嚴格貫徹受益原則：何者受益何者負擔費用，何時受益何時負擔費用；負擔費用的多少應與受益程度的大小成正比。

(二) 正確確定財產物資的計價和價值結轉方法

企業財產物資計價和價值結轉方法主要包括：固定資產原值的計算方法、折舊方法、折舊率的種類和高低，固定資產修理費用是否採用待攤或預提方法以及攤提期限的長短；固定資產與低值易耗品的劃分標準；材料成本的組成內容，材料按實際成本進行核算時發出材料單位成本的計算方法，材料按計劃成本進行核算時材料成本差異率的種類，採用分類差異時材料類距的大小等；低值易耗品和包裝物價值的攤銷方法、攤銷率的高低及攤銷期限的長短等。

為了正確計算成本，對於各種財產物資的計價和價值的結轉，應嚴格執行國家統一的會計制度。各種方法一經確定，應保持相對穩定，不能隨意改變，以保證成本信息的可比性。

(三) 做好成本核算的基礎工作

1. 建立、健全成本核算全過程的會計憑證制度及科學合理的傳遞流程

連續、系統、全面的會計憑證是成本核算的首要條件。會計核算要反應從經濟業務發生到財務報告的完整過程，從原始的業務數據到會計數據直至財務信息的過程。成本核算也具有這樣的程序性。作為對企業經濟業務進行反應的書面載體的會計憑證，主要包括以下內容：

(1) 反應企業資產投入的原始憑證。生產經營過程中物化勞動與活勞動的消耗，前者涉及領料單、限額領料單、日記簿及材料退庫單等，後者涉及職工考勤記錄、工時記錄、產量記錄、停工通知及廢品通知單等。

(2) 反應生產經營過程中勞動手段的使用、消耗和分配的原始憑證，如固定資產折舊計提表、外購動力費分配表等。

(3) 反應從經濟業務數據到會計數據的記帳憑證，如依據發料憑證匯總表編製的原材料轉帳憑證、依據工資分配表編製的應付職工薪酬轉帳憑證等。

(4) 反應成本會計信息的相關憑證，如成本計算單、產品成本還原計算表、自制半成品及產品成本匯總計算表等。同時，成本核算的原始憑證到記帳憑證直至產品製造成本信息要有科學的數據計算程序，以滿足產品成本核算與控制的要求。

2. 制定必要的消耗定額，以強化成本核算的事中控制

會計監督與會計核算相連，是會計核算的一種主動性表現。在成本核算中，定額是指對生產經營活動中的資產投入進行事前的標準或目標設定，實現資產由儲備環節進入生產環節的目標性，盡量避免事後不可改變既定事實的後果。作為標準的定額一旦制定，就需要關注資產實際投放量（額）與定額投放量（額）間的差異及其產生的標準定額變動差異的分配等。

定額制定後並不是一成不變的，它必須根據所處的變化進行不斷的修訂，只有這樣它才能為成本核算提供必要的參考依據。

3. 制定企業內部結算價格及結算制度

企業主體和市場中的其他經濟主體經過市場交易形成的資產，以市場交易價格為帳面價值反應在企業會計帳簿上。在資產投入企業內部各部門後，通常企業內部會以模擬市場的方式對內部交易事項進行核算，這樣就形成了企業內部價格機制。當然，內部價格更在於構建企業內部職能部門間協作而不失競爭的格局。內部價格與市場價格的最大區別在於前者的制定導向更多在於清晰界定企業內部各職能部門間的責任權利關係，比如抑制各生產部門間的成本轉嫁問題。

4. 建立、健全存貨資產的計量、驗收、領用、退料與盤存等管理制度

會計核算方式的多樣化及成本效益的權衡會導致原始的業務數據與會計數據的非同步性。因此，需要將存貨資產自其帳面價值形成、發出及結存計價、退回的確認與計量直至實有價值的清查盤點等進行全過程的管理制度安排，確保原始數據與會計數據的真實性和一致性。

(四) 選擇合適的成本計算方法

計算產品成本，關鍵是選擇適當的方法。產品成本計算的方法必須根據其特點、管理要求及工藝過程等予以確定。否則，產品成本就會失去真實性，無法進行成本分析和考核。目前企業常用的產品成本計算方法有品種法、分批法、分步法、分類法、定額法等。

第二節　成本核算的一般程序

一、成本核算的帳戶設置

企業需要設置有關帳戶，組織生產費用的總分類計算和明細分類計算。進行成本核算，企業一般應設置「生產成本」和「製造費用」帳戶，在「生產成本」帳戶下設置「基本生產成本」和「輔助生產成本」明細帳戶。

1. 「生產成本」帳戶

「生產成本」帳戶用來核算企業生產各種產品（包括產成品、自制半成品、提供勞務等）在生產過程中所發生的各項生產費用，並據以確定產品實際生產成本。

(1)「基本生產成本」帳戶

基本生產是指為完成企業主要生產目的而進行的產品生產。

「基本生產成本」帳戶核算生產各種產品（產成品、自制半成品等）、自制材料、自制工具、自制設備等所發生的各項費用。

(2)「輔助生產成本」帳戶

輔助生產是指為基本生產服務而進行的產品生產和勞務供應。

「輔助生產成本」帳戶核算為基本生產車間及其他部門提供產品、勞務所發生的各項費用。

如果企業的輔助生產成本數額較大，需要單獨核算管理，也可以把「輔助生產成

本」帳戶上升為一級科目。

2.「製造費用」帳戶

「製造費用」帳戶核算企業各個生產單位（車間、分廠）為組織生產和管理而發生的各項不能直接計入「基本生產成本」帳戶的生產費用。

為了核算期間費用，還可以分別設立「銷售費用」「管理費用」和「財務費用」帳戶。企業若需要單獨核算廢品損失和停工損失，還可增設「廢品損失」和「停工損失」帳戶。

二、成本核算的一般程序

成本核算的一般程序是指對企業在生產經營過程中發生的各項生產費用和期間費用，按照成本核算的要求，逐步進行歸集和分配，最後計算出各種產品的生產成本和各項期間費用的基本過程。成本核算的一般程序如下：

（1）審核並登記發生（支付）的各項費用。根據成本開支範圍的規定，對各項費用支出進行嚴格審核，確定應計入產品成本的生產費用和不應計入產品成本的期間費用。

（2）編製要素費用分配表。歸集和分配各項要素費用，確認應計入產品生產成本的生產費用。

（3）編製待攤費用和預計費用分配表。區分應當計入本月的成本、費用和應當由其他月份負擔的成本、費用。

（4）歸集和分配輔助生產費用。歸集在「生產成本——輔助生產成本」科目及其明細帳借方的費用，要根據其服務的對象和提供勞務的數量，在各受益單位之間進行分配。

（5）歸集和分配製造費用。歸集在製造費用明細帳中的費用，應當在當月末編製製造費用分配表，按照受益原則，分配到各車間的產品成本中，記入「基本生產成本」帳戶及其明細帳戶。

（6）結轉完工產品成本。經過以上過程，將應計入本月產品的各項生產費用，在各種產品之間按照成本項目進行分配和歸集，計算出按成本項目反應的各產品的成本。

（7）結轉已銷售產品成本。已銷售產品的成本要從「庫存商品」帳戶及其明細帳戶轉到「主營業務成本」帳戶及其明細帳戶。

第三節　生產費用的分類

費用，是企業在日常活動中發生的、會導致所有者權益減少的、與向所有者分配利潤無關的經濟利益的總流出，是企業在一定期間生產經營活動過程中發生的各種耗費。生產費用要素的分類是正確計算產品成本的重要條件。

一、生產費用按經濟內容的分類

　　企業的生產經營過程是勞動對象、勞動手段和活勞動的耗費過程，因而生產費用按經濟內容劃分，可分為勞動對象方面的耗費、勞動手段方面的耗費和活勞動方面的耗費，統稱為生產費用的三大要素。生產費用具體可分為以下八個類別：

　　（1）外購材料，是指企業為進行生產經營而耗用的一切向外單位購進的原料及主要材料、半成品、輔助材料、包裝物、修理用備件和低值易耗品等，不包括在建工程耗用的材料。

　　（2）外購燃料，是指企業為進行生產經營而耗用的從外部購進的各種燃料。外購燃料不包括在建工程耗用的燃料。

　　（3）外購動力，是指企業為進行生產經營而耗用的一切向外單位購進的各種動力，如供電局提供的電力、熱力等，不包括在建工程耗用的動力。

　　（4）職工薪酬，是指企業所有應計入製造成本和期間費用的職工的各種形式的報酬及其他相關支出。

　　（5）折舊費與攤銷費，是指企業按照規定方法計提的固定資產折舊費用以及無形資產、遞延資產的攤銷費用。

　　（6）修理費，是指企業為修理固定資產而發生的支出。

　　（7）利息支出，是指企業借入生產經營資金，按規定計入財務費用的借款利息支出減去利息收入後的淨額。

　　（8）其他支出，是指不屬於以上各費用要素但應計入產品成本或期間費用的費用支出，如差旅費、辦公費、租賃費、保險費、訴訟費及外部加工費等。

　　對生產費用按其經濟內容分類，可以瞭解企業生產過程中物化勞動和活勞動的耗費情況，為計算工業增加值等指標提供依據。

二、生產費用按經濟用途的分類

　　生產費用按其經濟用途，可以分為計入產品成本的生產成本和不計入產品成本的期間費用。

　　（1）生產成本，是指企業為生產一定種類、一定數量的產品所支出的各種生產費用之和。生產成本一般可設置以下幾個成本項目：

　　直接材料，是指直接用於產品生產並構成產品實體或主要成分的原料、主要材料、外購半成品和有助於產品形成的輔助材料。

　　燃料和動力，是指直接用於產品生產的燃料和動力。

　　直接人工，是指直接參加產品生產的工人工資、福利費及其他各種形式的職工薪酬。車間生產管理人員的工資及福利費是記入「製造費用」的。

　　製造費用，是指企業車間為了生產產品和提供勞務而發生的各項間接費用。

　　燃料和動力，是指直接用於產品生產的外購或自製的燃料和動力。

　　廢品損失，是指企業在生產過程中產生了廢品造成的損失。

　　停工損失，是指企業在材料供應不足、電力中斷、機器大修理、計劃減產或非常

災害等時引起的停工。

製造企業在管理要求一般、核算簡化的情況下，可以只設直接材料、直接人工、製造費用三個成本項目。企業可以根據企業生產特點和管理要求，對上述成本項目進行適當調整。

（2）期間費用，是指企業在生產經營過程中發生的、與產品生產沒有直接關係，而是與企業的銷售、經營、組織和管理活動相關的成本，主要包括銷售費用、管理費用和財務費用等。

銷售費用，是指企業銷售商品和材料、提供勞務的過程中發生的各項費用。

管理費用，是指組織和管理企業生產經營所發生的各種費用。

財務費用，是指企業為籌集生產經營所需資金而發生的籌資費用。

對生產費用按其經濟用途分類，可以瞭解企業產品成本構成情況，為考核企業成本計劃的執行情況，尋找降低產品成本的途徑提供依據。

三、生產費用的其他分類方法

1. 生產費用按計入產品成本的方法分類

生產費用按計入產品成本的方法，可以分為直接計入費用和間接計入費用。

直接計入費用是指企業為生產某種產品（成本核算對象）而發生的費用。在計算產品成本時，該類費用可以根據費用發生的原始憑證直接計入該種產品（成本核算對象）的成本，如直接用於某種產品生產的原材料、生產工人的薪酬等，就可以根據有關領料單和職工薪酬結算單等原始憑證直接計入該種產品成本。

間接計入費用是指企業為生產幾種產品（成本核算對象）共同發生的費用。這類費用無法根據發生費用的原始憑證直接計入各種產品（成本核算對象）的成本，需要採用適當的方法在各種產品（成本核算對象）之間進行分配，再分別計入有關產品（成本核算對象）成本。

對生產費用按其計入產品成本的方式進行分類，有利於企業正確計算產品成本。對於直接計入費用必須根據有關費用的原始憑證直接計入該產品（成本核算對象）的成本；對於間接計入費用則要選擇合理的分配方法，分配計入各有關產品（成本核算對象）的成本。

2. 生產費用按其與生產工藝過程的關係分類

生產費用按其與生產工藝過程的關係，可以分為基本費用和一般費用。

基本費用是指由於企業生產工藝本身引起的各種費用，如生產工藝技術過程耗用的原料及主要材料、燃料及動力、產品生產工人的薪酬等。

一般費用是指企業內部各生產單位（分廠、車間）為組織和管理生產所發生的各項費用，如生產單位管理人員的薪酬、辦公費、差旅費等。

對生產費用按其與生產工藝的關係分類，有助於考察和分析企業的管理水準。企業管理水準越高，產品成本中一般費用的比重會越低。

3. 生產費用按其與產品產量的關係分類

生產費用按其與產品產量的關係，可以分為變動費用和固定費用。

變動成本是指其成本總額隨著產品產量的變動而成正比例變動的費用，如產品生產直接耗用的原料和主要材料。但是，就單位產品成本而言，這類費用則是固定的，無論產品產量如何變動，單位產品應負擔的這類費用基本不變。

固定費用是指在一定產量範圍內成本總額相對固定的費用，即不隨著產品產量的變動而變動的費用，如生產單位管理人員的薪酬、房屋建築物的折舊費等。但是，就單位產品成本而言，這類費用則是變動的。隨著產品產量的增加，單位產品應負擔的這類費用數額將隨之減少。

對生產費用按其與產品產量的關係分類，可以為尋找降低產品成本的途徑提供資料。

【思考練習】

一、單項選擇題

1. 下列費用中，應計入產品成本的有（　　）。
   A. 管理費用　　　　　　　　B. 財務費用
   C. 製造費用　　　　　　　　D. 營業費用
2. 下列屬於要素費用的是（　　）。
   A. 直接材料　　　　　　　　B. 外購材料
   C. 直接人工　　　　　　　　D. 製造費用
3. 下列支出屬於資本性支出的是（　　）。
   A. 購入無形資產　　　　　　B. 支付本期照明用電費
   C. 購入印花稅票　　　　　　D. 支付利息費用
4. 用來核算企業為生產產品和提供勞務而發生的各項間接費用的帳戶是（　　）。
   A.「基本生產成本」　　　　　B.「製造費用」
   C.「管理費用」　　　　　　　D.「財務費用」
5. 不在「財務費用」帳戶核算的項目是（　　）。
   A.「業務招待費」　　　　　　B.「利息費用」
   C.「匯兌損失」　　　　　　　D.「金融機構結算手續費」
6. 製造費用應分配計入（　　）。
   A. 基本生產成本和輔助生產成本　　B. 基本生產成本和期間費用
   C. 生產成本和管理費用　　　　　　D. 財務費用和營業費用
7. 下列各項中不應計入產品成本的是（　　）。
   A. 企業行政管理部門用固定資產的折舊費
   B. 車間廠房的折舊費
   C. 車間生產用設備的折舊費
   D. 車間輔助人員的工資

8. 下列各項中應計入管理費用的是（　　）。
   A.「銀行借款的利息支出」　　B.「銀行存款的利息收入」
   C.「企業的技術開發費」　　　D.「車間管理人員的工資」
9. 下列各項中，屬於產品生產成本項目的是（　　）。
   A.「外購動力費用」　　　　　　B.「製造費用」
   C.「工資及提取的職工福利費用」D.「折舊費用」
10. 為了保證按每個成本計算對象正確地歸集應負擔的費用，必須將應由本期產品負擔的生產費用正確地在（　　）。
    A. 各種產品之間進行分配
    B. 完工產品和在產品之間進行分配
    C. 盈利產品與虧損產品之間進行分配
    D. 可比產品與不可比產品之間進行分配
11. 下列各項中，屬於中國工業企業費用要素的是（　　）。
    A. 製造費用　　　　　　　　B. 期間費用
    C. 折舊費　　　　　　　　　D. 生產成本
12. 製造費用是指生產過程中發生的（　　）。
    A. 間接生產費用
    B. 間接計入費用
    C. 應計入產品成本的各項生產費用
    D. 應計入產品成本，未專設成本項目的各項生產費用
13. 為了簡化核算工作，製造費用的費用項目在設立時主要考慮的因素是（　　）。
    A. 費用的性質是否相同　　　B. 是否直接用於產品生產
    C. 是否間接用於產品生產　　D. 是否用於組織和管理生產
14. 企業為生產產品發生的原料及主要材料的耗費，應計入（　　）。
    A. 基本生產成本　　　　　　B. 輔助生產成本
    C. 管理費用　　　　　　　　D. 製造費用
15. 企業因生產產品、提供勞務而發生的各項間接費用，包括工資、福利費、折舊費等，屬於（　　）成本項目。
    A.「管理費用」　　　　　　　B.「製造費用」
    C.「直接人工」　　　　　　　D.「直接材料」
16. 用於生產產品構成品實體的原材料費用，應記入（　　）帳戶。
    A.「基本生產成本」　　　　　B.「製造費用」
    C.「廢品損失」　　　　　　　D.「銷售費用」
17. 直接用於產品生產的燃料，應直接記入或者分配記入的帳戶是（　　）。
    A.「製造費用」　　　　　　　B.「管理費用」
    C.「財務費用」　　　　　　　D.「基本生產成本」
18. 生產車間耗用的物料費用，應貸記「原材料」帳戶，借記（　　）帳戶。

A.「基本生產成本」 B.「預付帳款」
C.「輔助生產成本」 D.「製造費用」

19. 生產費用要素中的稅金，發生或支付時，應借記（　　）帳戶。
    A.「生產成本」 B.「製造費用」
    C.「管理費用」 D.「銷售費用」

20. 工業企業的各種費用按其經濟用途分類，其主要作用在於（　　）。
    A. 可以反應在一定時期內總共發生了哪些費用，數額各是多少
    B. 可以為編製企業的材料採購資金計劃和勞動工資計劃提供資料
    C. 可以為企業核定儲備資金定額和考核儲備資金週轉速度提供資料
    D. 可以說明企業費用的具體用途，有利於核算與監督產品消耗定額和費用預算的執行情況，有利於加強成本管理和成本分析

二、多項選擇題

1. 下列屬於成本項目的有（　　）。
   A.「工資」 B.「直接人工」
   C.「直接材料」 D.「製造費用」

2. 工業企業的生產經營費用包括（　　）。
   A. 生產費用 B. 銷售費用
   C. 管理費用 D. 財務費用

3. 計入產品成本的生產費用按計入方式不同分為（　　）。
   A. 製造費用 B. 直接人工
   C. 直接計入費用 D. 間接計入費用

4. 「製造費用」帳戶核算的內容包括下列的（　　）。
   A. 車間的固定資產折舊費 B. 車間的固定資產修理費
   C. 企業的業務招待費 D. 印花稅

5. 下列各項中屬於營業費用的是（　　）。
   A. 廣告費 B. 委託代銷手續費
   C. 展覽費 D. 專設銷售機構的辦公費

6. 工業企業成本核算的一般程序包括下列的（　　）。
   A. 對企業的各項支出、費用進行嚴格的審核和控制
   B. 正確劃分各個月份的費用界限，正確核算待攤費用和預提費用
   C. 將生產費用在各種產品之間進行分配和歸集
   D. 將生產費用在本月完工產品與月末在產品之間進行分配和歸集

7. 為了正確計算產品成本，應做好的基礎工作包括（　　）。
   A. 定額的制定與修訂
   B. 做好原始記錄工作
   C. 正確選擇各種分配方法
   D. 材料物資的計量、收發、領退和盤點

8. 下列各項中，應計入產品成本的費用有（　　）。
   A. 車間辦公費　　　　　　　B. 企業行政管理人員工資
   C. 車間設計制圖費　　　　　D. 在產品的盤虧損失

三、判斷題

1. 要素費用中的外購材料與成本項目中的直接材料費用內涵是一致的。（　）
2. 企業在生產經營活動中發生的一切費用支出都應計入產品成本。（　）
3. 凡是在生產過程中發生的、與產品生產有關的所有直接或間接耗費，均應作為生產費用計入產品成本。（　）
4. 製造費用即間接費用，直接材料、直接人工即直接費用。（　）
5. 成本計算期的確定，主要取決於企業成本管理的要求。（　）
6. 在只生產一種產品的工業企業或車間中，直接生產費用和間接生產費用都可以直接計入該種產品成本，都是直接計入費用，這種情況下，沒有間接計入費用。（　）
7. 對所計提的固定資產折舊，應全部計入產品成本。（　）
8. 專設銷售機構的固定資產修理費用應作為期間費用，計入當期損益。（　）
9. 固定資產折舊費是產品成本的組成部分，應該全部計入產品成本。（　）
10. 企業計算出來的成本，既可以是實際成本，也可以是計劃成本。（　）
11. 企業某一期間為生產產品發生的費用總額，不一定等於該會計期間產品成本的總額。（　）
12. 產品成本項目是由國家統一規定的，任何企業不能變動。（　）
13. 因為材料是產品成本的組成部分，所以企業各部門領用的材料都可以計入產品的成本。（　）
14. 生產人員、車間管理人員和技術人員的工資及福利費，是產品成本的重要組成部分，應該直接計入各種產品成本。（　）
15. 用於產品生產、照明、取暖的動力費用，應計入各種產品成本明細帳的燃料及動力成本項目。（　）

四、簡答

1. 正確計算產品成本應該正確劃清哪些方面的費用界限？
2. 簡述成本核算的一般程序。

第三章 要素費用的歸集與分配

【案例導入】

一天，萬紅和張瑞同學在會計老師安排的講座課上，為一個案例的支出、費用、生產費用和產品成本結果爭得面紅耳赤。萬紅同學認為案例中該公司該月份的支出總額為 708 萬元，費用為 619.5 萬元，生產費用為 464.25 萬元，產品成本為 464.25 萬元。張瑞同學認為萬紅同學說的結果都不對。以下是該案例的詳細資料：

新華公司 9 月份購買了一臺設備，支出 50 萬元，為購買該設備支付增值稅 8.5 萬元，該設備預計使用 10 年，無殘值；支付公司行政人員工資 30 萬元，計提了福利費 4.2 萬元，還提取了工會經費、教育經費 1.05 萬元；支付公司辦公等費用 10 萬元；支付本月生產產品的工人工資 100 萬元，生產管理人員工資 10 萬元，並按規定比例提取了職工福利費、工會經費和教育經費；支付廣告費 50 萬元，銷售產品差旅費 5 萬元；支付運動會贊助費 20 萬元、行政罰款 10 萬元；本月折舊費 50 萬元，其中公司管理部門 15 萬元，車間 35 萬元；本月應交所得稅費 20 萬元；應分配給投資人利潤 20 萬元；生產領用材料 300 萬元；購進材料 500 萬元。

你認為萬紅同學計算的結果對嗎？為什麼？正確的各項目應為多少？

【學習目標】

瞭解直接材料費用和直接人工費用兩個成本項目的內容，瞭解材料費用和應付職工薪酬的計算和確認方法，瞭解費用分配方法的構成要素和應用範圍，瞭解材料費用、人工費用的歸集和分配原理，熟悉直接材料費用、直接人工費用等分配方法的具體應用及分配結轉的會計分錄的編製。

第一節 材料費用的歸集和分配

一、材料費用的歸集

(一) 材料的分類

材料是製造企業生產過程中的勞動對象，是生產過程中不可缺少的物資要素。

(1) 原料及主要材料，是指經過加工後構成產品主要實體的各種原料和材料，外購半成品在繼續加工過程中構成產品的主要實體，理論上也應列入此類別。

(2) 輔助材料，是指在生產中不構成產品主要實體，只起一定輔助作用的各種

材料。

（3）外購燃料，是指企業從外部購入的在生產過程中用來燃燒發熱的各種材料。

（4）包裝物，是指為包裝本企業產品，隨同產品一起出售或者在銷售產品時租給、借給購貨單位使用的各種包裝物品。各種包裝用材料，不屬於包裝物，而應屬於輔助材料一類。

（5）修理用備件，是指為修理本企業機器設備和運輸工具所專用的各種備品備件，如輪胎、齒輪、軸承、閥門等。修理用的一般零件屬於輔助材料一類。

（6）低值易耗品，是指單項價值在規定限額以下，或使用期限不滿一年，不能作為固定資產管理的各種物品。

（二）材料費用的計價

1. 按實際成本計價材料發出的核算

按實際成本計價是指材料的收發結存金額都按照材料在採購（或委託加工、自制）過程中發生的實際成本進行計算。

（1）外購材料的實際成本包括：第一，材料的買價。第二，運雜費，包括材料的運輸費、裝卸費、保險費、包裝費等費用。第三，運輸途中的合理損耗。第四，入庫前的挑選、整理費。第五，稅金。外購進口材料所支付的關稅，應該計入材料實際成本。

（2）自制材料的實際成本包括自制過程中發生的材料費用、人工費用以及其他相關費用。

（3）委託加工材料的實際成本包括所消耗的原材料及半成品、往返運輸費、裝卸費、保險費、加工費及稅金。

2. 按計劃成本計價材料發出的核算

按計劃成本計價是指每一種材料的收入、發出和結存量都按預先確定的計劃成本計價。實際成本與計劃成本之間的差額（即材料成本差異），則通過「材料成本差異」帳戶來調節，並採用按各類材料求差異率的方法，確認發出材料和庫存材料的實際成本。

（三）材料發出的原始憑證及其控制

1. 材料發出的原始憑證

企業的生產單位或其他部門領用材料時，應由專人負責審核，只有經過有關人員簽字審核之後，才能辦理領料手續。

（1）領料單是一種一次性使用的領發料憑證。它適用於不經常使用、沒有消耗定額的材料領發業務。車間和部門按計劃向倉庫領料時，要填寫領料單。

（2）領料登記表。對於一些經常領用的消耗性材料，可以不必每次都填製領料單，經過審核，只需每次領用時在領料登記表中登記即可。

（3）限額領料單是一種在規定時期和規定限額內可多次使用的領發料單累計憑證。它適用於經常並已制定消耗定額的材料領發業務。

（4）退料單是一種由於車間溢領、不適用、品質差等原因由車間退料給倉庫的

憑證。

2. 材料發出控制

（1）健全發出材料的計量制度和領用憑證制度

庫存材料的計量有兩種方法，分別是永續盤存制和實地盤存制。

永續盤存制是指根據材料日常收入、發出的有關憑證，按其數量在材料明細帳中逐筆登記，以實際發出數量作為消耗量的一種方法。

實地盤存制是指在收入材料時在材料明細帳上登記，發出材料時不在材料明細帳上登記，期末根據實際盤存數，倒算出本期發出材料數量的一種方法。

在材料發出時，必須簽發各種領料憑證，因此還必須建立各種領用憑證制度，對各材料領用憑證，如領料單、限額領料單、領料登記表等進行嚴格的管理。

（2）制定材料消耗定額，加強材料發出控制

制定材料消耗定額是加強材料發出控制的有效手段，通過材料消耗定額可以查明生產過程中材料實際消耗量與定額之間的差異的原因並明確責任。

（3）建立、健全材料盤點和退料制度

在月末時，各生產部門由於各種原因已領未用的材料，應該辦理退料手續。與此同時，為了保證倉庫資料的正確性，還需對庫存材料的數量進行盤點。

（四）材料發出及計價

1. 按實際成本計價時發出材料成本的確定

（1）先進先出法，是指根據先入庫先發出的原則，對於發出的存貨以先入庫存貨的單價計算發出存貨成本的方法。

（2）全月一次加權平均法，是以總數量為權數計算的加權平均單價，據以確定期末結存材料成本和本期發出材料成本的方法。其計算公式如下：

$$材料加權平均單價 = \frac{月初庫存材料的實際成本 + \sum(本月各批進貨的實際單位成本 \times 本月各批進貨的數量)}{月初庫存材料數量 + 本月各批進貨數量之和}$$

$$期末結存材料成本 = 該材料期末結存數量 \times 該材料加權平均單價$$

$$本期發出材料成本 = 該材料期初結存成本 + 本期收入成本 - 期末結存成本$$

（3）個別計價法，是假設材料的成本流轉與實物流轉相一致，按照各種材料，逐一辨認各批發出材料和期末材料所屬的收入批別或生產批別，分別按其購入或生產時所確定的單位成本作為計算各批發出材料和期末材料成本的方法，又稱「個別認定法」「具體辨認法」「分批實際法」。其計算公式如下：

$$發出材料的實際成本 = 各批（次）材料發出數量 \times 該批（次）材料實際購入單價$$

（4）移動加權平均法，是指以每次收入的成本加上原有庫存材料的成本，除以每次收入數量與原有庫存材料的數量之和，據以計算加權平均單位成本，以此為基礎計算當月發出材料的成本和期末材料的成本的一種方法。移動加權平均法是永續盤存制下加權平均法。其計算公式如下：

$$移動加權平均單價 = \frac{本次收入前結存材料金額 + 本次收入材料金額}{本次收入前結存材料數量 + 本次收入材料數量}$$

2. 按計劃成本計價時發出材料成本的確定

首先，要確定入庫材料成本差異額和本月材料成本差異率。材料成本差異率一般應按材料類別分別確定。其計算公式如下：

$$入庫材料成本差異額 = 入庫材料實際成本 - 入庫材料計劃成本$$

$$本月材料成本差異率 = \frac{月初結存材料成本差異額 + 本月入庫材料成本差異額}{月初結存材料計劃成本 + 本月入庫材料計劃成本}$$

$$上月材料成本差異率 = \frac{月初結存材料成本差異額}{月初結存材料計劃成本}$$

根據發出材料計劃成本和材料成本差異率，可以將本月發出材料計劃成本調整為實際成本。其計算公式如下：

$$發出材料計劃成本 = 發出材料數量 \times 材料計劃價$$

$$發出材料應負擔材料成本差異額 = 發出材料計劃成本 \times 材料成本差異率$$

$$發出材料實際成本 = 發出材料計劃成本 + 發出材料應負擔材料成本差異額$$

二、材料費用的分配

(一) 材料費用的分配原則

（1）客觀性原則。凡是能直接計入某種產品成本的材料費用，應直接計入該產品成本明細帳；凡是幾種產品共同耗用的材料費用，應選擇合理的標準，分配計入有關產品成本明細帳。在分配計入時，分配標準的選擇總帶有一定的假定性及主觀判斷因素，往往會影響產品成本的真實反應。

（2）重要性原則。凡在產品成本中佔有較大比重的，應該以單獨的成本項目「直接材料」列示，而對於那些比重較小的材料費用，即使是直接計入費用，為了簡化成本核算，也可將其列入製造費用，與其他製造費用一起進行分配。

(二) 材料費用的分配方法

1. 材料費用的分配對象

（1）用於基本車間生產產品耗用的材料費用，若能分品種領用，則直接記入「基本生產成本」總帳科目及其明細帳的「直接材料」成本項目；若為幾種產品共同耗用，則應採取適當的分配方法，間接記入「基本生產成本」總帳科目及其明細帳的「直接材料」成本項目。

（2）用於輔助車間的材料費用，應記入「輔助生產成本」科目。

（3）用於生產車間一般性消耗的機物料費用，應記入「製造費用」科目。

（4）用於企業行政管理部門、銷售場所消耗的材料等費用，應分別記入「管理費用」和「銷售費用」或「財務費用」科目。

2. 共同耗用材料費用的分配方法

幾種產品共同耗用的各種材料費用應選擇既合理又簡便的方法分配計入各種產品成本。由於原料及主要材料的耗用量一般與產品的重量、體積有關，所以其分配一般可按產品的重量和體積的比例分配。如各種鐵鑄件所用的原料生鐵可按鑄件的重量比

例分配；各種木器所用的主要材料木材，可以按照木器淨用材料的體積比例分配。

在材料消耗定額比較準確的情況下，原材料費用也可以按照材料的定額消耗量比例或定額費用比例進行分配。下面介紹幾種常見的分配方法。

（1）重量（產量、體積）比例分配法。這是一種以產品的重量、產量、體積為標準分配直接材料費用的方法。公式如下：

材料費用分配率＝應分配的直接材料費用÷各種產品的重量（或產量、體積）之和

某種產品應分配的材料費用＝該種產品的重量（或產量、體積）×材料費用分配率

【例3-1】某型鑄車間生產甲、乙兩種產品。本月生產的甲產品的重量為15噸、乙產品的重量為5噸。兩種產品共同耗用鋼材15,800元。

材料費用分配率＝$\frac{15,800}{15+5}$＝790（元/噸）

甲產品應分配的材料費用＝15×790＝11,850（元）

乙產品應分配的材料費用＝5×790＝3,950（元）

根據以上計算結果，編製材料費用分配表，見表3-1。

表3-1　共同耗用材料費用分配表

車間：型鑄　　　　　　　　　　　2019年6月

產品名稱	分配標準（元）	分配率（元/噸）	分配金額（元）
甲產品	15	790	11,850
乙產品	5	790	3,950
合計	20	790	15,800

（2）定額消耗量比例法。它是指以各個材料費用受益產品的原材料定額耗用量為分配標準，以單位材料定額耗用量應負擔的原材料的費用為分配率，據以分配原材料費用的方法。該方法主要適用於原材料消耗比較單一、單位產品消耗量比較準確的產品。其計算公式為：

受益產品定額消耗量＝受益產品產量×單位產品定額消耗量

$$原材料費用分配率＝\frac{被分配的原材料費用}{各受益產品定額消耗量之和}$$

某受益產品應負擔原材料費用＝該受益產品定額消耗量×原材料費用分配率

【例3-2】某企業第一車間領用A材料10,000千克，單價20元。本月生產甲產品500件、乙產品200件，甲、乙產品的消耗定額分別為1.2千克、2千克。計算原材料費用的分配。

原材料費用的分配計算如下：

被分配A材料費用＝10,000×20＝200,000（元）

甲產品定額消耗量＝500×1.2＝600（千克）

乙產品定額消耗量＝200×2＝400（千克）

A材料費用分配率＝200,000÷（600+400）＝200（元/千克）

甲產品應負擔原材料費用＝600×200＝120,000（元）

乙產品應負擔原材料費用＝400×200＝80,000（元）

根據以上計算結果，編製材料費用分配表，見表3-2。

表3-2　共同耗用材料費用分配表

車間：第一車間　　　　　　2019年6月

產品名稱	產量（件）	單位消耗定額（千克）	定額消耗量（千克）	分配率（元/千克）	分配金額（元）
甲產品	500	1.2	600	200	120,000
乙產品	200	2	400	200	80,000
合計	700	—	1,000	200	200,000

在幾種產品共同耗用原材料的種類比較多的情況下，為簡化分配計算工作，也可以按照各種原材料的定額費用比例分配原材料實際費用。其計算公式如下：

受益產品定額費用＝受益產品產量×單位產品定額費用

$$原材料費用分配率＝\frac{被分配的原材料費用}{各受益產品定額費用之和}$$

某受益產品應負擔原材料費用＝該受益產品定額費用×定額費用分配率

【例3-3】某公司生產甲、乙兩種產品，因消耗的原材料品種較多，分別核定甲、乙產品單位定額費用為600元、500元。本月甲、乙產品消耗的各種原材料的實際成本為630,000元，本月完工甲產品5,000件、乙產品8,000件。計算本月原材料費用。

原材料費用計算如下：

甲產品定額費用＝600×5,000＝3,000,000（元）

乙產品定額費用＝500×8,000＝4,000,000（元）

定額費用分配率＝630,000÷（3,000,000＋4,000,000）＝0.09

甲產品應負擔原材料費用＝3,000,000×0.09＝270,000（元）

乙產品應負擔原材料費用＝4,000,000×0.09＝360,000（元）

（3）標準產量比例分配法。這是將各種產品的產量按系數折算為標準產量，再按標準產量的比例分配材料費用的方法。這裡的系數是指各種產品與標準產品在量上的一種比例關係，例如消耗定額、實際重量、面積、體積的比例。標準產品可以選擇系列產品中的中間產品，也可以選擇正常、大量生產的產品。具體步驟如下：首先，選擇標準產品，將其系數定為「1」；其次，計算各產品的系數和標準產量，標準產量就是各產品的實際產量與各產品系數的乘積；最後，計算費用分配率和各產品應負擔的費用。

【例3-4】海星織布廠生產不同型號的A、B、C、D共4種產品。本月生產量分別為1,000萬米、500萬米、250萬米和100萬米，其中A產品為企業正常、大量生產的產品。各種產品每萬米的材料消耗定額分別為84千克、92.4千克、42千克和21千克。4種產品共同耗用的材料費用為255,000元。

海星織布廠的產品系數計算表、產品標準產量計算表、材料費用分配表見表3-3、

表 3-4、表 3-5。

表 3-3　海星織布廠產品系數計算表
2019 年度使用

產品名稱	消耗定額（千克）	系數
A	84	1
B	92.4	92.4/84＝1.1
C	42	42/84＝0.5
D	21	21/84＝0.25

表 3-4　海星織布廠產品標準產量計算表
2019 年 6 月

產品名稱	實際產量（萬米）	系數	標準產量（萬米）
A	1,000	1	1,000
B	500	1.1	550
C	250	0.5	125
D	100	0.25	25
合計	1,850	—	1,700

表 3-5　海星織布廠材料費用分配表
2019 年 6 月

產品名稱	標準產量（萬米）	費用分配率（元/萬米）	分配金額（元）
A	1,000	150	150,000
B	550	150	82,500
C	125	150	18,750
D	25	150	3,750
合計	1,700	255,000÷1,700＝150	255,000

三、分配結轉直接材料費用的帳務處理

在實際工作中，對發生的材料費用的分配是通過編製材料費用分配表進行的。根據發出材料明細表和材料費用分配表等原始憑證編製記帳憑證，登記有關帳簿。

材料費用分配表應該按照材料的用途和材料類別，根據歸類後的領料憑證編製。

【例 3-5】紅星工廠有一個基本車間生產甲、乙兩種產品，另外還有兩個輔助生產車間——供電車間和機修車間。各部門本月領用材料匯總，據以編製材料費用分配表，如表 3-6 所示。

表 3-6　材料費用分配表

2019 年 6 月 30 日

應借科目			共同消耗原材料的分配					直接領用的原材料（元）	耗用原材料總額（元）
總帳及二級科目	明細科目	成本或費用項目	產量	單位消耗定額	定額消耗用量	分配率	應分配材料費（元）		
生產成本——基本生產成本	甲產品	直接材料	5,000	1.2	6,000	20	120,000	80,000	200,000
	乙產品	直接材料	2,000	2	4,000	20	80,000	70,000	150,000
	小計				10,000	20	200,000	150,000	350,000
生產成本——輔助生產成本	供電車間	直接材料						20,000	20,000
	機修車間	直接材料						8,000	8,000
	小計							28,000	28,000
製造費用	基本車間	機物料消耗						12,000	12,000
管理費用		其他						14,000	14,000
合計							200,000	204,000	404,000

根據「材料費用分配表」分配材料費用記入有關科目，其會計分錄如下：

借：生產成本——基本生產成本——甲產品　　　　　　200,000
　　　　　　　　　　　　　　　　——乙產品　　　　　　150,000
　　　——輔助生產成本——供電車間　　　　　　20,000
　　　　　　　　　　　　——機修車間　　　　　　8,000
　　製造費用——基本車間　　　　　　　　　　　　12,000
　　管理費用　　　　　　　　　　　　　　　　　　14,000
　　貸：原材料　　　　　　　　　　　　　　　　　404,000

第二節　燃料和動力費用的分配

一、燃料費用的歸集與分配

燃料也是材料，因而燃料費用的歸集與分配程序與上述原材料費用分配程序和方法基本相同。

企業對發生的燃料費用是否需要單獨進行分配與核算，取決於企業燃料費用額的大小和企業對燃料費用進行管理的要求。通常情況下，燃料費用是並入原材料費用統一核算的，但是如果燃料費用發生額較大，企業需要加強管理，可以單設「燃料」帳戶進行核算。對發生的燃料費用也可以與動力費用一起，在基本生產成本明細帳中單設「燃料與動力」成本項目予以反應。

【例3-6】 紅星工廠燃料費用消耗較大，在成本項目中設置「燃料與動力」項目。該公司2019年6月直接用於甲、乙兩種產品生產的燃料費用共為70,000元，甲、乙兩種產品所耗原材料費用按比例分配，甲產品消費原材料200,000元，乙產品消費原材料150,000元。另外，輔助生產車間耗用燃料費用70,000元，其中供電車間56,000元，機修車間14,000元。

甲、乙兩種產品應負擔燃料費用為：

$$燃料費用分配率 = \frac{70,000}{20,000+15,000} = 2$$

甲產品應負擔燃料費用 = 20,000×2 = 40,000（元）
乙產品應負擔燃料費用 = 15,000×2 = 30,000（元）

根據以上資料，編製燃料費用分配表，如表3-7所示。

表3-7 燃料費用分配表
2019年6月30日

應借帳戶		成本或費用項目	直接計入（元）	分配計入			合計（元）
				原材料費用（元）	分配率	分配額（元）	
基本生產成本	甲產品	燃料及動力		20,000	2	40,000	40,000
	乙產品	燃料及動力		15,000	2	30,000	30,000
	小計			35,000	2	70,000	70,000
輔助生產成本	供電車間	燃料及動力	56,000				56,000
	機修車間	燃料及動力	14,000				14,000
	小計		70,000				70,000
合計			70,000			70,000	140,000

根據「燃料費用分配表」分配燃料費用並記入有關科目，其會計分錄如下：

借：生產成本——基本生產成本——甲產品　　　　　　　40,000
　　　　　　　　　　　　　　——乙產品　　　　　　　30,000
　　　　——輔助生產成本——供電車間　　　　　　　　56,000
　　　　　　　　　　　　——機修車間　　　　　　　　14,000
貸：原材料——燃料　　　　　　　　　　　　　　　　　140,000

二、外購動力費用的計算

外購動力費用支出的核算一般分為兩種情況：

（1）每月支付動力費用的日期基本固定，而且每月付款日到月末的應付動力費用相差不大，將每月支付的動力費用作為應付動力費用，在付款時直接借記各成本、費用帳戶，貸記「銀行存款」帳戶。

（2）一般情況下要通過「應付帳款」帳戶核算，即在付款時先作為暫付款處理，

借記「應付帳款」帳戶，貸記「銀行存款」帳戶，月末按照外購動力的用途分配費用時再借記各成本、費用帳戶，貸記「應付帳款」帳戶，衝銷原來記入「應付帳款」帳戶借方的暫付款。「應付帳款」帳戶借方所記本月所付動力費用與貸方所記本月應付動力費用，往往不相等。借方餘額，為本月支付款大於應付款的多付動力費用，可以抵衝下月應付費用；貸方餘額，為本月應付款大於支付款的應付未付動力費用，可以在下月支付。

三、外購動力費用的分配

直接用於產品生產的動力費用應該單獨記入產品成本的「燃料及動力」成本項目。

外購動力費用的分配，在有儀表記錄的情況下，應根據儀表所示耗用動力的數量以及動力的單價計算；在沒有儀表的情況下，可按生產工時比例、機器工時比例、定額耗用量比例分配。其計算公式為：

$$動力費用分配率 = \frac{生產車間動力費用總額}{各種產品動力費用分配標準之和}$$

某種產品應分配的動力費用 = 該產品動力分配標準數 × 動力費用分配率

【例3-7】某企業生產車間直接用於甲、乙兩種產品生產的外購動力費用為15,000元。該企業規定以生產工時比例為標準進行分配。其中，甲產品的生產工時為25,000小時，乙產品的生產工時為12,500小時。計算動力費用的分配。

動力費用分配的計算如下：

$$動力費用分配率 = \frac{15,000}{25,000 + 12,500} = 0.4（元/小時）$$

甲產品應分配的動力費用 = 25,000 × 0.4 = 10,000（元）
乙產品應分配的動力費用 = 12,500 × 0.4 = 5,000（元）

四、分配結轉外購動力費用的帳務處理

外購動力費用的分配通過編製外購動力費用分配表進行。直接用於產品生產，設有「燃料及動力」成本項目的動力費用，應單獨記入「基本生產成本」總帳帳戶和所屬有關的產品成本明細帳和借方；直接用於輔助生產的動力費用，用於基本生產和輔助生產但未專設成本項目的動力費用、用於組織和管理生產經營活動的動力費用，則應分別記入「輔助生產成本」「製造費用」和「管理費用」總帳帳戶和所屬明細帳的借方。外購動力費用總額應根據有關轉帳憑證或付款憑證記入「應付帳款」或「銀行存款」帳戶的貸方。

【例3-8】紅星工廠有一個基本車間生產甲、乙兩種產品，另外還有兩個輔助生產車間——供電車間和機修車間。根據各部門本月消耗外購水費匯總情況編製的外購動力費用分配表，如表3-8所示。

表 3-8　外購動力費用分配表

2019 年 6 月 30 日

應借帳戶		成本（費用）項目	直接計入（元）	分配計入			合計（元）
				生產工時	分配率	分配金額（元）	
基本生產	甲產品	直接材料		25,000	4	100,000	100,000
	乙產品	直接材料		12,500	4	50,000	50,000
	小計			37,500	4	150,000	150,000
輔助生產	供電車間	水費	20,000				20,000
	機修車間	水費	15,000				15,000
	小計		35,000				35,000
製造費用		水費	10,000				10,000
管理費用		水費	18,000				18,000
銷售費用		水費	8,000				8,000
合計			71,000			150,000	221,000

根據外購動力費用分配表分配外購動力費用並記入有關科目，其會計分錄如下：

借：生產成本——基本生產成本——甲產品　　　　　100,000
　　　　　　　　　　　　　　——乙產品　　　　　　50,000
　　　　——輔助生產成本——供電車間　　　　　　20,000
　　　　　　　　　　　　——機修車間　　　　　　15,000
　　製造費用　　　　　　　　　　　　　　　　　　10,000
　　管理費用　　　　　　　　　　　　　　　　　　18,000
　　銷售費用　　　　　　　　　　　　　　　　　　 8,000
　　貸：應付帳款　　　　　　　　　　　　　　　　221,000

如果生產工藝用的燃料和動力沒有專門設立成本項目，直接用於產品生產的燃料費用和動力費用，可以分別記入「原材料」成本項目和「製造費用」成本項目，作為原材料費用和製造費用進行核算。

第三節　職工薪酬的歸集與分配

一、職工薪酬的概述

（一）職工薪酬的構成

職工薪酬是指企業為獲取職工提供的服務而給予職工的各種形式的報酬以及其他相關支出，包括職工在職期間和離職後提供給職工的全部貨幣性薪酬和非貨幣性福利。

1. 工資總額

工資總額是指企業在一定時期內支付給本單位全部職工的全部勞動報酬。

(1) 計時工資，是指按照計時工資標準和工作時間計算支付給職工的勞動報酬。計時工資制一般分為小時工資制、日工資制、月工資制和年薪制。

(2) 計件工資，是指按照勞動者生產的合格產品數量或完成的工作量，根據企業內部確定的計件工資單價，計算並支付給職工的勞動報酬。計件工資單價是指完成單位工作量的工資標準。

(3) 獎金，是指支付給職工的超額勞動報酬和增收節支的勞動報酬，包括生產獎、節約獎、勞動競賽獎、機關和事業單位的獎勵工資以及其他經常性獎金。

(4) 工資性津貼和補貼，是指為補償職工特殊或額外勞動消耗以及因其他特殊原因而支付給職工的各種津貼和補償，以及為了保證職工工資水準不受物價影響支付給職工的物價補貼，包括野外工作補貼、技術性津貼、年功補貼、保健性補貼、副食品補貼和其他津貼。

(5) 加班加點工資，是指按照職工加班加點的時間和加班加點的工資標準支付給職工的勞動報酬。

(6) 特殊情況下支付的工資，是指按照國家規定在某些非工作時間內支付給職工的工資。它包括：第一，根據國家法律、法規和政策規定，在職工病假、工傷假、產假、計劃生育假、婚喪假、探親假、定期休假、停工學習、執行國家或社會義務等情況下按計時工資標準或這一標準的一定比例支付的工資；第二，附加工資、保留工資。

2. 職工福利費

職工福利費是指企業按工資一定比例提取出來的專門用於職工醫療、補助以及其他福利事業的經費。職工福利費的開支範圍包括：

(1) 職工醫藥費。

(2) 職工的生活困難補助，是指對生活困難的職工實際支付的定期補助和臨時性補助，包括因公或非因公負傷、殘廢需要的生活補助。

(3) 職工及其供養直系親屬的死亡待遇。

(4) 集體福利的補貼，包括對職工浴室、理髮室、洗衣房、哺乳室、托兒所等集體福利設施支出與收入相抵後的差額的補助，以及對未設托兒所的單位的托兒費補助和發給職工的修理費等。

(5) 其他福利待遇，主要是指上下班交通補貼、計劃生育補助、住院伙食費等方面的福利費開支。

3. 「五險一金」

「五險一金」即醫療保險費、養老保險費、失業保險費、工傷保險費和生育保險費以及住房公積金。其中養老保險、醫療保險和失業保險是由企業和個人共同繳納的保費；工傷保險和生育保險是完全由企業承擔的，個人不需要繳納。

4. 工會經費和職工教育經費

工會經費和職工教育經費是指企業為了改善職工文化生活、提高職工業務素質，用於開展工會活動和職工教育及職業技能培訓，按工資總額的一定百分比提取的金額。

5. 非貨幣性福利

非貨幣性福利包括企業以自產產品發放給職工作為福利、將企業擁有的資產或租賃資產無償提供給職工使用、為職工無償提供醫療保健服務等。

6. 辭退福利

辭退福利是指在企業與職工簽訂的勞動合同未到期之前，企業由於種種原因需要提前終止勞動合同而辭退員工，根據勞動合同，需要提供一筆資金作為對被辭退員工的補償。

7. 其他與獲得職工提供的服務相關的支出

（略）

(二) 職工薪酬核算的原始記錄

1. 考勤記錄

考勤記錄是登記職工出勤和缺勤情況的原始記錄。

（1）考勤簿，一般按照車間、班組、科室分月填製，應由考勤人員根據職工出勤、缺勤以及遲到、早退情況進行逐日登記，月末根據考勤記錄統計每個職工出勤、缺勤時間和缺勤原因，據以計算應發計時工資、加班加點工資等。

（2）考勤卡，一般按照每個職工設置，每人每月一張，內容與考勤簿基本相同。上班時每個職工把考勤卡交給考勤人員記錄考勤，下班時考勤員把考勤卡發還給職工。

（3）考勤鐘，是一種企業進行考勤管理的計時打印裝置，大多適用於工礦企業和機關。

2. 產量和工時記錄

產量和工時記錄是反應工人或班組在出勤時間內生產產品的產量、質量和耗用生產工時的原始記錄。

（1）工作通知單，又稱派工單或派工工票，是以每個工人或生產班組所從事的每項工作為對象開設的，用於通知工人按單內指定的任務進行工作的記錄。

（2）工序進程單，也叫加工路線單，是以加工產品為對象開設的產量和工時記錄。

（3）工作班產量記錄，又叫工作班報告，是按生產班組開設的反應一個生產班組在一個工作班（一般為 8 小時）內生產產品數量和所耗工時的一種產量和工時記錄。

二、職工薪酬的計算

(一) 計時工資的計算

計時工資是指按照勞動者的工作時間來計算的工資。在實際工作中，應付職工計時工資的計算可採用月薪制和日薪制兩種方法。

1. 月薪制

月薪制是指按職工固定的月標準工資扣除缺勤工資計算其工資的一種方法，亦稱倒扣法。在月薪制下，不管當月的日曆天數是多少，只要職工出滿勤，都可以得到固定的月標準工資；如果發生缺勤，則相應扣除缺勤期間應扣的工資。其計算公式如下：

應付職工計時工資＝月標準工資－缺勤日數×日標準工資×扣款比例

在以上的公式中，日標準工資是指職工每日應得的平均工資額。它的計算方法有兩種，具體如下：

（1）按全年每月平均日曆天數 30 天計算（365÷12），日工資率為每月標準工資除以 30 天。公式如下：

$$日工資率 = 月標準工資 \div 30$$

採用這種方法，雙休日和節假日照計工資，但職工缺勤期間的節假日也視為缺勤，照樣要扣工資。

（2）每月按 21.75 天計算（全年 365 天扣除 104 個公休日，再用 12 個月平均），日工資率為全月標準工資除以 21.75 天。公式如下：

$$日工資率 = 月標準工資 \div 21.75$$

採用這種方法，雙休日不計算工資，那麼職工缺勤期間的節假日也不算缺勤，不扣工資。

公式中的扣款比例由企業按照國家有關規定執行。

【例3-9】某企業職工李某的月標準工資為 3,000 元，5 月份出勤 18 天，事假 1 天，病假 5 天（包括兩個公休日），本月公休日共 9 天，病假扣款比例為 20%。

（1）標準工資按 30 天計算：

日標準工資 = 3,000÷30 = 100（元）

李某 5 月份應得計時工資 = 3,000-100-5×100×20% = 2,800（元）

（2）日標準工資按 21.75 天計算：

日標準工資 = 3,000÷21.75 = 137.93（元）

李某 5 月份應得計時工資 = 3,000-137.93-3×137.93×20% = 2,779.31（元）

2. 日薪制

日薪制是按職工實際出勤日數和日工資計算其應付工資，亦稱正算法。在這種方法下，職工每月全勤工資不是固定的，隨當月出勤天數的多少而有所增減。如果發生缺勤，相應加缺勤期間應得的工資。其計算公式如下：

$$應付職工計時工資 = 出勤日數 \times 日標準工資 + 病假等應得工資$$

仍以【例3-9】為例：

（1）日標準工資按 30 天計算：

日標準工資 = 3,000÷30 = 100（元）

李某 5 月份應得計時工資 =（18+7）×100+5×100×80% = 2,900（元）

（2）日標準工資按 21.75 天計算：

日標準工資 = 3,000÷21.75 = 137.93（元）

李某 5 月份應得計時工資 = 18×137.93+3×137.93×80% = 2,813.77（元）

以上舉例說明，計時工資的計算方法不同，其計算結果也不一樣。企業採用哪一種方法由企業自行確定，確定以後，一般不得隨意變更。

（二）計件工資的計算

計件工資是根據驗收合格的產品數量計算的，如果因生產工人本人的過失導致廢

品（工廢品），則不應計算計件工資，還應根據具體情況向責任人索取賠償；如果是因為材料的質量不符合要求而導致廢品（料廢品），應按規定的計件單價支付工資。

計件工資按照支付對象的不同，可分為個人計件工資和集體計件工資兩種。

1. 個人計件工資的計算

當職工從事的工作能分清每個人的經濟責任時，可採用個人計件工資的方式。其計算公式為：

應付計件工資＝（合格品數量＋料廢品數量）×計件單價

【例3-10】某廠職工王某5月份加工甲產品200個，計件單價8元，驗收時發現料廢品8個；加工乙零件120個，計價單價3元，驗收時發現工廢品10個。

王某5月份應得計件工資＝200×8＋（120－10）×3＝1,930（元）

2. 集體計件工資的計算

當職工集體從事某項工作且不易分清每位職工的經濟責任時，可採用集體計件工資的方式。首先，計算該集體應得計件工資總額；然後，將集體計件工資總額按一定標準在小組成員之間進行分配，一般可根據各成員的計時工資比例進行分配。其計算公式為：

$$計件工資分配率＝\frac{集體應付計件工資總額}{集體職工應付計時工資之和}$$

集體職工應付計件工資總額＝集體完成工作量總和×計件單價

某職工應付計時工資＝該職工實際工作小時數×小時工資率

某職工應付計件工資＝該職工應付計時工資×計件工資分配率

【例3-11】4名不同等級的工人組成一個小組，本月完成合格品240件，計件單價為20元。

集體應付計件工資＝240×20＝4,800（元）

計件工資分配率＝4,800÷（640＋693＋612＋775）＝1.76（元/件）

則每位工人應付計件工資的計算結果如表3-9所示。

表3-9　計件工資分配表

2019年5月

姓名	等級	小時工資率（元/小時）	實際工作時間（小時）	計時工資（元）	分配率（元/件）	應付計件工資（元）
張蘭	3	4	160	640	1.76	1,126.40
李意	4	4.2	165	693	1.76	1,219.68
趙元	2	3.6	170	612	1.76	1,077.12
孫華	6	5	155	775	1.76	1,376.80
合計			650	2,720	1.76	4,800.00

（三）加班加點工資的計算

加班加點工資，應按日工資（或小時工資）乘以加班加點天數（或小時）及國家規定的支付標準計算。計算公式為：

應付加班加點工資＝加班加點天數×日工資×規定的支付標準

（四）特殊情況下支付的工資的計算

特殊情況下支付的工資，應按國家規定的標準和考勤記錄計算。其計算公式為：

$$應付病假工資 = 病假天數 \times 日工資 \times 支付工資的百分比$$

（五）工資的結算

$$應付職工工資總額 = 應付計時工資 + 應付計件工資 + 獎金 + 津貼和補貼 + 加班加點工資 + 特殊情況下支付的工資$$

（六）「五險一金」、計提職工福利費的計算

「五險一金」的繳納額度每個地區的規定都不同，以工資總額為基數。職工福利費計提比例由企業自行確定。

三、職工薪酬的分配

（一）工資費用的分配

工資費用核算的會計科目為「應付職工薪酬」。本科目的明細科目有「工資」「職工福利」「社會保險費」「住房公積金」「工會經費」「職工教育經費」「非貨幣性福利」等。

為正確反應企業職工工資的結算情況，便於進行工資費用的分配，財務部門應將各車間、部門的職工工資單，進一步匯總後編製工資結算匯總表。

企業歸集的工資費用，應按工資費用的用途和發生的車間、部門及人員進行分配。

分配方法主要是按實際工時或定額工時的比例進行分配，其計算公式為：

$$生產工人工資分配率 = \frac{各產品應負擔的生產工人工資費用總額}{各產品實際（定額）工時之和}$$

$$某產品應分配的生產工人工資 = 該產品實際（定額）工時 \times 工資分配率$$

【例3-12】紅星工廠生產甲、乙兩種產品，6月份生產工人工資總額為200,000元。其中計件工資60,000元，甲、乙產品分別為35,000元、25,000元；計時工資共計140,000元，按實際生產工時分配。該企業本月甲、乙產品的實際生產工時分別為6,400小時、3,600小時。

甲、乙產品分配的工資費用如下：

$$工資分配率 = \frac{140,000}{6,400 + 3,600} = 14 \text{（元/小時）}$$

甲產品分配工資費用 = 6,400 × 14 = 89,600（元）

乙產品分配工資費用 = 3,600 × 14 = 50,400（元）

其他部門職工的工資費用資料及分配結果見表3-10。

表 3-10　工資費用分配表

2019 年 6 月

應借科目		成本或費用項目	直接計入（元）	分配計入			工資費用合計（元）
				生產工時（小時）	分配率（元/小時）	分配金額（元）	
基本生產成本	甲產品	直接人工	35,000	6,400	14	89,600	124,600
	乙產品	直接人工	25,000	3,600	14	50,400	75,400
	小計		60,000	10,000	14	140,000	200,000
輔助生產成本	供電車間	直接人工	30,000				30,000
	機修車間	直接人工	20,000				20,000
	小計		50,000				50,000
製造費用		工資費用	70,000				70,000
管理費用		工資費用	130,000				130,000
銷售費用		工資費用	60,000				60,000
應付職工薪酬——職工福利（福利人員）		工資費用	50,000				50,000
合計			420,000			140,000	560,000

根據工資費用分配表分配工資費用並記入有關科目，其會計分錄如下：
借：生產成本——基本生產成本——甲產品　　　　　124,600
　　　　　　　　　　　　　　　——乙產品　　　　　 75,400
　　　　　　——輔助生產成本——供電車間　　　　　 30,000
　　　　　　　　　　　　　　　——機修車間　　　　 20,000
　　製造費用　　　　　　　　　　　　　　　　　　　 70,000
　　管理費用　　　　　　　　　　　　　　　　　　　130,000
　　銷售費用　　　　　　　　　　　　　　　　　　　 60,000
　　應付職工薪酬——職工福利（福利人員）　　　　　 50,000
　貸：應付職工薪酬——工資　　　　　　　　　　　　560,000

（二）其他職工薪酬費用的計算與分配

其他職工薪酬費用是職工福利費、工會經費、職工教育經費以及「五險一金」的統稱。其他職工薪酬費用在核算上與工資同步，一般是工資費用分配記入哪一總帳及其所屬明細帳，計提的其他職工薪酬費用亦相應記入該總帳及其所屬明細帳。需要注意的是，福利部門人員的福利費直接記入「管理費用」。

仍然使用【例 3-12】相關資料，編製計提職工福利費分配表和相應的會計分錄。計提職工福利分配表如表 3-11 所示。

表 3-11　計提職工福利費分配表

2019 年 6 月　　　　　　　　　　　　　　　　　　　單位：元

應借科目		成本或費用項目	工資總額	計提福利費(14%)	工會經費(2%)	職工教育經費(1.5%)	社會保險費(16%)	住房公積金(12%)	合計
基本生產成本	甲產品	直接人工	124,600	17,444	2,492	1,869	19,936	14,952	56,693
	乙產品	直接人工	75,400	10,556	1,508	1,131	12,064	9,048	34,307
	小計		200,000	28,000	4,000	3,000	32,000	24,000	91,000
輔助生產成本	供電車間	直接人工	30,000	4,200	600	450	4,800	3,600	13,650
	機修車間	直接人工	20,000	2,800	400	300	3,200	2,400	9,100
	小計		50,000	7,000	1,000	750	8,000	6,000	22,750
製造費用		工資費用	70,000	9,800	1,400	1,050	11,200	8,400	31,850
管理費用		工資費用	180,000	25,200	3,600	2,700	28,800	21,600	81,900
銷售費用		工資費用	60,000	8,400	1,200	900	9,600	7,200	27,300
合計			560,000	78,400	11,200	8,400	89,600	67,200	254,800

根據計提職工福利費分配表分配計提的職工福利費並記入有關科目，其會計分錄如下：

借：生產成本——基本生產成本——甲產品　　　　56,693
　　　　　　　　　　　　　　　——乙產品　　　　34,307
　　　　　　——輔助生產成本——供電車間　　　　13,650
　　　　　　　　　　　　　　　——機修車間　　　　9,100
　　製造費用　　　　　　　　　　　　　　　　　31,850
　　管理費用　　　　　　　　　　　　　　　　　81,900
　　銷售費用　　　　　　　　　　　　　　　　　27,300
　　貸：應付職工薪酬——職工福利費　　　　　　78,400
　　　　　　　　　　　——工會經費　　　　　　 11,200
　　　　　　　　　　　——職工教育經費　　　　　8,400
　　　　　　　　　　　——社會保險費　　　　　 89,600
　　　　　　　　　　　——住房公積金　　　　　 67,200

第四節　折舊費用的歸集與分配

一、折舊費用的計算

1. 折舊費用的計提範圍

根據中國《企業會計準則——固定資產》規定，除以下情況外，企業應對所有固定資產計提折舊：①已提足折舊但仍繼續使用的固定資產；②按照規定單獨估價作為固定資產入帳的土地。

2. 折舊的計算方法

（1）年限平均法，又稱直線法，是指將固定資產的應計折舊額均衡地分攤到固定資產預計使用壽命內的一種方法，一般適用於經常使用、使用程度較均衡的固定資產。其計算公式為：

$$年折舊率 = \frac{1-預計淨殘值率}{預計使用壽命（年）}$$

$$月折舊率 = \frac{年折舊率}{12}$$

$$月折舊額 = 固定資產原價 \times 月折舊率$$

（2）工作量平均法，是根據實際工作量計算每期應提折舊額的一種方法，一般適用於各期使用程度不均衡的固定資產。其計算公式為：

$$單位工作量折舊額 = \frac{固定資產原價 \times (1-預計淨殘值率)}{預計總工作量}$$

$$某項固定資產月折舊額 = 該項固定資產當月工作量 \times 單位工作量折舊額$$

（3）雙倍餘額遞減法，是指在不考慮固定資產預計淨殘值的情況下，根據每期期初固定資產原價減去累計折舊後的金額和雙倍的直線法折舊率計算固定資產折舊的一種方法。其計算公式為：

$$年折舊率 = \frac{2}{預計使用壽命（年）}$$

$$月折舊率 = \frac{年折舊率}{12}$$

$$月折舊額 = 每月月初固定資產帳面淨值 \times 月折舊率$$

（4）年數總和法，又稱年限合計法，是指將固定資產的原價減去預計淨殘值後的餘額，乘以一個以固定資產尚可使用壽命為分子、以預計使用壽命逐年數字之和為分母的逐年遞減的分數計算每年的折舊額。其計算公式為：

$$年折舊率 = \frac{尚可使用年限}{預計使用壽命的年數總額}$$

$$月折舊率 = \frac{年折舊率}{12}$$

月折舊額＝（固定資產原價-預計淨殘值）×月折舊率

【例3-13】某公司2019年3月某項設備的原價為100,000元，預計使用年限為5年，預計淨殘值率為2%，預計工作時數為10,000小時。各年實際工作時數為：第1年4,000小時、第2年3,000小時、第3年2,000小時、第4年1,000小時。按四種折舊計算方法計算的結果如表3-12所示。

表3-12 四種折舊計算方法計算表

年份	直線法 折舊費(元)	工作量法 各年工作時數(時)	工作量法 折舊費(元)	雙倍餘額遞減法 期初帳面淨值(元)	雙倍餘額遞減法 折舊費(元)	年數總和法 折舊費(元)
1	100,000×98%÷4=24,500	4,000	100,000×98%÷10,000×4,000=39,200	100,000	100,000×2÷4=50,000	100,000×98%×4÷(4+3+2+1)=39,200
2	24,500	3,000	100,000×98%÷10,000×3,000=29,400	50,000	50,000×2÷4=25,000	100,000×98%×3÷(4+3+2+1)=29,400
3	24,500	2,000	100,000×98%÷10,000×2,000=19,600	25,000	(100,000×98%-50,000-25,000)÷2=11,500	100,000×98%×2÷(4+3+2+1)=19,600
4	24,500	1,000	100,000×98%÷10,000×1,000=9,800	13,500	11,500	100,000×98%×1÷(4+3+2+1)=9,800
合計	98,000	10,000	98,000	188,500	98,000	98,000

二、折舊費用的分配

折舊費用的分配一般通過編製折舊費用分配表進行。

【例3-14】紅星工廠本月計提固定資產折舊費如表3-13所示。

表3-13 固定資產折舊費用分配表

2019年6月   單位：元

應借帳戶	車間部門	本月計提折舊
製造費用	基本生產車間	18,000
輔助生產成本	供電車間	4,350
輔助生產成本	機修車間	5,900
輔助生產成本	小計	10,250
管理費用	行政管理部門	7,500
銷售費用	銷售部門	4,450
合計		40,200

據固定資產折舊費用分配表分配計提的固定資產折舊費並記入有關科目，其會計

分錄如下：

借：輔助生產成本——供電車間　　　　　　　　　　4,350
　　　　　　　——機修車間　　　　　　　　　　　5,900
　　製造費用　　　　　　　　　　　　　　　　　　18,000
　　管理費用　　　　　　　　　　　　　　　　　　 7,500
　　銷售費用　　　　　　　　　　　　　　　　　　 4,450
　　貸：累計折舊　　　　　　　　　　　　　　　　40,200

【思考練習】

一、單項選擇題

1. 企業為生產產品發生的原料及主要材料的耗費，應通過（　　）帳戶核算。
   A.「基本生產成本」　　　　　B.「輔助生產成本」
   C.「管理費用」　　　　　　　D.「製造費用」
2. 月末編製材料費用分配表時，對於退料憑證的數額，可採取（　　）。
   A. 衝減有關成本費用　　　　 B. 在下月領料數中扣除
   C. 從當月領料數中扣除　　　 D. 不需考慮
3. 用來核算企業為生產產品和提供勞務而發生的各項間接費用的帳戶是（　　）。
   A.「基本生產成本」　　　　　B.「製造費用」
   C.「管理費用」　　　　　　　D.「財務費用」
4.「基本生產成本」月末借方餘額表示（　　）。
   A. 本期發生的生產費用　　　 B. 完工產品成本
   C. 月末在產品成本　　　　　 D. 累計發生的生產費用
5. 下列各項中，屬於直接生產費用的是（　　）。
   A. 生產車間廠房的折舊費
   B. 產品生產專用設備的折舊費
   C. 企業行政管理部門固定資產的折舊費
   D. 生產車間的辦公費用
6. 基本生產車間本期應負擔照明電費1,500元，應記入（　　）帳戶。
   A.「基本生產成本」（燃料動力）　B.「製造費用」（水電費）
   C.「輔助生產成本」（水電費）　　D.「管理費用」（水電費）
7. 核算每個職工的應得計件工資，主要依據（　　）的記錄。
   A. 工資卡片　　　　　　　　　B. 考勤記錄
   C. 產量工時記錄　　　　　　　D. 工資單
8. 某職工10月份病假3日，事假2日，出勤17日，週末雙休9日。若日工資率按30天計算，按出勤日數計算月工資，則該職工應得出勤工資按（　　）天計算。

A. 17　　　　　　　　　　B. 20
C. 23　　　　　　　　　　D. 26

9. 福利部門人員的工資費用和按福利部門人員工資計提的福利費應分別記入哪種帳戶的借方和貸方？（　　）。

A.「管理費用」和「應付職工薪酬」　　B.「應付職工薪酬」和「管理費用」
C. 均記入「管理費用」　　　　　　　　D. 均記入「應付職工薪酬」

10. 生產工人工資比例分配法適用於（　　）。

A. 季節性生產的車間
B. 工時定額較準確的車間
C. 各種產品生產的機械化程度相差不多的車間
D. 機械化程度較高的車間

二、多項選擇題

1. 應計入產品成本的各種材料費用，按其用途進行分配，應記入的帳戶有（　　）。

A.「管理費用」　　　　　　　　　　B.「基本生產成本」
C.「製造費用」　　　　　　　　　　D.「財務費用」

2. 發生下列各項費用時，可以直接借記「基本生產成本」帳戶的有（　　）。

A. 車間照明用電費　　　　　　　　B. 構成產品實體的原材料費用
C. 車間生產工人工資　　　　　　　D. 車間管理人員工資

3. 下列支出在發生時直接確認為當期費用的是（　　）。

A. 行政人員工資　　　　　　　　　B. 支付的本期廣告費
C. 預借差旅費　　　　　　　　　　D. 固定資產折舊費

4.「財務費用」帳戶核算的內容包括（　　）。

A. 財會人員工資　　　　　　　　　B. 利息支出
C. 匯兌損益　　　　　　　　　　　D. 財務人員業務培訓費

5. 計提固定資產折舊，應借記的帳戶可能是（　　）。

A.「基本生產成本」　　　　　　　　B.「輔助生產成本」
C.「製造費用」　　　　　　　　　　D.「固定資產」

6. 用於幾種產品生產的共同耗用材料費用的分配，常用的分配標準有（　　）。

A. 工時定額　　　　　　　　　　　B. 生產工人工資
C. 材料定額費用　　　　　　　　　D. 材料定額消耗量

7. 根據有關規定，下列不屬於工資總額內容的是（　　）。

A. 退休工資　　　　　　　　　　　B. 差旅費
C. 福利人員工資　　　　　　　　　D. 長病假人員工資

8. 職工的計件工資，可能記入（　　）帳戶借方。

A.「基本生產成本」　　　　　　　　B.「輔助生產成本」
C.「製造費用」　　　　　　　　　　D.「管理費用」

9. 下列固定資產中，其折舊額應作為產品成本構成內容的是（　　）。
   A.「生產車間房屋」 B.「企業管理部門房屋」
   C.「生產用設備」   D.「專設銷售機構用卡車」
10. 以下各帳戶歸集的支出，最終可能應由產品成本負擔的是（　　）。
    A.「輔助生產成本」 B.「製造費用」
    C.「長期待攤費用」 D.「預付帳款」

三、判斷題

1. 一個要素費用按經濟用途可能記入幾個成本項目，一個成本項目可以歸集同一經濟用途的幾個要素費用。（　　）
2. 基本生產車間發生的各種費用均應直接記入「基本生產成本」帳戶。（　　）
3. 不設「燃料和動力」成本項目的企業，其生產消耗的燃料可記入「直接材料」成本項目。（　　）
4. 凡是發放給企業職工的貨幣，均作為工資總額的組成部分。（　　）
5. 計件工資只能按職工完成的合格品數量乘以計件單價計算發放。（　　）

四、實務操作題

（一）練習材料費用的分配

1.【資料】某企業有一個基本生產車間，生產甲、乙兩種產品；兩個輔助生產車間，即機修車間和供電車間，為基本生產車間和管理部門提供勞務。某月甲、乙產品產量分別是 500 件、900 件。

該企業日常收發材料採用實際成本核算，甲、乙兩種產品共同耗用的材料按產品產量比例分配。

根據領料單匯總各單位領料情況如表 3-14 所示。

表 3-14　某企業領料匯總資料

領料部門	金額（元）
甲產品直接領料	80,000
乙產品直接領料	85,000
甲、乙產品共同領料	28,000
機修車間領料	1,500
供電車間領料	900
基本生產車間領料	2,000
管理部門領料	1,200
合計	198,600

【要求】①分配材料費用。②做出相關會計分錄。

2.【資料】海東企業 2019 年 7 月生產的甲、乙兩種產品共同耗用 A、B 兩種原材

料，耗用量無法按產品直接劃分。具體資料如下：

(1) 甲產品投產 400 件，原材料消耗定額為 A 材料 8 千克、B 材料 3 千克。
(2) 乙產品投產 200 件，原材料消耗定額為 A 材料 5 千克、B 材料 4 千克。
(3) 甲、乙兩種產品實際消耗總量為：A 材料 4,116 千克、B 材料 2,060 千克。
(4) 材料實際單價為：A 材料 8 元/千克、B 材料 6 元/千克。

【要求】根據定額消耗量的比例，分配甲、乙兩種產品原材料費用，填入表 3-15。

表 3-15　原材料費用分配表

原材料		A 材料	B 材料	原材料實際成本(元)
甲產品 投產（　）件	消耗定額（千克）			
	定額消耗量（千克）			
乙產品 投產（　）件	消耗定額（千克）			
	定額消耗量（千克）			
定額消耗總量				
實際消耗總量				
消耗量分配率				
實際消耗量的分配	甲產品			
	乙產品			
原材料實際單位成本				
原材料費用（元）	甲產品			
	乙產品			
	合計			

(二) 練習材料費用、人工費用的分配

1.【資料】某企業基本生產車間某月份生產甲產品 1,200 件，每件實際工時 20 小時；生產乙產品 2,600 件，每件實際工時 10 小時。生產工人工資按生產工時比例分配，職工福利費用按工資總額的 14% 計提。本月應付工資的資料如表 3-16 所示。

表 3-16　某企業工資費用資料

部門	用途	金額（元）
基本生產車間	生產工人工資	180,000
	管理人員工資	15,000
機修車間	生產工人工資	26,000
	管理人員工資	12,000
供電車間	生產工人工資	24,400
	管理人員工資	10,000
企業行政	管理人員工資	16,000
合計		283,400

【要求】根據上述資料，分配工資及福利費。

2.【資料】海東企業有兩個基本生產車間和一個供電車間、一個機修車間。第一生產車間生產A產品和B產品，第二生產車間生產C產品。

(1) 耗用材料的分配：

①該廠2019年7月份材料成本差異率為+4%（包括燃料）。

②第一生產車間A、B兩種產品共同耗用原材料按定額費用的比例進行分配，共同耗用燃料按A、B兩種產品的產量比例分配（原材料、燃料耗用情況見表3-17、表3-18）。兩種產品的產量及定額資料如下：A產品產量1,000件，原材料單件消耗定額30元。B產品產量1,400件，原材料單件消耗定額25元。

(2) 人工費用的資料：

①該企業2019年7月各車間、部門的工資匯總表見表3-19。

②第一生產車間生產工人的工資及福利費，按A、B兩種產品的生產工時進行分配，A產品生產工時為28,000小時，B產品的生產工時為30,000小時；第二生產車間只生產一種C產品，所以其生產工人工資及福利費全部計入C產品的成本（該廠提取的職工福利費按工資額的14%計提）。

表3-17　原材料耗用匯總表

領料車間、部門	用途	計劃成本（元）
第一生產車間	製造A產品	39,000
第一生產車間	製造B產品	31,000
第一生產車間	製造A、B產品共同耗用	78,000
第一生產車間	機器設備維修用	2,600
第一生產車間	勞動保護用	800
第一生產車間	一般性消耗	1,600
第二生產車間	製造C產品	46,000
第二生產車間	機器設備維修用	1,300
第二生產車間	勞動保護用	730
第二生產車間	一般性消耗	1,100
供電車間	生產用	12,000
機修車間	生產用	13,500
企業管理部門	固定資產經常維修用	900
合計		228,530

表3-18　燃料耗用匯總表

領料車間	用途	計劃成本（元）
第一生產車間	製造A、B產品共同耗用	9,600
第二生產車間	製造C產品	6,800
合計		16,400

表 3-19　工資費用匯總表

車間、部門	各類人員	工資（元）
第一生產車間	生產工人	12,400
	管理人員	900
第二生產車間	生產工人	5,800
	管理人員	700
供電車間	車間人員	1,400
機修車間	車間人員	2,600
企業管理部門	管理人員	4,500
合計		28,300

【要求】①根據資料1，編製燃料費用分配表（填入表3-20）和原材料費用分配表（填入表3-21）。②根據資料2，編製工資及福利費用分配表（填入表3-22）。③根據以上各分配匯總表編製會計分錄。

表 3-20　燃料費用分配表

年　月

分配對象	產量（件）	燃料				
^	^	間接分配部分		直接計入部分（計劃成本）	計劃成本合計金額（元）	材料成本差異（%）	實際成本合計（元）
^	^	分配率	應分配費用（元）	^	^	^	^
A產品							
B產品							
小計							
C產品							
小計							
合計							

表 3-21　原材料費用分配表

年　月

應借帳戶		成本或費用項目	產量（件）	本月消耗		分配率	計劃價格（元）	直接耗用（計劃成本）	原材料計劃成本合計（元）	材料成本差異（%）	原材料實際成本合計（元）
^	^	^	^	單位耗用定額（元）	耗用總額（元）	^	^	^	^	^	^
基本生產成本	A產品	原材料									
	B產品	原材料									
	小計										
	C產品	原材料									

第三章　要素費用的歸集與分配

表3-21(續)

應借帳戶		成本或費用項目	產量(件)	本月消耗			計劃價格(元)	直接耗用(計劃成本)(元)	原材料計劃成本合計(元)	材料成本差異(%)	原材料實際成本合計(元)
				單位耗用定額(元)	耗用總額(元)	分配率					
制造費用	第一車間	消耗材料									
		修理費									
		勞動保護費									
	第二車間	消耗材料									
		修理費									
		勞動保護費									
輔助生產成本	供電車間	材料費									
	機修車間	材料費									
管理費用											
合計											

表3-22　工資及福利費用分配匯總表
年　月

應借帳戶		實際工時(時)	工資		提取的福利費		合計(元)
			分配率	應分配費用(元)	分配率	應分配費用(元)	
基本生產成本	A產品						
	B產品						
	小計						
	C產品						
小計							
製造費用	第一車間						
	第二車間						
小計							
輔助生產車間	供電車間						
	機修車間						
小計							
管理費用							
合計							

第四章　輔助生產費用的歸集和分配

【案例導入】

張強畢業於某大學會計專業，在招聘會上被波斯特設備製造公司錄用為成本會計員。該公司新增加了一個輔助生產車間，即供汽車間。該車間主要生產蒸汽，用的燃料是原煤。生產的蒸汽主要由機械加工、衝壓、供電、修理等車間使用。其他部門使用得較少。該公司過去的輔助生產車間主要是供電車間和修理車間。本月份供汽車間共發生費用 800,000 元，供電車間發生費用 1,200,000 元，修理車間發生費用 900,000 元。各輔助生產車間提供的勞務及耗用單位情況如表 4-1 所示。

表 4-1　輔助生產車間提供的產品或勞務

耗用勞務單位		供汽車間（立方米）	供電車間（千瓦）	修理車間（小時）
供汽車間		—	10,000	12,000
供電車間		20,000	—	4,000
修理車間		5,000	25,000	—
第一車間	產品耗用	30,000	50,000	68,000
	一般耗用	4,000	26,000	2,000
第二車間	產品耗用	1,000	60,000	13,000
	一般耗用	1,500	18,000	9,000
行政管理部門		2,000	17,000	7,000
設備自建工程		1,500	14,000	5,000
合計		65,000	220,000	120,000

財務部領導向張強提出了如下問題：

（1）原來採用直接分配法分配輔助生產費用，這種分配方法是否合適？有什麼優缺點？

（2）增加了一個輔助生產車間後，是否需要對輔助生產費用分配方法進行改變？

（3）若需要改變輔助生產費用分配方法，採用什麼方法比較合適？請提供幾種方案供領導決策時選擇。

【學習目標】

掌握輔助生產費用的概念及核算特點，掌握輔助生產費用的歸集，掌握輔助生產

費用分配方法的核算及每項分配方法的特點。

第一節　輔助生產費用的歸集

一、輔助生產費用核算的特點

　　一些大規模的製造企業，除了設有生產產品的基本生產車間之外，還另外設有一類被稱為輔助生產車間的部門。輔助生產車間主要為基本生產車間、企業行政管理部門等單位服務而進行產品生產和勞務供應。輔助生產車間主要分為兩種類型：一是只提供一種勞務或只進行一種性質作業的輔助車間，如供電、供水、提供運輸勞務、修理作業等服務；二是生產多種產品的輔助車間，如從事工具、磨具、夾具、修理用備件等服務。

　　工業企業的輔助生產，是指主要為基本生產車間、企業行政管理部門等單位提供服務而進行的產品生產和勞務供應。輔助生產車間為生產產品或提供勞務而發生的原材料費用、動力費用、工資及福利費用以及輔助生產車間的製造費用，被稱為輔助生產費用。為生產和提供一定種類和一定數量的產品或勞務所耗費的輔助生產費用之和，構成該種產品或勞務的輔助生產成本。輔助生產費用的高低對產品製造成本水準有直接影響。這就決定了輔助生產車間所發生的費用必須單獨進行歸集，然後在各個收益車間、部門之間進行合理分配。

二、輔助生產費用的歸集

（一）輔助生產費用核算的帳戶設置

　　為了歸集所發生的輔助生產費用，應設置「輔助生產成本」或「生產成本——輔助生產成本」科目，按輔助生產車間及其生產的產品、勞務的種類進行明細核算。

　　日常發生的各種輔助生產費用，在「生產成本——輔助生產成本」科目的借方進行歸集。需要說明的是，輔助生產費用的歸集程序有兩種方式：

　　第一種方式，如果輔助生產車間的製造費用占的比重較大，需要設置「製造費用——輔助生產車間」帳戶單獨歸集，然後轉入「生產成本——輔助生產成本」帳戶。這種情況主要適用於生產多種產品的輔助車間。

　　第二種方式，如果輔助生產車間發生的費用大部分都是直接費用，製造費用只是占了較小的比重，那麼可以不設置「製造費用——輔助生產車間」帳戶，而直接通過「生產成本——輔助生產成本」帳戶歸集。而這種情況適用於只提供一種勞務或只進行一種性質作業的輔助車間。本書採用第二種方法歸集輔助生產費用。

（二）輔助生產費用歸集的核算

　　實際工作中，輔助生產費用的歸集就是根據輔助生產車間發生的材料、人工等費用借記「生產成本——輔助生產成本」帳戶，貸記「原材料」「應付職工薪酬」等帳

戶，並根據所編製的會計分錄登記入帳。

輔助生產發生的各項費用，經過前已述及的各項要素費用的分配，以及攤提費用的分配，已經全部歸集在「輔助生產成本」總帳的借方及所屬明細帳的有關項目。

【例 4-1】紅星工廠 2019 年 6 月供電車間、機修車間的「生產成本——輔助生產成本」明細帳詳見表 4-2 和表 4-3。

表 4-2　輔助生產成本明細帳

輔助車間：供電　　　　　　2019 年 6 月　　　　　　單位：元

| 2019年 ||憑證號|摘要|原料費|燃料費|外購動力|薪酬費用|其他工資|折舊費用|合計|轉出|
月	日										
6	30	略	原料費用分配表	20,000						20,000	
	30		燃料費用分配表		56,000					56,000	
	30		動力費用分配表			20,000				20,000	
	30		薪酬費用分配表				30,000			30,000	
	30		其他工資分配表					13,650		13,650	
	30		折舊費用分配表						4,350	4,350	
	30		合計	20,000	56,000	20,000	30,000	13,650	4,350	144,000	
	30		輔助生產費用分配表								144,000

表 4-3　輔助生產成本明細帳

輔助車間：機修　　　　　　2019 年 6 月　　　　　　單位：元

| 2019年 ||憑證號|摘要|材料費|燃料費|外購動力|工資費用|其他工資|折舊費用|合計|轉出|
月	日										
6	30	略	原料費用分配表	8,000						8,000	
	30		燃料費用分配表		14,000					14,000	
	30		動力費用分配表			15,000				15,000	
	30		工資費用分配表				20,000			20,000	
	30		其他工資分配表					9,100		9,100	
	30		折舊費用分配表						5,900	5,900	
	30		合計	8,000	14,000	15,000	20,000	9,100	5,900	72,000	
	30		輔助生產費用分配表								72,000

輔助生產費用的歸集總分類核算會計分錄如下：

借：生產成本輔助生產成本——供電車間　　　　　144,000
　　　　　　　　　　　　　　——機修車間　　　　　 72,000
　　貸：原材料——原料　　　　　　　　　　　　　 28,000
　　　　　　　——燃料　　　　　　　　　　　　　 70,000

應付帳款	35,000
應付職工薪酬——工資	50,000
——其他工資	22,750
累計折舊	10,250

第二節　輔助生產費用的分配

　　歸集在「生產成本——輔助生產成本」帳戶及其明細帳借方的當期費用，月末應該根據輔助生產車間生產產品或者提供勞務的數量，採用合理的分配方法進行分配。

　　輔助生產費用的分配是通過編製輔助生產費用分配表進行的。通常採用的輔助生產費用的分配方法有直接分配法、一次交互分配法、代數分配法和計劃成本分配法。

一、直接分配法

　　直接分配法是將待分配的輔助生產費用直接分配給輔助生產車間以外的各受益產品、部門，而不考慮各輔助生產車間相互消耗的費用的一種分配方法。這種方法簡便易行，但正確度不高，適用於輔助生產車間相互提供的產品、勞務或提供產品、勞務較少的情況。其計算公式如下：

$$\text{某種勞務費用的分配率} = \frac{\text{待分配的勞務費用}}{\text{提供的該勞務總量} - \text{其他輔助生產車間耗用的該勞務量}}$$

　　某受益單位應分配的勞務量＝該勞務費用的分配率×該受益對象耗用的勞務量

　　【例 4-2】紅星工廠有供電和機修兩個輔助生產車間。這兩個輔助生產車間歸集的費用分別是：供電車間 144,000 元，機修車間 72,000 元。採用直接分配法分配輔助生產費用。各輔助生產車間提供的勞務數量，如表 4-4 所示。

表 4-4　各輔助生產車間發生的生產費用及提供的勞務

2019 年 6 月

項目	供電車間供電量（度）	機修車間修理工時（小時）
供電車間		360
機修車間	1,440	
甲產品	2,880	2,160
乙產品	4,320	2,160
行政管理部門	4,320	1,800
銷售部門	1,440	720
合計	14,400	7,200

　　根據表 4-4 資料，計算輔助生產費用分配率：

　　供電車間分配率＝144,000÷（14,400−1,440）＝11.11（元/度）

機修車間分配率＝72,000÷（7,200-360）＝10.53（元/小時）
根據各車間的輔助生產費用分配率，計算各受益部門應負擔的輔助生產成本：
1. 供電車間電費分配結果
甲產品應負擔的電費＝2,880×11.11＝31,997（元）
乙產品應負擔的電費＝4,320×11.11＝47,995（元）
行政管理部門應負擔的電費＝4,320×11.11＝47,995（元）
銷售部門應負擔的電費＝144,000-31,997-47,995-47,995＝16,013（元）
2. 機修車間修理費分配結果
甲產品應負擔的修理費＝2,160×10.53＝22,745（元）
乙產品應負擔的修理費＝2,160×10.53＝22,745（元）
行政管理部門應負擔的修理費＝1,800×10.53＝18,954（元）
銷售部門應負擔的修理費＝72,000-22,745-22,745-18,954＝7,556（元）
編製輔助生產費用分配表，見表4-5。

表4-5　輔助生產費用分配表（直接分配法）
2019年6月　　　　　　　　　　　金額單位：元

項目		供電車間	機修車間	合計金額
待分配輔助生產費用		144,000	72,000	216,000
供應輔助生產以外的勞務數量		12,960	6,840	
單位成本（分配率）		11.11	10.53	
甲產品耗用	耗用數量	2,880	2,160	
	分配金額	31,997	22,745	54,742
乙產品耗用	耗用數量	4,320	2,160	
	分配金額	47,995	22,745	70,740
行政管理部門	耗用數量	4,320	1,800	
	分配金額	47,995	18,954	66,949
銷售部門	耗用數量	1,440	720	
	分配金額	16,013	7,556	23,569
分配金額合計		144,000	72,000	216,000

根據輔助生產費用分配表，可編製如下會計分錄：
借：生產成本——基本生產成本——甲產品　　　　　54,742
　　　　　　　　　　　　　　　——乙產品　　　　　70,740
　　管理費用　　　　　　　　　　　　　　　　　　66,949
　　銷售費用　　　　　　　　　　　　　　　　　　23,569
　貸：生產成本——輔助生產成本——供電車間　　　144,000
　　　　　　　　　　　　　　　——機修車間　　　　72,000

二、一次交互分配法

一次交互分配法是指企業各輔助生產車間之間在相互服務的情況下，先將各輔助生產車間直接發生的費用在各輔助生產車間進行一次交互分配，然後再將輔助生產車間的實際生產費用在輔助生產車間之外的受益單位進行分配的一種方法。該方法分兩個階段進行分配。

第一階段，根據輔助生產車間相互提供產品或勞務的數量和交互分配的單位成本，在各輔助車間進行一次交互分配。分配公式如下：

$$\text{某輔助生產車間交互分配階段費用分配率} = \frac{\text{該輔助生產車間交互分配前待分配費用}}{\text{該輔助生產車間提供產品或勞務總量}}$$

$$\text{某輔助生產車間應分配的其他輔助生產費用} = \text{該輔助生產車間耗用其他輔助生產車間產品或勞務數量} \times \text{某輔助生產車間交互分配階段費用分配率}$$

第二階段，將輔助生產車間交互分配後的實際費用總額（各輔助生產車間交互分配前的費用，加上由其他輔助生產車間分配轉入的費用，減去分配給其他輔助生產車間的費用），在輔助生產車間之外的各受益單位之間進行分配。分配公式如下：

$$\text{某輔助生產車間交互分配後的實際費用} = \text{該輔助生產車間交互分配前的費用} + \text{交互分配轉入的費用} - \text{交互分配轉出的費用}$$

$$\text{某輔助生產車間交互分配後費用分配率} = \frac{\text{該輔助生產車間交互分配後的實際費用}}{\text{該輔助生產車間提供產品或勞務數量} - \text{其他輔助生產車間耗用產品或勞務數量}}$$

$$\text{某輔助生產車間以外的受益部門應負擔的輔助生產費用} = \text{該受益部門勞務耗用量} \times \text{該輔助生產車間交互分配後費用分配率}$$

【例4-3】承【例4-2】的資料，採用一次交互分配法分配輔助生產費用。
根據表4-4中的資料，輔助生產費用分配如下：
(1) 供電車間分配率=144,000÷14,400=10（元/度）
機修車間分配率=72,000÷7,200=10（元/小時）
供電車間應負擔的修理費=360×10=3,600（元）
機修車間應負擔的電費=1,440×10=14,400（元）
供電車間交互分配後的實際費用=144,000+3,600-14,400=133,200（元）
機修車間交互分配後的實際費用=72,000+14,400-3,600=82,800（元）
供電車間交互分配後的分配率=133,200÷（14,400-1,440）=10.28（元/度）
機修車間交互分配後的分配率=82,800÷（7,200-360）=12.11（元/小時）
(2) 甲產品應負擔的電費=2,880×10.28=29,606（元）
乙產品應負擔的電費=4,320×10.28=44,410（元）
行政管理部門應負擔的電費=4,320×10.28=44,410（元）
銷售部門應負擔的電費=133,200-29,606-44,410-44,410=14,774（元）
甲產品應負擔的修理費=2,160×12.11=26,158（元）
乙產品應負擔的修理費=2,160×12.11=26,158（元）

行政管理部門應負擔的修理費 = 1,800×12.11 = 21,798（元）
銷售部門應負擔的修理費 = 82,800-26,158-26,158-21,798 = 8,686（元）
輔助生產費用的分配情況如表 4-6 所示。

表 4-6　輔助生產費用分配表（一次交互分配法）

2019 年 6 月　　　　　　　　　　　　　　　金額單位：元

項目			供電車間			機修車間		
			數量	分配率	金額	數量	分配率	金額
待分配輔助生產費用			14,400	10	144,000	7,200	10	72,000
交互分配	輔助生產成本	供電			+3,600	-360		-3,600
		機修	-1,440		-14,400			+14,400
應對外分配的勞務數量和費用			12,960	10.28	133,200	6,840	12.11	82,800
甲產品耗用			2,880		29,606	2,160		26,158
乙產品耗用			4,320		44,410	2,160		26,158
行政管理部門			4,320		44,410	1,800		21,798
銷售部門			1,400		14,774	3,600		8,686
合計			12,960		133,200	6,840		82,800

根據輔助生產費用分配表，可編製如下會計分錄：

借：生產成本——輔助生產成本——供電車間　　　　3,600
　　　　　　　　　　　　　　　　——機修車間　　　14,400
　貸：生產成本——輔助生產成本——供電車間　　　14,400
　　　　　　　　　　　　　　　　——機修車間　　　 3,600
借：生產成本——基本生產成本——甲產品　　　　　55,764
　　　　　　　　　　　　　　　——乙產品　　　　　70,568
　　管理費用　　　　　　　　　　　　　　　　　　66,208
　　銷售費用　　　　　　　　　　　　　　　　　　23,460
　貸：生產成本——輔助生產成本——供電車間　　　133,200
　　　　　　　　　　　　　　　　——機修車間　　　82,800

因為對輔助生產內部提供的勞務進行了交互分配，所以提高了分配結果的正確性。但由於需要計算兩次分配率，進行再次分配，因此增加了計算工作量。

三、代數分配法

代數分配法是指在輔助生產車間相互提供產品或者勞務的過程中，運用代數中多元一次聯立方程的原理，先計算出輔助生產產品的實際單位成本，再按照各受益車間和部門的實際耗用數量分配輔助生產費用的方法。

【例 4-4】承【例 4-2】的資料，採用代數分配法分配輔助生產費用。

根據表 4-4 中的資料，設 x 為供電車間每度電的單位成本，y 為機修車間每小時的單位成本。其計算過程如下：

$$\begin{cases} 144,000 + 360y = 14,400x \\ 72,000 + 1,440x = 7,200y \end{cases}$$

聯立方程解得 $x = 10.30$，$y = 12.06$

根據方程結果分配輔助生產費用：

1. 供電車間電費分配結果

機修車間應負擔的電費 = 1,440×10.30 = 14,832（元）

甲產品應負擔的電費 = 2,880×10.30 = 29,664（元）

乙產品應負擔的電費 = 4,320×10.30 = 44,496（元）

行政管理部門應負擔的電費 = 4,320×10.30 = 44,496（元）

銷售部門應負擔的電費 = 14,400×10.30 - 14,832 - 29,664 - 44,496 - 44,496 = 14,832（元）

2. 機修車間修理費分配結果

供電車間應負擔的修理費 = 360×12.06 = 4,342（元）

甲產品應負擔的修理費 = 2,160×12.06 = 26,050（元）

乙產品應負擔的修理費 = 2,160×12.06 = 26,050（元）

行政管理部門應負擔的修理費 = 1,800×12.06 = 21,708（元）

銷售部門應負擔的修理費 = 7,200×12.06 - 4,342 - 26,050 - 26,050 - 21,708 = 8,682（元）

輔助生產費用的分配情況如表 4-7 所示。

表 4-7 輔助生產費用分配表（代數分配法）

2019 年 6 月　　　　　　　　　　　　　　　　金額單位：元

項目		供電車間	機修車間	合計金額
待分配輔助生產費用		144,000	72,000	216,000
單位成本（分配率）		10.30	12.06	
供電車間	耗用數量		360	
	分配金額		4,342	4,342
機修車間	耗用數量	1,440		
	分配金額	14,832		14,832
甲產品耗用	耗用數量	2,880	2,160	
	分配金額	29,664	26,050	55,714
乙產品耗用	耗用數量	4,320	2,160	
	分配金額	44,496	26,050	70,546

表4-7(續)

項目		供電車間	機修車間	合計金額
行政管理部門	耗用數量	4,320	1,800	
	分配金額	44,496	21,708	66,204
銷售部門	耗用數量	1,440	720	
	分配金額	14,832	8,682	23,514
分配金額合計		148,320	86,832	235,152

根據輔助生產費用分配表，可編製如下會計分錄：

借：生產成本——基本生產成本——甲產品　　　　55,714
　　　　　　　　　　　　　　　——乙產品　　　　70,546
　　生產成本——輔助生產成本——供電車間　　　　4,342
　　　　　　　　　　　　　　　——機修車間　　　14,832
　　管理費用　　　　　　　　　　　　　　　　　　66,204
　　銷售費用　　　　　　　　　　　　　　　　　　23,514
貸：生產成本——輔助生產成本——供電車間　　　148,320
　　　　　　　　　　　　　　　——機修車間　　　86,832

採用代數分配法計算分配率分配輔助生產費用最科學，分配結果最準確。但是，如果輔助生產車間、部門較多，聯立方程計算的工作會很複雜。

四、計劃成本分配法

採用計劃成本分配法，是先按事先確定的輔助生產車間提供的產品或勞務的計劃單位成本和各受益單位的耗用數量，計算各受益單位應分配的輔助生產費用，再計算和分配輔助生產車間實際發生費用與按計劃成本計算的分配金額之間的差額，即輔助生產成本差異。其計算步驟如下：

1. 計劃分配

某受益部門應分配的輔助生產費用＝該受益單位耗用的勞務數量×計劃單位成本

2. 計算輔助生產車間的實際成本

$$\text{某輔助生產車間的實際費用} = \text{該輔助生產車間直接發生的實際費用} + \text{按計劃單位成本由其他輔助生產車間轉入的費用}$$

3. 計算各輔助生產成本差異

$$\text{某輔助生產車間費用分配的差異} = \text{某輔助生產車間的實際費用} - \text{該輔助生產車間按計劃單位成本分配的數額}$$

對於輔助生產成本差異有兩種處理方法：一是採用直接分配法直接分配給輔助生產車間以外的車間、部門；二是直接計入管理費用。為了簡化分配工作，輔助生產成本差異通常全部調整計入管理費用，不再分配給輔助生產車間以外的其他受益車間、

部門。

【例 4-5】承【例 4-2】的資料，採用計劃成本分配法分配輔助生產費用。假設供電車間的計劃單位成本為 11 元/度，機修車間的計劃單位成本為 12 元/小時。

根據以上資料分配輔助生產費用：

1. 各受益部門應負擔的計劃成本費用

供電車間應負擔修理費的計劃成本＝360×12＝4,320（元）
機修車間應負擔電費的計劃成本＝1,440×11＝15,840（元）
甲產品應負擔電費的計劃成本＝2,880×11＝31,680（元）
乙產品應負擔電費的計劃成本＝4,320×11＝47,520（元）
行政管理部門應負擔電費的計劃成本＝4,320×11＝47,520（元）
銷售部門應負擔電費的計劃成本＝1,440×11＝15,840（元）
甲產品應負擔修理費的計劃成本＝2,160×12＝25,920（元）
乙產品應負擔修理費的計劃成本＝2,160×12＝25,920（元）
行政管理部門應負擔修理費的計劃成本＝1,800×12＝21,600（元）
銷售部門應負擔修理費的計劃成本＝720×12＝8,640（元）

2. 輔助生產車間實際發生的費用

供電車間實際發生的費用＝144,000＋4,320＝148,320（元）
機修車間實際發生的費用＝72,000＋15,840＝87,840（元）

3. 輔助生產成本差異

供電車間輔助生產成本差異＝148,320－14,400×11＝－10,080（元）
機修車間輔助生產成本差異＝87,840－7,200×12＝1,440（元）

輔助生產費用的分配情況如表 4-8 所示。

表 4-8　輔助生產費用分配表（計劃成本分配法）

2019 年 6 月　　　　　　　　　　　　　　　　　　　金額單位：元

項目		供電車間 計劃	機修車間 計劃	合計金額
待分配輔助生產費用		144,000	72,000	216,000
單位成本（分配率）		11	12	
供電車間	耗用數量		360	
	分配金額		4,320	4,320
機修車間	耗用數量	1,440		
	分配金額	15,840		15,840
甲產品耗用	耗用數量	2,880	2,160	
	分配金額	31,680	25,920	57,600

表4-8(續)

項目		供電車間 計劃	機修車間 計劃	合計金額
乙產品耗用	耗用數量	4,320	2,160	
	分配金額	47,520	25,920	73,440
行政管理部門	耗用數量	4,320	1,800	
	分配金額	47,520	21,600	69,120
銷售部門	耗用數量	1,440	720	
	分配金額	15,840	8,640	24,480
按計劃成本分配合計		158,400	86,400	244,800
輔助生產實際成本		148,320	87,840	236,160
輔助生產成本差異		−10,080	1,440	−8,640

根據輔助生產費用分配表，可編製如下會計分錄：

借：生產成本——基本生產成本——甲產品　　　　　57,600
　　　　　　　　　　　　　　　　——乙產品　　　　　73,440
　　　生產成本——輔助生產成本——供電車間　　　　　4,320
　　　　　　　　　　　　　　　　——機修車間　　　　15,840
　　　管理費用　　　　　　　　　　　　　　　　　　　69,120
　　　銷售費用　　　　　　　　　　　　　　　　　　　24,480
　貸：生產成本——輔助生產成本——供電車間　　　　158,400
　　　　　　　　　　　　　　　　——機修車間　　　　86,400
借：生產成本——輔助生產成本——供電車間　　　　　10,080
　貸：生產成本——輔助生產成本——機修車間　　　　　1,440
　　　管理費用　　　　　　　　　　　　　　　　　　　8,640

　　計劃分配下，由於輔助生產勞務的單位成本是預先確定好的，因此，資料容易取得，從而簡化了工作。而且，它排除了輔助生產實際費用的高低對各受益部門成本的影響，便於考核分析各受益部門的經濟責任。另外，通過輔助生產成本差異的計算，能反應和考核輔助生產成本計劃的執行情況。但是，運用該方法時，計劃單位成本的確定必須正確。

【思考練習】

一、單項選擇題

1. 將輔助生產車間發生的各項費用直接分配給輔助生產車間以外的受益單位的分

配方法為（　　）。

　　A. 計劃成本分配法　　　　　　B. 直接分配法
　　C. 交互分配法　　　　　　　　D. 代數分配法

2. 在採用交互分配法分配輔助生產費用的情況下，各輔助生產車間交互分配後的實際費用等於（　　）。

　　A. 交互分配前的費用
　　B. 交互分配前的費用加上交互分配轉出的費用
　　C. 交互分配前的費用減去交互分配轉出的費用
　　D. 交互分配前的費用加上交互分配轉入的費用，減去交互分配轉出的費用

3. 輔助生產費用分配，首先在輔助生產車間之間進行交互分配，然後再對輔助生產車間以外的受益單位進行直接分配，這是輔助生產費用分配的（　　）。

　　A. 直接分配法　　　　　　　　B. 代數分配法
　　C. 交互分配法　　　　　　　　D. 計劃成本分配法

4. 在輔助生產勞務或產品的計劃單位成本比較準確的情況下，輔助生產費用的分配可採用（　　）。

　　A. 計劃成本分配法　　　　　　B. 直接分配法
　　C. 代數分配法　　　　　　　　D. 交互分配法

5. 採用計劃成本分配法分配輔助生產費用，輔助生產的實際成本是（　　）。

　　A. 按計劃成本分配前的實際費用
　　B. 按計劃成本分配前的實際費用加上按計劃成本分配轉入的費用
　　C. 按計劃成本分配前的實際費用減去按計劃成本分配轉出的費用
　　D. 按計劃成本分配前實際費用加上按計劃成本分配轉入的費用，減去按計劃成本分配轉出的費用

6. 輔助生產車間完工的模具入庫時，應借記的帳戶是（　　）。

　　A.「基本生產成本」　　　　　B.「輔助生產成本」
　　C.「原材料」　　　　　　　　D.「低值易耗品」

7. 輔助生產車間完工的修理用備件入庫時，應借記的帳戶是（　　）。

　　A.「基本生產成本」　　　　　B.「輔助生產成本」
　　C.「原材料」　　　　　　　　D.「低值易耗品」

8. 輔助生產費用採用交互分配法，其說法正確的是（　　）。

　　A. 正確性高，但計算工作量大　　B. 分配結果不正確，計算工作簡單
　　C. 計算工作簡單，分配工作正確　D. 計算工作簡單，費用只分配一次

9. 輔助生產車間發生的製造費用（　　）。

　　A. 必須通過「製造費用」總帳帳戶核算
　　B. 不必通過「製造費用」總帳帳戶核算
　　C. 根據具體情況，可以記入「製造費用」總帳帳戶，也可以直接記入「輔助生產成本」帳戶
　　D. 首先記入「輔助生產成本」帳戶

10. 輔助生產交互分配後的實際費用，應再在（　　）進行分配。
   A.各基本生產車間　　　　　　B.各受益單位之間
   C.輔助生產以外的受益單位之間　D.各輔助生產車間

二、多項選擇題

1. 分配或結轉輔助生產費用可能涉及的帳戶有（　　）。
   A.「基本生產成本」　　　　　B.「低值易耗品」
   C.「製造費用」　　　　　　　D.「管理費用」
2. 企業進行輔助生產費用分配時，可能借記的帳戶有（　　）。
   A.「基本生產成本」　　　　　B.「輔助生產成本」
   C.「製造費用」　　　　　　　D.「在建工程」
3. 下列方法中，屬於輔助生產費用分配方法的有（　　）。
   A.直接分配法　　　　　　　　B.交互分配法
   C.約當產量法　　　　　　　　D.代數分配法
4. 採用代數分配法分配輔助生產費用（　　）。
   A.能夠提供正確的分配計算結果　B.能夠簡化費用的分配計算工作
   C.便於分析考核各受益單位的成本　D.適用於實行電算化的企業
5. 某企業採用代數分配法分配輔助生產費用。某月份供電車間的待分配費用為12,500元，供電總量為30,000度，其中供水車間耗用5,000度；供水車間的待分配費用為8,000元，供水總量為10,000噸，其中供電車間耗用1,000噸。根據上述資料，應設立的方程式有（　　）。
   A. $12,500+5,000x=30,000y$　　　B. $8,000+5,000x=10,000y$
   C. $12,500+1,000y=30,000x$　　　D. $8,000+1,000y=10,000x$
6. 輔助生產車間發生的固定資產折舊費，可能借記的帳戶有（　　）。
   A.「製造費用」　　　　　　　B.「輔助生產成本」
   C.「基本生產成本」　　　　　D.「管理費用」
7. 輔助生產車間不設「製造費用」帳戶核算是因為（　　）。
   A.輔助生產車間數量較少　　　B.製造費用較少
   C.輔助生產車間不對外提供商品　D.輔助生產車間規模較小

三、判斷題

1. 在計劃成本分配法下，為簡化分配工作，對輔助生產成本差異全部調整計入製造費用。（　　）
2. 輔助生產費用的交互分配法，是只進行輔助生產車間之間的交互分配，不進行對外分配。（　　）
3. 輔助生產費用的直接分配法是對所有的受益部門按受益數量進行費用分配。（　　）
4. 採用交互分配法分配輔助生產費用，對外分配時勞務數量是交互分配前勞務數

量加上交互分配轉入的數量減去交互分配轉出的數量。　　　　　　　　（　　）

5. 在計劃成本分配法中，輔助生產車間的實際費用是指其直接發生的費用加上按計劃成本分配轉入的費用。　　　　　　　　　　　　　　　　　　　　（　　）

6. 在企業只有一個輔助生產車間的情況下，才能採用輔助生產費用分配的直接分配法。　　　　　　　　　　　　　　　　　　　　　　　　　　　　　　（　　）

四、實務操作題

（一）練習輔助生產費用的歸集和分配

【資料】海東企業輔助生產車間的製造費用不通過「製造費用」帳戶核算。供電、機修兩個輔助生產車間，其費用分配情況為：①供電車間為 A、B、C 三種產品直接提供生產用電力，為車間、廠部提供照明用電，產品共同耗用的電費，按生產工時比例分配。②機修車間為各車間、部門提供修理勞務，其費用按所提供的修理工時直接分配。

1. 2019 年 7 月份輔助生產車間發生各項費用如下：

（1）分配原材料費用，其中：供電車間負擔 12,000 元，機修車間負擔 14,000 元。

（2）分配工資費用，其中：供電車間負擔 1,500 元，機修車間負擔 2,500 元。

（3）計提職工福利費，其中：供電車間負擔 200 元，機修車間負擔 350 元。

（4）以銀行存款支付辦公費，其中：供電車間負擔 600 元，機修車間負擔 850 元。

（5）以銀行存款支付勞動保護費，其中：供電車間負擔 1,500 元，機修車間負擔 1,000 元。

（6）以銀行存款支付運輸費，其中：供電車間負擔 400 元，機修車間負擔 200 元。

（7）計提折舊費，其中：供電車間負擔 3,000 元，機修車間負擔 2,500 元。

（8）攤銷修理費，其中：供電車間負擔 3,000 元，機修車間負擔 2,500 元。

註：以上（4）（5）（6）均由銀行存款支付。

2. 2019 年 7 月份輔助生產車間對生產車間、管理部門及產品提供的生產工時及機修工時見表 4-9。

表 4-9　輔助生產車間提供的勞務量

輔助生產 車間名稱	計量單位	使用車間、部門、產品和耗用數量					
^	^	生產產品耗用			車間、部門一般耗用		
^	^	A 產品	B 產品	C 產品	第一 生產車間	第二 生產車間	管理部門
供電車間	生產工時	25,000	30,000	15,000			
^	千瓦時	10,000	2,000	2,500	5,500		
機修車間	機修工時				7,000	3,500	1,500

【要求】1. 根據資料 1 編製會計分錄，登記輔助生產明細帳（見表 4-10、表 4-11）。

2. 根據資料 2 採用直接分配法（見表 4-12），計算各產品、各部門應負擔的輔助生產費用，並根據計算結果編製會計分錄。

表 4-10　輔助生產成本明細帳
車間名稱：供電車間

年		憑證字號	摘要	費用項目							
月	日			材料費	工資及福利費	辦公費	勞動保護費	運輸費	折舊費	修理費	合計
7	31	略	材料費								
			工資費								
			福利費								
			辦公費								
			勞保費								
			運輸費								
			折舊費								
			修理費								
			合計								
			分配轉出								

表 4-11　輔助生產成本明細帳
車間名稱：機修車間

年		憑證字號	摘要	費用項目							
月	日			材料費	工資及福利費	辦公費	勞動保護費	運輸費	折舊費	修理費	合計
7	31	略	材料費								
			工資費								
			福利費								
			辦公費								
			勞保費								
			運輸費								
			折舊費								
			修理費								
			合計								
			分配轉出								

表 4-12　輔助生產費用分配表
（直接分配法）

輔助生產車間名稱	供電車間	機修車間	合計
待分配費用			
供應勞務量			
分配率			

表4-12(續)

輔助生產車間名稱		供電車間	機修車間	合計
產品耗用	A產品 耗用數量			
	分配金額			
	B產品 耗用數量			
	分配金額			
	C產品 耗用數量			
	分配金額			
一般耗用	一車間 耗用數量			
	分配金額			
	二車間 耗用數量			
	分配金額			
企業管理部門	耗用數量			
	分配金額			
合計				

(二) 練習輔助生產費用的分配

【資料】海東企業2019年7月有供電、機修兩個輔助生產車間，其有關資料見表4-13。

表4-13 輔助生產車間發生的費用和提供的勞務量

項目		供電車間	機修車間
待分配費用		150,000元	21,000元
供應勞務數量		800,000度	12,500工時
計劃單位成本		0.20元	1.80元
耗用勞務數量	供電車間		1,500工時
	機修車間	10,000度	
	第一基本生產車間	550,000度	6,000工時
	第二基本生產車間	210,000度	4,000工時
	企業管理部門	30,000度	1,000工時

【要求】1. 根據上列資料，分別採用直接分配法、交互分配法、代數分配法和計劃成本分配法，對輔助生產費用進行分配（見表4-14、表4-15、表4-16、表4-17）。

2. 根據以上四種分配方法計算的結果，分別編製會計分錄。

表 4-14　輔助生產費用分配表
（直接分配法）

輔助生產車間名稱		供電車間	機修車間	合計
待分配費用				
供應勞務數量				
單位成本（分配率）				
基本生產車間	一車間 耗用數量			
	分配金額			
	二車間 耗用數量			
	分配金額			
企業管理部門	耗用數量			
	分配金額			
合計				

表 4-15　輔助生產費用分配表
（交互分配法）

項目			交互分配			對外分配		
輔助生產車間名稱			供電車間	機修車間	合計	供電車間	機修車間	合計
待分配費用								
供應勞務數量								
單位成本（分配率）								
輔助生產車間	供電車間	耗用數量						
		分配金額						
	機修車間	耗用數量						
		分配金額						
基本生產車間	一車間	耗用數量						
		分配金額						
	二車間	耗用數量						
		分配金額						
企業管理部門		耗用數量						
		分配金額						
合計								

表 4-16 輔助生產費用分配表
（代數分配法）

輔助生產車間名稱			供電車間	機修車間	合計
待分配費用					
供應勞務數量					
分配率					
輔助生產車間	供電車間	耗用數量			
		分配金額			
	機修車間	耗用數量			
		分配金額			
基本生產車間	一車間	耗用數量			
		分配金額			
	二車間	耗用數量			
		分配金額			
企業管理部門		耗用數量			
		分配金額			
輔助生產成本分配金額合計					
輔助生產成本借方合計					
輔助生產成本尾差					

表 4-17 輔助生產費用分配表
（計劃成本分配法）

輔助生產車間名稱			供電車間	機修車間	合計
待分配費用					
供應勞務數量					
計劃單位成本					
輔助生產車間	供電車間	耗用數量			
		分配金額			
	機修車間	耗用數量			
		分配金額			
基本生產車間	一車間	耗用數量			
		分配金額			
	二車間	耗用數量			
		分配金額			

表4-17(續)

企業管理部門	耗用數量			
	分配金額			
按計劃成本分配金額合計				
輔助生產實際成本				
輔助生產成本差異				

第五章　製造費用的歸集和分配

【案例導入】

假若你受聘為 ABC 公司設計一套成本制度。你對該公司的製造業務進行調查，發現如下事實：

(1) 該公司製造一系列照明裝置和燈具。特定產品的原料成本占製造成本的 15%~60%，取決於製造該產品所使用的金屬和結構的種類。

(2) 該業務易產生大幅度的週期性波動，因為銷售量隨著新的住房建設而有所增加。

(3) 製造業務的 60% 左右在正常情況下是在年度的第一季度完成的。

(4) 全公司的小時工資率從 12.75 元到 25.85 元不等，然而，在 8 個車間中每一車間高低工資率間的差距卻小於 5%。

(5) 在所有的產品中，各產品是經由全部八個製造車間來生產的，但不是成比例地進行。

(6) 在個別製造車間範圍內，製造費用占加工成本的 30%~80%。

根據以上信息，你要為該公司的董事長準備一份報告或者一封信，說明 ABC 公司的成本制度是否應採用。

(1) 年度計劃成本法。

(2) 全公司採用製造費用率還是車間製造費用率。

(3) 根據直接人工小時、直接人工成本還是根據主要成本的製造費用分配率。

請給出以上三項建議中支持每一項的理由。

【學習目標】

掌握製造費用的內容和帳戶設置，瞭解製造費用的歸集，掌握製造費用的分配方法。

第一節　製造費用的內容

一、製造費用的概念

製造費用是指工業企業為生產產品（或提供勞務）而發生的，應計入產品成本，但沒有專設成本項目的各項生產費用。製造費用主要包括工資及福利費、修理費、辦

公費、折舊費、水電費、機物料消耗費、勞動保護費、保險費、租賃費、低值易耗品攤銷、停工損失、運輸費等。

二、製造費用的內容

製造費用包括產品生產成本中除直接材料和直接人工以外的其餘一切生產成本，主要包括企業各個生產車間、部門為組織和管理生產所發生的一切費用（車間生產和行政管理部門固定資產所發生的固定資產維修費列「管理費用」）。製造費用主要包括：

（1）車間管理人員工資，是指生產車間管理人員、輔助後勤人員等非一線直接從事生產的人員工資；一線直接生產人員非生產期間的工資也計入本項目，非一線生產員工提供直接生產時，其相應的工資應從本項目轉入生產成本中的直接工資項目。

（2）職工福利費，按第一項所定義的生產管理人員工資的14%提取。

（3）交通費，是指企業為車間職工上下班而發生的交通車輛費用，主要指汽油費、養路費等。

（4）勞動保護費，是指按照規定標準和範圍支付給車間職工的勞動保護用品，防暑降溫、保健飲食品（含外購礦泉水）的費用和勞動保護宣傳費用。

（5）折舊費，是指車間所使用固定資產按規定計提的折舊費。

（6）修理費，是指生產車間所用固定資產的修理費用，包括大修理費用支出。

（7）租賃費，是指車間使用的從外部租入的各種固定資產和用具等按規定列支的租金。

（8）物料消耗，是指車間管理部門耗用的一般消耗材料，不包括固定資產修理和勞動保護用材料。

（9）低值易耗品攤銷，是指車間所使用的低值易耗品的攤銷。

（10）生產用工具費，是指車間生產耗用的生產用工具費用。

（11）試驗檢驗費，是指車間發生的對材料、半成品、成品、儀器儀表等的試驗、檢驗費。

（12）季節性修理期間的停工損失，是指因生產的季節性需要而必須停工，生產車間停工期間所發生的各項費用。

（13）取暖費，是指車間管理部門所支付的取暖費，包括取暖用燃料、蒸汽、熱水、爐具等支出。

（14）水電費，是指車間管理部門由於消耗水、電和照明用材料等而支付的非直接生產費用。

（15）辦公費，是指車間生產管理部門的通信費用以及文具、印刷、辦公用品等辦公費用；政府部門的宣傳經費，包括學習資料費、照相洗印費以及按規定開支的報刊訂閱費等。

（16）差旅費，是指按照規定報銷生產車間職工因公外出的各種差旅費、住宿費、助勤費，市內交通費和誤餐補貼；按規定支付職工及其家屬的調轉、搬家費；按規定支付患職業病的職工去外地就醫的交通費、住宿費、伙食補貼等。

（17）運輸費，是指生產應負擔的廠內運輸部門和廠外運輸機構所提供的運輸費用，包括其辦公用車輛的養路費、管理費、耗用燃料及其他材料等費用。

（18）保險費，是指應由車間負擔的財產保險費用。

（19）技術組織措施費，是指因生產工藝佈局調整等原因發生的費用。

（20）其他製造費用，除前述 1～19 項所列的，零星發生的其他應由車間負擔的費用。

第二節　製造費用的歸集和分配

一、費用的歸集

製造費用是產品成本的重要組成部分。正確、合理地組織製造費用的核算，對於準確計算產品成本，控制各分廠、車間費用的開支，考核費用預算的執行情況，不斷降低產品成本具有重要的作用。

為了總括反應企業一定時期內發生的製造費用及其分配情況，應設置「製造費用」帳戶。該帳戶的借方歸集企業在一定時期內發生的全部製造費用，貸方反應分配計入有關成本計算對象的製造費用數額。除季節性生產的企業或採用累計分配率法分配製造費用的企業外，「製造費用」帳戶期末一般應無餘額。製造費用應分別按各分廠、車間設置明細帳，帳內按費用明細項目設專欄或專戶進行明細核算。製造費用明細帳的格式見表 5-1。

表 5-1　製造費用明細帳

車間：基本生產車間　　　　　2019 年 6 月　　　　　金額單位：元

2019年		憑證號	摘要	材料費	燃料費	外購動力	工資費用	其他工資	折舊費用	合計	轉出
月	日										
6	30	略	原料費用分配表	12,000						12,000	
	30		燃料費用分配表		0					0	
	30		動力費用分配表			10,000				10,000	
	30		工資費用分配表				70,000			70,000	
	30		其他工資分配表					31,850		31,850	
	30		折舊費用分配表						18,000	18,000	
	30		本月合計	12,000	0	10,000	70,000	31,850	18,000	141,850	
	30		製造費用分配表								141,850

企業發生各項製造費用時，應按其用途和地點進行歸集，根據各種費用分配表以及有關費用憑證，借記「製造費用」帳戶，貸記「原材料——原料」「原材料——燃料」「應付職工薪酬——工資」「應付職工薪酬——其他工資」「累計折舊」等帳戶，

月末應全部轉入「生產成本——基本生產成本」帳戶，計入產品製造成本。

製造費用的歸集總分類核算會計分錄如下：

借：製造費用——基本生產車間　　　　　　　　141,850
　　貸：原材料——原料　　　　　　　　　　　　12,000
　　　　應付帳款　　　　　　　　　　　　　　　10,000
　　　　應付職工薪酬——工資　　　　　　　　　70,000
　　　　　　　　　　——其他工資　　　　　　　31,850
　　　　累計折舊　　　　　　　　　　　　　　　18,000

二、製造費用的分配

（一）製造費用分配的程序

對輔助生產的製造費用通過製造費用核算的企業，應先分配輔助生產車間的製造費用，將其計入輔助生產製造成本，然後分配輔助生產費用，將其中應由基本生產車間負擔的費用計入基本生產車間的產品成本，最後再分配基本生產車間的製造費用。

由於各車間的製造水準不同，製造費用的分配應該按照車間分別進行，而不應將各車間的製造費用匯總起來，再在整個企業範圍內統一分配。各車間製造費用的分配對象應是本車間當期生產的各種產品或提供的勞務。在生產單一產品的車間或分廠，歸集的製造費用可直接計入該種產品的製造成本；在生產多種產品的車間或分廠，因製造費用有多個受益對象，應採用一定的方法，按各成本計算對象受益的比例進行分配。

（二）製造費用分配的原則

合理分配製造費用的關鍵在於正確選擇分配標準。一般來說，選擇製造費用分配標準應遵循以下原則：分配標準與被分配的費用要有因果關係，計算簡便，分配標準要相對穩定。

（三）製造費用的分配方法

1. 生產工時比例法

生產工時比例法，是按照各種產品所用生產工時的比例分配製造費用的方法。其生產工時可以是實際工時，也可以是定額工時。在工時記錄齊全的情況下，採用實際工時較為準確。其計算公式為：

製造費用分配率＝製造費用總額÷各種產品實際（或定額）工時之和

某種產品應分配的製造費用＝該種產品實際（或定額）工時×製造費用分配率

【例5-1】某企業基本生產車間生產甲、乙兩種產品。該車間2019年6月歸集的製造費用為141,850元，本月實際生產工時為5,000小時，其中甲產品3,000小時，乙產品2,000小時。採用生產工時比例法，編製製造費用分配表，見表5-2。

表 5-2 製造費用分配表（生產工時比例法）

車間：基本生產車間　　　　　　2019 年 6 月　　　　　　金額單位：元

產品名稱	生產工時（小時）	分配率	分配金額
甲產品	3,000	28.37	85,110
乙產品	2,000	28.37	56,740
合計	5,000	28.37	141,850

根據製造費用分配表，可編製如下會計分錄：
借：生產成本——輔助生產成本——甲產品　　　　85,110
　　　　　　　　　　　　　　　——乙產品　　　　56,740
　貸：製造費用——基本生產車間　　　　　　　　141,850

按生產工時分配製造費用，可以使各種產品負擔的製造費用與勞動生產率結合起來，分配結果比較合理。同時，該分配標準的資料容易取得，從而使分配計算工作較為簡便，因而被企業廣泛採用。但是，如果固定資產的折舊費、修理費在製造費用中占的比例較大，且各種產品的機械化程度不同，那麼按此標準分配製造費用就會使機械化程度較高的產品少負擔固定資產折舊費、修理費等，導致分配結果與費用的實際發生情況不相符，因此這種方法適用於各種產品生產工藝過程機械化程度大致相同的情況。

2. 機器工時比例法

機器工時比例法，是以各種產品所用機器設備運轉工作時數為標準分配製造費用的一種方法。其計算公式為：

製造費用分配率＝製造費用總額÷各種產品機器工時總數

某種產品應分配的製造費用＝該種產品機器工時數×製造費用分配率

如果企業生產單位存在不同類型的機器設備，而且其使用和維修費用差別較大，則在不同類型設備上分配的製造費用應有所區別。如一件產品在高級精密或大型機器設備上加工 1 小時所應負擔的費用，與在小型機器設備上加工 1 小時所應負擔的費用應當有所區別。為使其合理，還應將機器設備進行分類，按其類別確定機器工時系數，用工時系數折算出標準機器工時，再按標準工時分配製造費用。

【例 5-2】某企業生產車間用 A、B 兩類設備生產甲、乙、丙三種產品，2019 年 6 月製造費用總額為 87,000 元，機器工時總數為 44,500 小時。A 設備為一般設備，工時總數為 17,500 小時，其中甲產品加工 5,000 小時，乙產品加工 10,000 小時，丙產品加工 2,500 小時，工時系數定為 1；B 設備為高級精密設備，工時總數為 27,000 小時，其中甲產品加工 9,000 小時，乙產品加工 6,000 小時，丙產品加工 12,000 小時，工時系數為 1.5。採用機器工時比例法，編製製造費用分配表，見表 5-3。

表 5-3　製造費用分配表（機器工時比例法）

車間：基本生產車間　　　　　　　　2019 年 6 月　　　　　　　　金額單位：元

產品名稱	標準機器工時（小時）			小計	分配率	分配金額
	A 設備標準機器工時	B 設備標準機器工時（系數 1.5）				
		實際機器工時	標準機器工時			
甲產品	5,000	9,000	13,500	18,500	1.5	27,750
乙產品	10,000	6,000	9,000	19,000	1.5	28,500
丙產品	2,500	12,000	18,000	20,500	1.5	30,750
合計	17,500	27,000	40,500	58,000	1.5	87,000

根據製造費用分配表，可編製如下會計分錄：

借：生產成本——輔助生產成本——甲產品　　　　27,750
　　　　　　　　　　　　　——乙產品　　　　28,500
　　　　　　　　　　　　　——丙產品　　　　30,750
　貸：製造費用——基本生產車間　　　　　　　　87,000

採用機器工時比例法分配製造費用，當機器設備差別較大、製造費用的發生與機器設備運轉的時間有密切關係時，能夠提高分配結果的合理性。這種方法適合各種產品所耗機器工時的原始記錄資料比較完備的生產單位使用。

3. 直接工資比例法

直接工資比例法，是按照直接計入各種產品成本的生產工人實際工資的比例分配製造費用的方法。其計算公式為：

製造費用分配率＝製造費用總額÷各種產品生產工人工資總額

某種產品應分配的製造費用＝該種產品生產工人的工資數×製造費用分配率

【例 5-3】某企業生產車間生產甲、乙兩種產品，2019 年 6 月發生的製造費用總額為 141,850 元，生產工人工資為 291,000 元，其中，用於生產甲產品的工資為 181,293 元，用於生產乙產品的工資為 109,707 元。採用生產工人工資比例法分配製造費用，見表 5-4。

表 5-4　製造費用分配表（生產工人工資比例法）

車間：基本生產車間　　　　　　　　2019 年 6 月　　　　　　　　金額單位：元

產品名稱	生產工人工資	分配率	分配金額
甲產品	181,293	0.49	88,833.57
乙產品	109,707	0.49	53,016.43
合計	291,000	0.49	141,850

根據製造費用分配表，可編製如下會計分錄：

借：生產成本——基本生產成本——甲產品　　　　88,833.57

　　　　　　　　　　——乙產品　　　　　　　　　　53,016.43
　　貸：製造費用——基本生產車間　　　　　　　　　　141,850

　　採用直接工資分配製造費用，分配標準容易取得，計算工作比較簡便。但是，採用這種方法時，各種產品生產的機械化程度或產品的加工技術等級不能相差懸殊。否則，機械化程度高、產品加工技術等級低的產品，由於其工資費用少，將負擔較少的製造費用；而機械化程度低、產品加工技術等級高的產品，由於其工資費用多，將負擔較多的製造費用。這將影響費用分配的合理性，從而影響成本計算的正確性。因此，這種方法適用於各種產品生產工藝過程機械化程度大致相同和產品加工技術等級大致相同的情況。

4. 直接費用比例法

　　直接費用比例法，是以計入各種產品的各項直接費用（直接材料費用和直接人工費用之和）為標準來分配製造費用的方法。其計算公式為：

　　　　製造費用分配率＝製造費用總額÷各種產品直接費用總額
　　　某種產品應分配的製造費用＝該種產品直接費用總額×製造費用分配率

【例5-4】某企業基本生產車間生產甲、乙、丙三種產品，2019年6月發生的製造費用總額為79,240元，甲、乙、丙三種產品的直接費用及製造費用的計算分配見表5-5。

表5-5　製造費用分配表（直接費用比例法）

車間：基本生產車間　　　　2019年6月　　　　　　　金額單位：元

產品名稱	直接材料	直接人工	直接費用總數	分配率	分配金額
甲產品	66,500	8,400	74,900	0.56	41,944
乙產品	32,000	12,600	44,600	0.56	24,976
丙產品	18,500	3,500	22,000	0.56	12,320
合計	117,000	24,500	141,500	0.56	79,240

　　根據製造費用分配表，可編製如下會計分錄：
　　借：生產成本——基本生產成本——甲產品　　　　41,944
　　　　　　　　　　　　　　　　——乙產品　　　　24,976
　　　　　　　　　　　　　　　　——丙產品　　　　12,320
　　　貸：製造費用——基本生產車間　　　　　　　　79,240

　　採用這種方法分配製造費用，應以產品的直接費用與製造費用的發生有關係為前提，並且各項直接費用對製造費用的影響程度必須大體一致；否則，分配結果就不合理。

5. 年度計劃分配率分配法

　　年度計劃分配率分配法，是根據企業正常經營條件下的年度製造費用預算和預計產量的定額標準（一般為定額工時）計算分配率，再根據預計分配率分配製造費用的方法。其計算公式為：

年度計劃分配率＝全年製造費用計劃總額÷全年各種產品計劃產量的定額工時之和
某月某種產品應分配的製造費用＝本月該種產品實際產量的定額工時×計劃分配率

採用這種分配方法，不管各月實際發生的製造費用是多少，每月各種產品所負擔的製造費用都按年度計劃分配率分配。但是，如果在年度內發現全年的製造費用實際數和產量實際數與計劃數有較大的差額，應及時調整計劃分配率。

【例5-5】某企業生產車間的全年製造費用計劃總額為756,400元，全年計劃生產A產品3,600件、B產品2,000件，A產品工時定額為4小時，B產品工時定額為5小時。6月A產品實際產量為310件，B產品實際產量為170件，實際費用發生數為6,400元。採用計劃分配率法分配製造費用的計算如下：

計劃分配率＝756,400÷（3,600×4+2,000×5）＝3.1
本月A產品應負擔的製造費用＝310×4×3.1＝3,844（元）
本月B產品應負擔的製造費用＝170×5×3.1＝2,635（元）
該車間本月應分配轉出的製造費用＝3,844+2,635＝6,479（元）

採用這種分配方法，「製造費用」帳戶月末一般有餘額，餘額既可能出現在借方，也可能出現在貸方。本月出現貸方餘額79元。「製造費用」貸方餘額表示按照計劃已預先計入產品成本但尚未支付的費用；借方餘額表示超過計劃預付的費用。年末，一般將「製造費用」帳戶的餘額調整計入12月份的產品成本，借記「生產成本——基本生產成本」帳戶，貸記「製造費用」帳戶。如果實際發生額大於計劃分配額，用藍字補加；反之用紅字衝減。年末製造費用差額分配結轉後，「製造費用」帳戶應無餘額。

採用計劃分配率分配製造費用，不必每月製造費用分配率，簡化和加快了製造費用的分配工作，並能均衡各期產品負擔的製造費用，還能及時反應各月製造費用預算數與實際數的差異，有利於考核製造費用預算的執行情況。在季節性生產的企業或車間裡，有淡季和旺季的產品產量相差懸殊，但每月發生的製造費用大體相同。如果按實際分配率分配，各月產品生產成本中的製造費用會相差很大，淡季成本水準偏高，旺季成本水準偏低，影響產品成本的準確性，不利於成本分析。因而，季節性生產的車間或企業特別適用採用計劃分配率法分配製造費用。但是，採用這種分配方法要求企業有較高的計劃和定額管理水準；否則，計劃分配額與實際發生額差異過大，就會影響分配結果的準確性。

6. 累計分配率法

累計分配率法，是將當月完工批次的產品應負擔的製造費用在其完工時一次性進行分配，而將當月未完工產品應負擔的製造費用保留在製造費用中暫不分配，待其完工後連同新發生的製造費用一併分配的一種方法。其計算公式為：

$$\frac{某單位製造費用累計分配率}{}=\frac{製造費用期初餘額+本期製造費用發生額}{期初未完工產品分配標準的累計數}+本期發生的準確數$$

$$已完工產品分配的製造費用=\frac{該批完工產品分配標準的累計數}{}\times 該生產單位製造費用累計分配率$$

產品分配標準一般應為產品生產工時。

如果企業生產週期較長，產品生產次數較多，每月完工產品批次占全部產品批次

的比例很低，採用累計分配率法分配製造費用可以簡化分配工作。但是在生產完工前，「生產成本」帳戶只有直接費用和累計分配標準，不能完整地體現未完工產品成本。

【思考練習】

一、單項選擇題

1. 產品生產車間管理人員的工資應借記的帳戶是（　　）。
   A.「基本生產成本」　　　　　　B.「製造費用」
   C.「管理費用」　　　　　　　　D.「應付職工薪酬」
2. 基本生產車間計提固定資產折舊應記入的帳戶是（　　）。
   A.「基本生產成本」　　　　　　B.「製造費用」
   C.「管理費用」　　　　　　　　D.「銷售費用」
3. 除了分配按年度計劃分配率製造費用以外，「製造費用」帳戶月末（　　）。
   A. 沒有餘額　　　　　　　　　　B. 一定有借方餘額
   C. 一定有貸方餘額　　　　　　　D. 有借方或貸方餘額
4. 按年度計劃分配率分配製造費用的方法適用於（　　）。
   A. 製造費用數額較大的企業　　　B. 季節性生產的企業
   C. 基本生產車間規模較小的企業　D. 製造費用數額較小的企業

二、多項選擇題

1. 下列應記入「製造費用」帳戶的是（　　）。
   A. 生產車間工人工資　　　　　　B. 勞動保護費
   C. 廠部管理人員工資　　　　　　D. 生產車間固定資產折舊費
2. 對製造費用進行分配，可採用（　　）方法。
   A. 生產工時比例法　　　　　　　B. 約當產量法
   C. 計劃分配率法　　　　　　　　D. 機器工時比例法
3. 在計算製造費用的年度計劃分配率時，其分配標準可以是（　　）。
   A. 定額工時　　　　　　　　　　B. 產品產量
   C. 定額人工費用　　　　　　　　D. 定額機械臺時
4. 製造費用的分配方法有（　　）。
   A. 生產工人工時比例分配法　　　B. 機器工時比例分配法
   C. 直接分配法　　　　　　　　　D. 生產工人工資比例分配法
5. 下列項目中，屬於製造費用所屬項目的有（　　）。
   A. 生產車間的保險費　　　　　　B. 廠部辦公樓折舊
   C. 在產品正常短缺　　　　　　　D. 車間負擔的低值易耗品攤銷

三、判斷題

1. 製造費用是為組織和管理生產而發生的各種直接費用。（　）
2. 輔助生產車間發生的製造費用可以不通過「製造費用」帳戶核算。（　）
3. 生產工人的工資費用如果按生產工時比例分配計入各種產品成本，那麼製造費用按生產工人工資比例法進行分配的結果與按生產工時比例法進行分配的結果應一致。（　）
4. 「製造費用」帳戶月末肯定沒有餘額。（　）
5. 若生產車間只生產一種產品，則該車間發生的製造費用無須列入「製造費用」帳戶。（　）
6. 按機器工時比例法分配製造費用，適用於機械化程度較高的車間。（　）
7. 年度計劃分配率法在平時工作量較少，在年末工作量較大。（　）
8. 採用年度計劃分配率法分配製造費用，在平時「製造費用」帳戶肯定有餘額。（　）

四、實務操作題

（一）練習製造費用按生產工人工時比例和機器工時比例分配法

【資料】海東企業基本生產第一車間生產甲、乙、丙三種產品，2019 年 7 月該車間共發生製造費用 26,400 元，甲、乙、丙三種產品所用生產工人實際生產工時和機器工時見表5-6。

表 5-6　生產工人生產工時和機器工時

產品品種	生產工人工時	機器工時
甲產品	3,400	2,100
乙產品	2,700	2,400
丙產品	1,900	3,000
合計	8,000	7,500

【要求】1. 分別採用生產工人生產工時比例法和機器工時比例法分配製造費用並填列製造費用分配表（見表5-7、表5-8）。

2. 根據生產工人工時比例法的分配結果編製相應的會計分錄。

表 5-7　製造費用分配表（生產工時比例法）

車間：　　　　　　　　　　　　年　月

應借帳戶	生產工時	分配率	分配金額
合計			

表 5-8　製造費用分配表（機器工時比例法）

車間：　　　　　　　　　　　　　年　月

應借帳戶	機器工時	分配率	分配金額
合計			

（二）練習製造費用按年度計劃分配率分配法

【資料】海東企業第三車間屬於季節性生產部門，2019 年全年製造費用計劃為 156,000 元。全年各產品的計劃產量為：甲產品 2,500 件，乙產品 900 件。單件產品的工時定額為：甲產品 3 小時，乙產品 5 小時。

1. 該車間 2019 年 7 月份的實際產量為：甲產品 150 件，乙產品 100 件。該月實際製造費用為 14,300 元。截至 3 月 31 日，製造費用帳戶無餘額。

2. 年末該車間全年度製造費用實際發生額為 157,000 元，全年計劃累計分配數為 160,000 元，其中甲產品已分配 100,000 元，乙產品已分配 60,000 元。

【要求】1. 計算製造費用年度計劃分配率。

2. 計算 7 月份甲、乙產品應負擔的製造費用並編製相應的會計分錄並登記製造費用明細帳（見表 5-9）。

3. 分攤製造費用全年實際發生數與計劃累計分配數的差額並編製年末調整差額的會計分錄。

表 5-9　製造費用明細帳　　　　　　　　車間：

年		摘要	借方	貸方	借或貸	餘額
月	日					

第六章 廢品損失的歸集與分配

【案例導入】

在許多製造企業的生產過程中，不可避免地會出現廢品、返工品和殘料。由於廢品、返工品和殘料的產生會導致高額的成本，企業為了生存，必須對這些成本加以關注，以減少廢品、返工品和殘料的產生，特別是不合格品的產生。正如摩托羅拉前任首席執行官喬治·費希爾（George Fisher）所言：「我們以兩年前的10倍、4年前的100倍……的努力來改善產品的質量，不管是在打字、製造還是顧客服務方面，哪怕百萬分之一的差錯都是不允許的。」那如何減少企業的廢品損失呢？

首先要提高生產員工的專注度，員工開小差是導致廢品損失的重要原因；其次要梳理工作流程，減少工作流程中導致的廢品損失；最後要制定次品再生產工序，將廢品損失減少到最小的程度。

【學習目標】

理解廢品、廢品損失及停工損失的概念，掌握廢品損失和停工損失的歸集和分配。

第一節 廢品及廢品損失

一、廢品的含義

廢品是指不符合規定的技術標準，不能按照原定用途使用，或者需要加工修理才能使用的在產品、半成品或產成品。不論是在生產過程中發現的廢品，還是在入庫後發現的廢品，都應包括在內。

二、廢品的種類

廢品分為可修復廢品和不可修復廢品兩種。可修復廢品，是指經過修理可以使用，而且所花費的修復費用在經濟上合算的廢品；不可修復廢品，則指不能修復，或者所花費的修復費用在經濟上不合算的廢品。

三、廢品損失的含義

廢品損失是指由於產生廢品而發生的廢品報廢損失和超過合格品正常成本的多耗損失。具體地說，不可修復廢品的損失是指不可修復廢品已耗費的實際成本扣減廢料

回收價值後的差額；可修復廢品的損失是指在廢品修復過程中所發生的修復費用，包括在返修時耗用的直接材料、直接工資以及應負擔的製造費用等。此外，不論廢品的廢損情況如何，凡需向責任者索賠損失的，則責任者的賠款應沖抵廢品損失。還需指出的是，廢品損失一般只包括產生廢品所造成的直接損失，不包括因廢品而給企業帶來的各種間接損失，如延誤交貨而發生的違約賠償款，以及企業的信譽損失等。因此廢品損失，包括在生產過程中發現的和入庫後發現的不可修復廢品的生產成本，以及可修復廢品的修復費用，扣除回收的廢品殘料價值和應由過失單位或個人賠款以後的損失。

例如，在計算機芯片等高新技術產品的生產過程中，由於其生產的複雜性和精密性，出現廢品在所難免，而且這些廢品往往是不可返工處理的。廢品可能是在生產過程中發現的，也可能是在完成全部生產過程後才發現的。

當今激烈的全球競爭，使得高品質成為企業管理的焦點。管理人員已經意識到減少或消滅不合格品不僅能降低產品成本，同時也能增加銷售量，從而增加企業的競爭能力。

廢品損失不包括以下內容：

第一，產品入庫後由於管理不善造成的產品變質、毀壞。這是由於管理的原因造成的，所以這部分損失要計入管理費用，不作為廢品損失核算。

第二，產品雖未達到質量標準，但可降價出售造成的降價損失。這部分產品並沒有增加成本，只是減少了收入。它表現為銷售損益，是通過減少收入來解決的，不作為廢品損失核算。

第三，產品銷售後實行「三包」的費用。「三包」發生的費用，按現行制度，也計入管理費用，不作為廢品損失核算。

第四，應由過失人賠償的廢品損失。這部分應計入其他應收款，不作為廢品損失核算。

需要指出的是，由於廢品的損失最後也要由合格品承擔，所以，是否將廢品損失單獨進行核算，對合格品的成本是沒有影響的。單獨核算廢品損失，目的是對廢品損失進行考核，分析廢品產生的原因，以便提高管理和工藝水準，採取措施，減少廢品損失。

質量檢驗部門發現廢品時，應該填製廢品通知單，列明廢品的種類、數量、生產廢品的原因和過失人等。成本會計人員應該會同檢驗人員對廢品通知單所列廢品生產的原因和過失人等項目加強審核。只有經過審核的廢品通知單，才能作為廢品損失核算的根據。

【例 6-1】廢品損失不包括（　　）。
　　A. 修復廢品人員工資　　　　　B. 修復廢品使用的材料
　　C. 不可修復廢品的報廢損失　　D. 產品「三包」損失

【例 6-2】產品的「三包」損失，應計入（　　）。
　　A. 廢品損失　　　　　　　　　B. 管理費用
　　C. 製造費用　　　　　　　　　D. 銷售費用

第二節　廢品損失的歸集與分配

一、廢品損失帳戶的設置

在製造業，廢品損失的核算有兩種不同的處理方法：一是設「廢品損失」總帳帳戶，二是在「生產成本」帳戶下設置二級帳戶進行核算。輔助生產一般不單獨核算廢品損失。

「廢品損失」帳戶屬於資產類帳戶，它是專門用來核算生產中發生的廢品損失的帳戶。該帳戶借方登記從「生產成本」帳戶結轉來的廢品的生產成本和可修復廢品的修復費用，貸方登記廢品殘料的入庫價值、責任人賠償的金額及結轉到生產成本帳戶的廢品淨損失。在單獨核算廢品損失的情況下，在生產成本明細帳中應增設「廢品損失」成本項目。

二、廢品損失的歸集與分配

(一) 不可修復廢品損失的歸集

進行不可修復廢品損失的核算，先應計算截至報廢時已經發生的廢品生產成本；然後扣除殘值和應收賠款，算出廢品損失。不可修復廢品的生產成本，可按廢品所耗實際費用計算，也可按廢品所耗定額費用計算。

1. 按廢品所耗實際成本計算

在採用按廢品所耗實際費用計算的方法時，由於廢品報廢以前發生的各項費用是與合格產品一起計算的，因而要將廢品報廢以前與合格品計算在一起的各項費用，採用適當的分配方法，在合格品與廢品之間進行分配，計算出廢品的實際成本，從「基本生產成本」科目的貸方轉入「廢品損失」科目的借方。

如果廢品是在完工以後發現的，這時單位廢品負擔的各項生產費用應與單位合格品完全相同，可按合格品產量和廢品的數量比例分配各項生產費用，計算廢品的實際成本。按廢品的實際費用計算和分配廢品損失，符合實際，但核算工作量較大。

【例6-3】企業一車間本月生產 A 產品 300 件，在生產過程中發現不可修復廢品 20 件，廢品完工程度 80%。全部產品已完成實際工時 1,500 小時，其中廢品生產工時為 100 小時。A 產品「基本生產成本」明細帳所歸集的生產費用為：直接材料 10,500 元，直接人工 12,000 元，製造費用 9,750 元。廢品殘料回收價值為 180 元，責任人李平按規定應賠償材料費 100 元。A 產品開工時直接材料系一次投入，則材料費用按產量比例分配，加工費用按工時比例分配。根據上述資料計算如下：

直接材料分配率 $=\dfrac{10,500}{280+20}=35$

廢品分配材料費用 $=20\times 35=700$（元）

直接人工分配率 = $\dfrac{12,000}{1,400+100} = 8$

廢品分配工資費用 = 100×8 = 800（元）

製造費用分配率 = $\dfrac{9,750}{1,400+100} = 6.5$

廢品分配製造費用 = 100×6.5 = 650（元）

將以上計算結果編製廢品損失計算表，如表 6-1 所示。

表 6-1　廢品損失計算表

項目	件數	直接材料	生產工時	直接人工	製造費用	合計
生產費用合計	300	10,500	1,500	12,000	9,750	32,250
費用分配率		35		8	6.5	
廢品成本	20	700	100	800	650	2,150
減：廢品殘值		180				
賠償款		100				
廢品損失		420	100	800	650	1,870

根據表 6-1，可編製如下會計分錄：

(1) 結轉不可修復廢品成本

借：廢品損失——A 產品——直接材料　　　　　　　　　700
　　　　　　　　　　——直接人工　　　　　　　　　800
　　　　　　　　　　——製造費用　　　　　　　　　650
　　貸：生產成本——基本生產成本——A 產品　　　　2,150

(2) 回收殘料價值

借：原材料　　　　　　　　　　　　　　　　　　　　180
　　貸：廢品損失——A 產品——直接材料　　　　　　180

(3) 責任者賠償款

借：其他應收款——李平　　　　　　　　　　　　　　100
　　貸：廢品損失——A 產品——直接材料　　　　　　100

2. 按廢品所耗定額成本計算的方法

在按廢品所耗定額費用計算不可修復廢品的成本時，廢品的生產成本則按廢品的數量和各項費用定額計算。按廢品的定額費用計算廢品的定額成本，由於費用定額事先規定，不僅計算工作比較簡便，而且可以使計入產品成本的廢品損失數額不受廢品實際費用水準高低的影響。也就是說，廢品損失大小只受廢品數量差異（差量）的影響，不受廢品成本差異（價差）的影響，從而有利於廢品損失和產品成本的分析和考核。但是，採用這一方法計算廢品生產成本，必須具備準確的消耗定額和費用定額資料。

【例 6-4】某企業甲產品定額成本為 100 元，其中直接材料為 60 元，直接人工為

15 元，製造費用為 25 元。本月發現不可修復甲產品 6 件，原材料系生產開始時一次投入，完工程度平均為 50%，廢品殘值為 50 元。根據資料，不可修復廢品損失計算如表 6-2 所示。

表 6-2 廢品損失計算表　　　　　　　　　　　　　　　單位：元

項目	直接材料	直接人工	製造費用	合計
單位定額成本	60	15	25	100
不可修復廢品數量	6	3	3	
不可修復廢品已耗成本	360	45	75	480
減：殘值	50			50
廢品淨損失	310	45	75	430

【例 6-5】華新公司生產計算機芯片，所有材料均在生產開始時一次投入。2019 年 6 月，投入原材料 2,160,000 元，投入生產數量為 10,000 單位，月末完工產品為 6,000 單位，其中合格品 5,000 單位，廢品 1,000 單位（全部為正常廢品）；期末在產品為 4,000 單位。假定沒有期初在產品。為簡化起見，本例中考慮原材料成本。

用表 6-3 來表示採用單獨計算廢品成本（方法一）和不單獨計算廢品成本（方法二）兩種方法計算產品成本結果的差異。

表 6-3 廢品計算方法比較表　　　　　　　　　　　　　單位：元

項目	方法一	方法二
生產費用	2,160,000	2,160,000
約當產量	10,000	9,000
約當產量單位成本	216	240
合格品成本	1,080,000	1,200,000
加：正常廢品成本	216,000	0
完工產品成本	1,296,000	1,200,200
期末在產品成本	864,000	960,000

從表 6-3 的計算結果可以看出，由於方法二不單獨計算廢品成本，因而忽略了廢品的約當產量，降低了約當總產量，其結果是完工產品成本被低估（是 1,200,000 元而不是 1,296,000 元），而期末在產品成本中又包含了 96,000 元的廢品成本（1,296,000-1,200,000）。實際上，這些廢品成本與在產品無關，應屬於完工產品。期末在產品在下一個會計期間還要繼續加工，還會產生新的廢品。這樣，如果採用方法二，4,000 單位的在產品就承擔了兩次廢品成本，這個結果顯然是不合理的。而方法一由於單獨計算廢品成本，因而在計算約當產量時也考慮了廢品的約當產量，因而，成本扭曲的情況就不會出現。此外，方法一還有助於向管理當局提供廢品成本，從而使得管理當局將降低成本的重點放在減少廢品數量上。

(二) 可修復廢品損失的歸集

可修復廢品返修發生的各種費用，應根據各種費用分配表，記入「廢品損失」科目的借方。其回收的殘料價值和應收的賠款，應從「廢品損失」科目的貸方，轉入「原材料」和「其他應收款」科目的借方。廢品修復費用減去殘料和賠款後的廢品淨損失，也應從「廢品損失」科目的貸方轉入「基本生產成本」科目的借方，在所屬有關的產品成本明細帳中，記入「廢品損失」成本科目。

在不單獨核算廢品損失的企業中，不設立「廢品損失」科目和成本項目，只在回收廢品殘料時，借記「原材料」科目，貸記「基本生產成本」科目，並從所屬有關產品成本明細帳的「原材料」成本項目中扣除殘料價值。「基本生產成本」科目和所屬有關產品成本明細帳歸集的完工產品總成本，除以扣除廢品數量以後的合格品數量，就是合格品的單位成本。

(三) 廢品損失核算的帳務處理

(1) 不可修復廢品的生產成本，應根據不可修復廢品計算表計算：

借：廢品損失
　貸：生產成本——基本生產成本

(2) 可修復廢品的修復費用，應根據各種費用分配表計算：

借：廢品損失
　貸：原材料
　　　應付職工薪酬
　　　製造費用

(3) 廢品殘料的回收價值和應收的賠款，應從「廢品損失」科目的貸方轉出：

借：原材料（或其他應收款）
　貸：廢品損失

(4) 「廢品損失」科目上述借方發生額大於貸方發生額的差額，就是廢品損失，分配轉由本月同種產品的成本負擔：

借：基本生產成本
　貸：廢品損失

通過上述歸集和分配，「廢品損失」科目月末沒有餘額。

【例6-6】基本生產車間甲零件驗收時發現2件可修復廢品，為工人王力加工時違反操作規程損壞，按規定應賠償10元。此外，修復時發生修復費用為：原材料13元，工資2元，職工福利費0.28元。則根據相關憑證編製費用分配表（略），並編製會計分錄如下：

①歸集修復費用

借：廢品損失——甲零件　　　　　　　　　　　　15.28
　貸：原材料　　　　　　　　　　　　　　　　　　　　13
　　　應付職工薪酬　　　　　　　　　　　　　　　　2.28

②應收責任者賠款
借：其他應收款——王力　　　　　　　　　　　　　　10
　　貸：廢品損失——甲零件　　　　　　　　　　　　　　　10
(5) 廢品損失的其他核算過程：
①產品入庫後由於保管不善等原因而損壞變質的產品：
借：待處理財產損溢
　　貸：庫存商品
借：管理費用（管理不善損壞部分）
　　營業外支出（自然災害損壞部分）
　　原材料（入庫的殘料價值）
　　其他應收款（責任人賠償）
　　貸：待處理財產損溢
②可以降價出售的不合格品：
借：銀行存款
　　貸：其他業務收入
借：其他業務成本
　　貸：庫存商品

【例6-7】新華企業各種費用分配表中列示甲產品可修復廢品的修復費用為：原材料2,130元，應付生產工人工資850元，提取職工福利費119元，製造費用1,360元。不可修復廢品按定額成本計價。不可修復廢品損失計算表中列示甲產品不可修復廢品的定額成本資料為：不可修復廢品5件，每件原材料費用定額100元，每件定額工時30小時，每小時工資及福利費3元及製造費用4元。可修復廢品和不可修復廢品的殘料價值160元作為輔助材料入庫，另應由過失人賠償120元，廢品淨損失由當月同種產品成本負擔。

要求：(1) 計算甲產品不可修復廢品的生產成本。
(2) 計算甲產品可修復廢品和不可修復廢品的淨損失。
(3) 編製有關的會計分錄。

可修復廢品的修復費用 = 2,130+850+119+1,360 = 4,459（元）
不可修復廢品的生產成本 = 5×100+30×3×5+30×4×5 = 1,550（元）
廢品淨損失 = 4,459+1,550-160-120 = 5,729（元）
會計分錄如下：
①歸集可修復廢品的修復費用時：
借：廢品損失——甲產品　　　　　　　　　　　　　4,459
　　貸：原材料　　　　　　　　　　　　　　　　　　　2,130
　　　　應付職工薪酬——工資　　　　　　　　　　　　　850
　　　　　　　　　　　——福利費　　　　　　　　　　　119
　　　　製造費用　　　　　　　　　　　　　　　　　1,360

②結轉不可修復廢品的生產成本時：
借：廢品損失——甲產品　　　　　　　　　　　　1,550
　　貸：基本生產成本——甲產品　　　　　　　　　　　1,550
③殘料入庫時：
借：原材料　　　　　　　　　　　　　　　　　　160
　　貸：廢品損失　　　　　　　　　　　　　　　　　　160
④應由過失人賠款：
借：其他應收款　　　　　　　　　　　　　　　　120
　　貸：廢品損失　　　　　　　　　　　　　　　　　　120
⑤轉廢品淨損失：
借：基本生產成本——甲產品　　　　　　　　　　5,729
　　貸：廢品損失　　　　　　　　　　　　　　　　　　5,729

第三節　停工損失的歸集和分配

一、停工損失的歸集

（一）停工損失的含義

停工損失是指生產車間或車間內某個班組在停工期間發生的各項費用，包括停工期間發生的原材料費用、工資及福利費和製造費用等。應由過失單位或保險公司負擔的賠款，應從停工損失中扣除。為了簡化核算工作，停工不滿一個工作日的，一般不計算停工損失。

季節性生產企業在停工期間內發生的費用，應當由開工期內的生產成本負擔，不作為停工損失。

（二）停工損失的核算

為了單獨核算停工損失，在會計科目中應增設「停工損失」科目；在成本項目中應增設「停工損失」項目。「停工損失」科目是為了歸集和分配停工損失而設立的。該科目應按車間設立明細帳，帳內按成本項目分設專欄或專行，進行明細核算。停工期間發生、應該計入停工損失的各種費用，都應在該科目的借方歸集：借記「停工損失」科目，貸記「原材料」「應付工資」「應付福利費」和「製造費用」等科目。歸集在「停工損失」科目借方的停工損失，其中應取得賠償的損失和應計入營業外支出的損失，應從該科目的貸方分別轉入「其他應收款」和「營業外支出」科目的借方；應計入產品成本的損失，則應從該科目的貸方分別轉入「基本生產成本」科目的借方。

應計入產品成本的停工損失，如果停工的車間只生產一種產品，應直接記入該種產品成本明細帳的「停工損失」成本項目；如果停工的車間生產多種產品，則應採用適當

的分配方法（如採用類似於分配製造費用的方法），分配記入該車間各種產品成本明細帳的「停工損失」成本項目。

注意區分季節性生產企業在季節性停工期間費用的歸集和分配與非季節性生產企業在停工期間發生費用的歸集與分配。

【例6-8】某廠第一車間本月由於設備大修理停工 5 天，停工期間應支付生產工人工資5,000 元，應提取福利費 700 元，應分攤製造費用 1,000 元。第二車間由於外部電路原因停工 3 天，停工期間損失材料費用 6,000 元，應支付生產工人工資 4,000 元，應提取福利費 560 元，應分攤製造費用 600 元。根據資料，編製會計分錄如下：

```
借：停工損失——第一車間                  6,700
          ——第二車間                  11,160
  貸：原材料                            6,000
      應付職工薪酬                     10,260
      製造費用——第一車間                1,000
              ——第二車間                  600
```

二、停工損失的分配

企業「停工損失」帳戶歸集的停工損失，應當根據發生停工的原因進行分配和結轉。可以獲得賠償的停工損失，應當積極索賠，並衝減停工損失；由自然災害等引起的非正常停工損失，應計入營業外支出；機器設備大修理期間停工等正常停工損失，應計入產品成本。計入產品成本的停工損失，如果停工的生產單位只生產一種產品，可直接記入該種產品生產成本明細帳中單獨設置的「停工損失」成本項目上；如果停工的生產單位生產多種產品，可以採用分配製造費用的方法在各種產品之間進行分配以後，分別記入該生產單位各種產品生產成本明細帳中的「停工損失」成本項目。

【例6-9】假設在【例6-8】中，第一車間只生產甲產品，停工損失 6,700 元全部進入甲產品成本；第二車間的非正常停工損失為 11,160 元，市供電局已同意賠償 6,000 元，淨損失 5,160 元列作營業外支出。有關索賠和分配結轉停工損失的會計分錄如下：

```
借：其他應收款——市供電局                6,000
  貸：停工損失——第二車間                  6,000
借：生產成本——基本生產成本——第一車間（甲產品）  6,700
    營業外支出——非常損失                  5,160
  貸：停工損失——第一車間                  6,700
            ——第二車間                  5,160
```

為了簡化核算，企業也可以不設置「停工損失」總分類帳和「停工損失」成本項目。停工期間發生的屬於停工損失的各種費用，應計入產品成本的直接記入「製造費用」（「停工損失」費用項目），非正常停工損失，直接記入「營業外支出」。但這種簡化處理不利於對停工損失的分析和控制。

【思考練習】

一、單項選擇題

1. 下列各項中，不屬於廢品損失的是（　　）。
   A. 可以降價出售的不合格產品的降價損失
   B. 可修復廢品的修復費用
   C. 不可修復廢品的生產成本扣除回收殘料價值以後的損失
   D. 生產過程中發現的和入庫後發現的不可修復廢品的生產成本
2. 生產過程中發現的或入庫後發現的各種產品的廢品損失，應包括（　　）。
   A. 不可修復廢品的報廢損失　　　B. 廢品過失人員賠償款
   C. 實行「三包」的損失　　　　　D. 管理不善損壞變質損失
3. 下列關於停工損失的說法中，不正確的是（　　）。
   A. 停工損失中的原材料、水電費、人工費等，一般可根據有關原始憑證確認後直接計入停工損失
   B. 停工不滿一個工作日的，一般不計算停工損失
   C. 由於自然災害等引起的非生產停工損失，計入營業外支出
   D. 應取得賠償款的停工損失，計入管理費用
4. 不可修復廢品是指（　　）。
   A. 技術上不可修復的廢品
   B. 修復費用過大的廢品
   C. 雖然技術上可修復但所花費的修復費用在經濟上不合算的廢品
   D. 包括 A 和 C

二、多項選擇題

1. 「廢品損失」帳戶借方登記的內容是（　　）。
   A. 不可修復廢品的實際成本　　　B. 不可修復廢品回收的殘料價值
   C. 可修復廢品的修復費用　　　　D. 可修復廢品返修前的實際成本
2. 結轉廢品淨損失應做的會計分錄是（　　）。
   A. 借記「製造費用」　　　　　　B. 借記「基本生產成本」
   C. 貸記「廢品損失」　　　　　　D. 貸記「基本生產成本」
3. 可修復廢品應具備的條件是（　　）。
   A. 只要能修復就行　　　　　　　B. 在技術上可以修復
   C. 在經濟上合算　　　　　　　　D. 不必考慮修復費用的多少
4. 下列（　　）不應作為廢品損失處理。
   A. 不需返修而降價出售的不合格品

B. 產成品入庫後，由於保管不善等原因而損壞變質的損失
C. 出售後發現的廢品，由於退回廢品而支付的運雜費
D. 實行「三包」（包退、包修、包換）的企業，在產品出售後發現的廢品，所發生的一切損失

三、實務操作題

（一）練習不可修復廢品損失的核算

【資料】海東企業2019年7月生產車間生產甲產品，本月完工240件，經檢驗發現其中5件為不可修復廢品。甲產品生產成本明細帳上所列示的合格品和廢品的生產費用為：直接材料60,000元，直接人工24,000元，製造費用14,700元，合計98,700元。甲產品耗用工時為：合格品5,910小時，廢品90小時，合計6,000小時。原材料系生產開始時一次投入，廢品回收的殘料計價320元，應由責任人賠償150元。

【要求】1. 根據以上資料編製廢品損失計算表（見表6-4）。

2. 根據廢品損失計算表編製會計分錄。

表6-4　廢品損失計算表

產品：
車間：　　　　　　　　　　　　　　　　年　　月　　　　　　　　　單位：元

項目	數量（件）	直接材料	生產工時（小時）	直接人工	製造費用	合計
合格品和廢品生產費用						
費用分配率						
廢品的生產成本						
減：廢品殘值						
應收賠償款						
廢品損失						

（二）練習不可修復廢品損失的核算

【資料】海東企業2019年7月生產車間在生產乙產品的過程中，產生不可修復廢品12件，按其所耗定額費用計算廢品的生產成本。其直接材料費用定額為35元，已完成的定額工時共計56小時，每小時的費用定額為直接人工2.5元、製造費用3元，廢品殘料回收價值為140元。

【要求】1. 根據以上資料編製廢品損失計算表（見表6-5）。

2. 根據廢品損失計算表編製會計分錄。

表 6-5　廢品損失計算表

產品：
車間：　　　　　　　　　　　　　年　月　　　　　　　　　　單位：元

項目	直接材料	定額工時	直接人工	製造費用	合計
單位產品的費用定額					
廢品的定額成本					
減：殘值					
廢品損失					

(三) 練習可修復廢品修復費用的核算

【資料】海東企業 2019 年 7 月生產車間在生產丙產品的過程中，產生 10 件可修復廢品。在返修過程中共發生材料費用 230 元，耗用工時 40 小時，單位小時工資率 3 元，單位小時費用率 2 元。

【要求】1. 計算修復費用。

2. 編製有關的會計分錄。

(四) 練習停工損失的核算

【資料】海東企業 2019 年 7 月生產車間因故障停工一週，停工期間發生如下費用：生產工人工資 3,000 元，計提福利費 420 元，製造費用 1,600 元。經查，停工系某職工違規操作造成，應由其賠償 1,000 元，其餘由該車間生產的甲、乙兩種產品按生產工時比例分配負擔。甲產品的生產工時為 18,000 小時，乙產品的生產工時為 12,000 小時。

【要求】1. 計算該車間的停工淨損失。

2. 在甲、乙兩種產品之間分配停工淨損失。

3. 編製有關的會計分錄。

第七章　生產費用在完工產品及在產品之間的歸集與分配

【案例導入】

劉明到一家化工廠實習，生產產品的設備是一個個容積很大、密封的罐體。他瞭解到各種原料和助劑都是在這些罐體中進行化學反應。劉明有些疑惑：月末用什麼辦法知道在產品的數量，並且計算出完工產品的成本呢？

你能幫他解開疑惑嗎？

【學習目標】

學習和把握在產品的含義、數量及清查；掌握企業在生產經營過程中發生的生產費用，經過各種產品之間的分配和歸集之後，應計入本月各種產品成本的生產費用，都已反應在「基本生產成本」科目及所屬明細科目中；理解計算產品成本，還需加上期初在產品成本，然後將其在本期完工產品和期末在產品之間進行分配，計算本月完工產品成本；熟練運用歸集在「基本生產成本」科目的生產費用在完工產品和月末在產品之間分配的程序和方法。

第一節　在產品數量的確定及清查核算

一、在產品數量的核算

（一）在產品的定義

在產品是指沒有完成全部生產過程、不能作為商品銷售的產品。在產品有狹義和廣義之分。狹義在產品是指在某一生產車間或某一生產步驟內進行加工的在製品，以及正在返修的廢品和已完成本車間生產但尚未驗收入庫的半成品。廣義在產品是從整個企業範圍來定義的，是指從材料投入生產開始，到最後制成產品交驗入庫等待出售前的一切未完工產品，不僅包括狹義在產品，還包括已經完成部分加工階段，已由中間倉庫驗收但還需繼續加工的半成品、未驗收入庫的產成品，以及等待返修的廢品。不準備在本企業繼續加工、等待對外銷售的自制半成品，應作為商品產品，不應列入在產品範圍；不可修復廢品也不應列入在產品範圍。本章所指的在產品為狹義在產品。

核算在產品數量，主要應做好兩項工作：一是在產品收發結存的日常核算工作，二是在產品的清查工作。做好這兩項工作，不僅可以從帳面上隨時掌握在產品的動態，

還可以查清在產品的實際數量，對於正確計算產品成本、加強生產資金管理和保護企業財產安全，具有十分重要的意義。

1. 在產品日常收發結存的核算工作

在產品收發結存的日常核算，通常是在車間內按產品品種和在產品名稱（如零件、部件的名稱）設置「在產品收發結存帳」（也叫「在產品臺帳」）進行核算，以便用來反應在產品的收入、發出和結存的數量。根據生產工藝的特點和管理的要求，有的還進一步按加工工序、工藝流程組織在產品的數量核算。各車間應認真做好在產品的計算、驗收和交接工作，並在此基礎上，根據領料憑證、在產品內部轉移憑證、產品檢驗憑證和產成品、自制半成品的庫憑證，及時登記在產品收發結存帳。該帳可由車間核算人員登記；也可由各班組工人核算員登記，由車間核算人員審核匯總。其格式如表 7-1 所示。

表 7-1　在產品收發結存帳

車間：第一車間　　　　　　　2019 年 6 月　　　　　　　零件名稱：B

年		摘要	收入		轉出			結存	
月	日		憑證號	數量	憑證號	合格品	廢品	完工	未完工
6	3		85	90	148	70		15	5
	8		112	60	152	42	1	10	7
	…		…	…	…	…		…	…
		合計		430		350	5	75	30

2. 在產品定期盤點清查工作

為了核實在產品的數量，保護在產品的安全完整，企業必須認真做好在產品的清查工作。在產品應定期進行清查，也可不定期地進行輪流清查。在產品清查後，應根據盤點結果和帳面資料編製在產品盤存表，列明在產品的帳面數、實存數、盤盈盤虧數以及盤虧的原因和處理意見等資料；對於報廢和毀損的在產品，還要登記殘值。成本核算人員應對產品盤存表所列各項資料進行認真的審核，並且根據清查結果進行帳務處理。

(二) 在產品數量的計算

企業在生產過程中發生的生產費用，經過在各種產品之間進行分配和歸集，應計入本月各種產品成本的生產費用，其都已集中反應在「基本生產成本」帳戶和所屬各種產品成本明細帳中。月末，企業生產的產品有三種情況：一是產品已全部完工，產品成本明細帳中歸集的生產費用（如果有月初在產品，還包括月初在產品費用）之和，就是該完工產品的成本；二是如果當月全部產品都沒有完工，產品成本明細帳中歸集的生產費用之和，就是該種在產品的成本；三是如果既有完工產品又有在產品，產品成本明細帳中歸集的生產費用之和，應在完工產品和月末在產品之間採用適當的分配方法，進行生產費用的歸集和分配，以計算完工產品和月末在產品的成本。

月初在產品費用、本月生產費用與本月完工產品費用、月末在產品費用之間的關係，可以用下列公式表達：

月初在產品費用+本月生產費用＝本月完工產品費用+月末在產品費用

公式的前兩項是已知數，後兩項是未知數；前兩項的費用之和，在完工產品和月末在產品之間採用一定的方法進行分配。分配的方法有二：一是先計算確定月末在產品成本，然後倒算出完工產品成本；二是將公式前兩項之和按照一定比例在完工產品和月末在產品之間進行分配，同時求得完工產品成本和月末在產品成本。

無論採用哪一種方法，各月末在產品的數量和費用的大小以及數量或費用變化的大小，對於完工產品成本計算都有很大影響。欲計算完工產品的成本，需取得在產品增減動態和實際結存的數量資料，因而需正確組織在產品收發結存的數量核算。

二、在產品清查的核算

為了核實在產品的數量，保護在產品的安全完整，企業必須認真做好在產品的清查工作。清查可以定期進行，也可以不定期進行。清查時，應根據盤點結果和帳面資料編製在產品盤存表，填製在產品的帳面數、實存數和盤盈盤虧數以及盤虧的原因和處理意見等；對於報廢和毀損的在產品，還應登記其殘值。成本核算人員應對在產品的清查結果進行審核，並進行如下帳務處理：為了核實在產品的數量，必須做好在產品的清查工作。應根據清查的結果編製在產品盤點表，並與在產品收發結存帳相核對，如果帳實不符，應查明盈虧原因並及時處理。

發生在產品盤盈時：
借：生產成本——基本生產成本
　貸：待處理財產損溢
借：待處理財產損溢
　貸：管理費用
發生在產品盤虧、毀損，以及非正常損失時：
借：待處理財產損溢
　貸：生產成本——基本生產成本
借：待處理財產損溢
　貸：應交稅費——應交增值稅（進項稅額轉出）
借：管理費用（定額內損失，管理不善造成的損失）
　　其他應收款（應由過失人賠償的）
　　營業外支出（非正常損失的部分）
　貸：待處理財產損溢

第二節　生產費用在完工產品及在產品之間的分配方法

生產費用在完工產品和月末在產品之間的分配，是產品成本計算工作的一個重要

方面。特別是在產品結構複雜、加工零部件種類和加工工序較多的企業尤其如此。企業應當根據在產品費用的投入程序、月末在產品數量的多少、各月月末在產品數量變化的大小、產品成本中各成本項目費用比重的大小以及企業定額管理基礎工作的好壞等具體情況，選擇既合理又簡便的分配方法。通常，可供選擇的分配方法主要有以下幾種：

一、不計算期末在產品成本

這種方法是本月發生的產品費用，全部由其完工產品成本負擔。一般在各月月末的在產品數量很小，算不算在產品成本對完工產品成本影響不大時，為簡化核算工作，可以不計算在產品成本。不計算在產品成本法，即假設在產品的成本為零，因而，全部生產費用由完工產品承擔。

該方法適用於企業月末雖然有在產品，但在產品數量很少，價值很低，算不算在產品成本對完工產品成本的影響很小，且各月月末在產品數量比較穩定。例如自來水生產企業、發電企業、採掘企業等單位都可以採用這種方法確定完工產品成本。其計算公式為：

本月完工產品成本＝本月發生的生產費用

二、在產品成本按年初數固定計算

這種方法是指年內各月在產品成本按年初在產品成本數計算，固定不變。這樣，年內各月初、月末在產品成本相等，本月該種產品發生的全部生產費用就是當月該種完工產品的實際總成本。

本月完工產品成本＝本月發生的生產費用

這種方法適用於各月月末在產品結存數量較少，或者雖然在產品結存數量較多，但各月月末在產品數量穩定、起伏不大的產品。例如冶煉企業和化工企業，由於高爐和化學反應裝置的容器固定，在產品數量較穩定，則可採用這種方法。採用在產品按年初數固定計算的方法時，對於每年年末在產品，則需要根據實際盤存資料，採用其他方法計算在產品成本，以免在產品以固定不變的成本計價延續時間太長，使在產品成本與實際出入過大而影響產品成本計算的正確性和導致企業存貨資產反應失實。

三、在產品成本按所耗原材料計算

假設在產品的成本結構中，加工費用的結構比較低，因而，在計算在產品成本時，可以將加工費全部分配給完工產品，而在產品僅承擔原材料費用。將原材料費用在完工產品和在產品之間進行分配時採用的分配標準有完工產品和在產品的產量、體積等。

這種方法適用於各月在產品數量多，各月在產品數量變化較大，且原材料費用在產品成本中所占比重較大的產品。例如紡織、造紙、釀酒等企業生產的產品，原材料成本占產品成本的比重的70%左右。採用這種方法，本月完工產品成本等於月初在產品直接材料成本加上當月發生的生產費用，減去月末在產品直接材料成本。

【例7-1】某工業企業甲產品的原材料在生產開始時一次性投入，產品成本中的原

材料費用所占比重很大，月末在產品按其所耗原材料費用計價。其 2019 年 12 月初在產品費用為 8,000 元。該月生產費用為：直接材料 16,000 元，直接人工 3,000 元，製造費用 4,000 元。該月完工產品 500 件，月末在產品 300 件。完工產品成本為（　　）元。

  A. 15,000　　　　　　　　　　B. 22,000
  C. 9,000　　　　　　　　　　 D. 18,000
【正確答案】B
【答案解析】
甲產品原材料費用分配率＝（8,000+16,000）÷（500+300）＝30（元/件）
甲產品完工產品原材料費用＝500×30＝15,000（元）
甲產品月末在產品原材料費用（即月末在產品成本）＝300×30＝9,000（元）
甲產品完工產品成本＝15,000+3,000+4,000＝22,000（元）

四、在產品成本按完工產品成本計算法

  當在產品的完工程度接近完工產品時或在產品已經完工但未辦理入庫手續時，可以將在產品作為完工產品，將生產費用按在產品和完工產品的數量比例進行分配。這種方法適用於月末在產品已接近完工，或產品已經加工完畢但尚未包裝或尚未驗收入庫的產品。

五、約當產量比例分配法

  採用約當產量比例法，應將月末在產品數量按照完工程度折算為相當於完工產品的產量，即約當產量，然後將產品應負擔的全部成本按照完工產品產量和月末在產品約當產量的比例分配計算完工產品成本和月末在產品成本。將實際結存的在產品數量按其完工程度折合為大約相當的完工產品產量，稱為在產品的約當產量。由於生產產品時，企業採用的投料方式不同，因而，原材料費用和加工費用在折合約當產量時運用的完工程度系數不同。

  約當產量比例法適用範圍較廣，特別適用於月末在產品數量較大，各月月末在產品數量變化也較大，產品成本中原材料費用和工資及福利費等加工費用所占的比重相差不多的產品。

  約當產量比例法計算公式如下：

$$月末在產品約當產量＝月末在產品結存產量×在產品完工百分比$$

$$費用分配率＝\frac{月初在產品成本＋本月生產費用}{完工產品產量＋月末在產品約當產量}$$

$$完工產品總成本＝完工產品產量×費用分配率$$

$$月末在產品成本＝月末在產品約當產量×費用分配率$$

  1. 在產品加工程度的確定

  採用約當產量比例法，必須正確計算月末在產品的約當產量。而在產品約當產量正確與否，主要取決於在產品完工程度的測定。測定在產品完工程度的方法一般有

兩種：

（1）按 50% 計算，即一律按 50% 作為各工序在產品的完工程度。

（2）按工序分別確定，即可以按照各工序的累計工時定額占完工產品工時定額的比率，事前確定各工序在產品的完工率。計算公式如下：

$$某工序在產品完工率 = \frac{前面各工序工時定額之和 + 本工序工時定額 \times 50\%}{產品工時定額}$$

公式中，本工序工時定額之所以乘以 50%，是因為該工序中各件在產品的完工程度不同，為簡化完工率的測算工作，在本工序一律按平均完工率 50% 計算。在產品在上一道工序轉入下一道工序時，因為上一道工序已完工，所以前面各工序的工時定額應按 100% 計算。

【例 7-2】蘇悅公司丙產品的單位工時定額為 20 小時，經過三道工序制成。2019 年 6 月完工 200 件，在產品 120 件。月初加本月發生的費用為：原材料費用 16,000 元，工資及福利費用 7,980 元，製造費用 8,512 元。材料在生產開始時一次投入。第一道工序工時定額 4 小時，在產品 20 件；第二道工序工時定額 8 小時，在產品 40 件；第三道工序工時定額 8 小時，在產品 60 件；每道工序內各件在產品按平均完工率 50% 計算。則計算分配結果如下：

（1）各工序完工率計算：

第一道工序 =（4×50%）÷20×100% = 10%

第二道工序 =（4+8×50%）÷20×100% = 40%

第三道工序 =（4+8+8×50%）÷20×100% = 80%

（2）各工序約當產量計算：

第一道工序 = 20×10% = 2（件）

第二道工序 = 40×40% = 16（件）

第三道工序 = 60×80% = 48（件）

該產品在產品全部加工約當產量 = 2+16+48 = 66（件）

約當產量計算表如表 7-2 所示。

表 7-2　約當產量計算表

產品名稱：丙產品　　　　　　　　2019 年 6 月　　　　　　　　　　單位：件

在產品工序	完工率（%）	在產品數量 結存量	在產品數量 約當產量	完工產品數量	產量合計
第一道	10	20	2		
第二道	40	40	16		
第三道	80	60	48		
合計	—	120	66	200	266

2. 在產品投料程度的確定

（1）原材料於生產開始時一次性投入。

企業生產產品所耗用的原材料有可能是在生產開始時一次性投入的，例如造紙、服裝等行業。這時，完工產品和月末在產品都視同完工程度為100%的產品，則分配材料費用時，約當產量即是完工產品數量與月末在產品數量之和。

（2）原材料隨加工進度陸續投入，各工序的原材料消耗定額及其完工率，以及原材料費用分配計算公式如下：

$$\text{某道工序在產品投料率} = \frac{\text{前面各工序投料定額之和} + \text{本工序投料定額} \times 50\%}{\text{單位產品材料消耗定額}} \times 100\%$$

公式中，本工序投料定額之所以乘以50%，是因為該工序中各件在產品的投料程度不同，為簡化投料率的測算工作，在本工序一律按平均投料率50%計算。在產品在上一道工序轉入下一道工序時，因為上一道工序已完工，所以前面各工序的投料定額應按100%計算。

（3）原材料於各工序開始時一次性投入。由於各道工序在產品在該道工序的投料率為100%，因而計算在產品投料率的公式變為：

$$\text{某道工序在產品投料率} = \frac{\text{到本工序位置的累計投料定額之和}}{\text{單位產品材料消耗定額}} \times 100\%$$

【例7-3】某種產品需經兩道工序制成，原材料消耗定額為120千克，其中第一道工序原材料消耗定額為30千克，第二道工序原材料消耗定額為90千克。月末在產品數量第一道工序為1,000件，第二道工序為3,000件。完工產品為4,000件。

（1）假設材料在每道工序都是陸續投入的，則約當產量計算表如表7-3所示。

表7-3　原材料約當產量計算表

工序	原材料消耗定額	投料率	在產品約當產量	完工產品產量	產量合計
一	30	30×50%÷120＝12.5%	1,000×12.5%＝125		
二	90	(30+90×50%)÷120＝62.5%	3,000×62.5%＝1,875		
合計	120		2,000	4,000	6,000

（2）假設材料在每道工序開始時一次性投入，則約當產量計算表如表7-4所示。

表7-4　原材料約當產量計算表

工序	原材料消耗定額	投料率	在產品約當產量	完工產品產量	產量合計
一	30	30÷120＝25%	1,000×25%＝250		
二	90	(30+90)÷120＝100%	3,000×100%＝3,000		
合計	120		3,250	4,000	7,250

【例7-4】某公司C產品本月完工產品產量3,000件，在產品數量400件，完工程度按平均50%計算；材料在開始生產時一次性投入，其他成本按約當產量比例分配。C產品本月月初在產品和本月耗用直接材料成本共計136萬元，直接人工成本64萬元，

製造費用 96 萬元。

C 產品各項成本的分配計算如下：

由於材料在開始生產時一次性投入，因此應按完工產品和在產品的實際數量比例進行分配，不必計算約當產量。

(1) 直接材料成本的分配：

直接材料單位成本＝136÷（3,000+400）＝0.04（萬元/件）

完工產品應負擔的直接材料成本＝3,000×0.04＝120（萬元）

在產品應負擔的直接材料成本＝400×0.04＝16（萬元）

(2) 直接人工成本的分配：

直接人工成本和製造費用均應按約當產量進行分配，在產品 400 件折合約當產量 200 件（400×50%）。

直接人工單位成本＝64÷（3,000+200）＝0.02（萬元/件）

完工產品應負擔的直接人工成本＝3,000×0.02＝60（萬元）

在產品應負擔的直接人工成本＝200×0.02＝4（萬元）

(3) 製造費用的分配

製造費用單位成本＝96÷（3,000+200）＝0.03（萬元/件）

完工產品應負擔的製造費用＝3,000×0.03＝90（萬元）

在產品應負擔的製造費用＝200×0.03＝6（萬元）

(4) 匯總 C 產品完工產品成本和在產品成本

C 產品本月完工產品成本＝120+60+90＝270（萬元）

C 產品本月在產品成本＝16+4+6＝26（萬元）

六、定額比例分配法

採用定額比例法，產品的生產成本在完工產品和月末在產品之間按照兩者的定額消耗量或定額成本比例分配。其中直接材料成本，按直接材料的定額消耗量或定額成本比例分配。直接人工等加工成本，可以按各該定額成本的比例分配，也可按定額工時比例分配。這種方法的關鍵是計算完工產品和在產品的分配率。這種方法適用於各項消耗定額或費用定額比較準確、穩定，但各月月末在產品數量變化較大的產品。

【例 7-5】採用定額比例法分配完工產品和月末在產品費用，應具備的條件有（　　）。(多項選擇題)

　　A. 各月月末在產品數量變化較大

　　B. 各月月末在產品數量變化不大

　　C. 消耗定額或成本定額比較穩定

　　D. 消耗定額或成本定額波動較大

【正確答案】AC

採用定額比例法時，如果原材料費用按定額原材料費用比例分配，各項加工費用均按定額工時比例分配，其分配計算公式如下：

$$費用分配率 = \frac{月初在產品費用 + 本月生產費用}{完工產品定額原材料費用或定額工時 + 月末在產品定額原材料費用或定額工時}$$

或：

$$費用分配率 = \frac{月初在產品費用 + 本月生產費用}{月初在產品定額原材料費用或定額工時 + 本月投入原材料定額費用或定額工時}$$

註：以定額原材料費用為分母算出的費用分配率，是原材料的費用分配率；以定額工時為分母算出的費用分配率，是工資及福利費等各項加工費用的分配率。

完工產品實際原材料費用＝完工產品定額原材料費用×原材料費用分配率

月末在產品實際原材料費用 ＝ 月末在產品定額原材料費用 × 原材料費用分配率 ＝ 月初在產品實際原材料費用 + 本月實際原材料費用 － 完工產品實際原材料費用

完工產品某項加工費用＝完工產品定額工時×該項費用分配率

月末在產品某項加工費用＝月末在產品定額工時×該項費用分配率

【例 7-6】某工業企業 2019 年 6 月甲產品成本明細帳部分數據如表 7-5 所示。

表 7-5　甲產品成本明細帳部分數據　　　　　　　　單位：元

月	日	摘要		直接材料	直接人工	製造費用	合計
5	31	餘額		2,450	3,000	2,000	7,450
6	30	本月生產費用		8,000	13,000	10,000	31,000
6	30	累計					
		分配率					
6	30	完工產品	定額	8,000	3,000 時	—	
			實際				
6	30	月末在產品	定額	3,000	1,000 時	—	
			實際				

採用定額比例法分配費用（直接材料費用按定額費用比例分配，其他費用按定額工時比例分配），計算結果如表 7-6 所示。

表 7-6　甲產品成本明細帳　　　　　　　　單位：元

月	日	摘要	直接材料	直接人工	製造費用	合計
5	31	餘額	2,450	3,000	2,000	7,450
6	30	本月生產費用	8,000	13,000	10,000	31,000
6	30	累計	10,450	16,000	12,000	38,450
		分配率	0.95	4	3	

表7-6(續)

月	日	摘要		直接材料	直接人工	製造費用	合計
6	30	完工產品	定額	8,000	3,000 時		
			實際	7,600	12,000	9,000	28,600
6	30	月末在產品	定額	3,000	1,000 時		
			實際	2,850	4,000	3,000	9,850

（1）直接材料
分配率 =（2,450+8,000）÷（8,000+3,000）= 0.95
完工產品直接材料 = 8,000×0.95 = 7,600（元）
在產品直接材料 = 3,000×0.95 = 2,850（元）
（2）直接人工
分配率 =（3,000+13,000）÷（3,000+1,000）= 4
完工產品直接人工 = 3,000×4 = 12,000（元）
在產品直接人工 = 1,000×4 = 4,000（元）
（3）製造費用
分配率 =（2,000+10,000）÷（3,000+1,000）= 3
完工產品製造費用 = 3,000×3 = 9,000（元）
在產品製造費用 = 1,000×3 = 3,000（元）

採用定額比例法分配完工產品與月末在產品費用，不僅分配結果比較正確，同時還便於將實際費用與定額費用相比較，以考核定額的執行情況。但是，採用定額比例法，在月初消耗定額或費用定額降低時，如果月末在產品定額消耗是採用前述倒擠的方法計算的，那麼月初在產品定額消耗應按新的定額重新計算。否則，由於本月定額費用和本月完工產品定額費用均已按降低後的定額計算，月初在產品應降低而未降低的定額費用，全部擠入月末在產品定額費用中，使月末在產品定額費用虛增，從而使月末在產品所負擔的實際費用虛增，影響完工產品和月末在產品之間費用分配的合理性。若定額增加時，則會導致相反的結果。同時按新定額重新計算月初在產品定額費用，會增加核算的工作量。這就要求採用定額比例法時定額不僅要準確，而且要比較穩定。

七、在產品成本按定額成本計算法

採用在產品按定額成本計價法，月末產品成本按定額成本計算，該種產品的全部成本（如果有月初在產品，包括月初在產品成本在內）減去按定額成本計算的月末在產品成本，餘額作為完工產品成本；每月生產成本脫離定額的節約差異或超支差異全部計入當月完工產品成本。這種方法適用於各項消耗定額或成本定額比較準確、穩定，而且各月月末在產品數量變化不是很大的產品。

運用該方法，首先以在產品的定額單價計算在產品的定額成本，完工產品實際成

本可用倒擠的方法計算，計算公式為完工產品成本＝月初在產品的定額成本＋本月生產費用發生額－月末在產品定額成本。

在產品定額成本的計算公式為：

在產品直接材料定額成本＝在產品數量×材料消耗定額×材料計劃單價

在產品直接人工定額成本＝在產品數量×工時定額×計劃小時工資率

在產品製造費用定額成本＝在產品數量×工時定額×計劃小時費用率

【例7-7】甲產品各項消耗定額比較準確、穩定，各月在產品數量變化不大，月末在產品按定額成本計價。該種產品原材料消耗定額為50元，原材料在生產開始時一次性投入。該種產品每小時費用定額為：直接人工4元，製造費用3元。該種產品5月份的完工產品為300件。各項費用的累計數為：直接材料22,300元，直接人工9,200元，製造費用7,000元，合計38,500元。

甲產品月末在產品定額工時如表7-7所示。

表7-7　甲產品月末在產品定額工時

工序	月末在產品數量（件）	工時定額（小時）	累計工時定額	月末在產品定額工時（小時）
第一工序	80	4		
第二工序	70	2		
合計	150	—		

根據上述資料計算如下：

(1) 計算月末在產品定額工時如表7-8所示。

表7-8　甲產品月末在產品定時工額

工序	月末在產品數量（件）	工時定額	累計工時定額	月末在產品定額工時（小時）
第一工序	80	4	4×50%＝2	80×2＝160
第二工序	70	2	4＋2×50%＝5	70×5＝350
合計	150	—	—	160＋350＝510

(2) 各成本項目分配如下：

①直接材料：

月末在產品定額直接材料＝150×50＝7,500（元）

完工產品直接材料＝22,300－7,500＝14,800（元）

②直接人工：

月末在產品定額直接人工＝510×4＝2,040（元）

完工產品直接人工＝9,200－2,040＝7,160（元）

③製造費用：

月末在產品定額製造費用＝510×3＝1,530（元）
完工產品製造費用＝7,000－1,530＝5,470（元）

(3) 計算在產品定額成本和月末完工產品成本合計：
在產品定額成本＝7,500＋2,040＋1,530＝11,070（元）
月末完工產品成本＝14,800＋7,160＋5,470＝27,430（元）

在產品按定額成本計價，簡化了生產費用在完工產品和月末在產品之間的分配工作。但月末在產品定額成本與實際成本之間的差異，全部由本月完工產品負擔不盡合理。因此，只有在符合適用條件下採用這種方法，才能既正確又簡便地分配完工產品和月末在產品之間的費用；否則，會影響產品成本計算的正確性，不利於完工產品成本的考核和分析。

【思考練習】

一、單項選擇題

1. 月末在產品數量較大且各月月末在產品數量變化較大，產品中各成本項目費用的比重相差不大的產品，其在產品成本計算應採用（　　）。
    A. 定額成本法　　　　　　　B. 定額比例法
    C. 約當產量法　　　　　　　D. 固定成本法

2. 定額基礎管理較好，各種產品有健全、正確的定額資料的企業，月末在產品數量變化較大的產品，在產品成本的計算應採用（　　）。
    A. 定額成本法　　　　　　　B. 定額比例法
    C. 約當產量法　　　　　　　D. 固定成本法

3. 採用約當產量法，原材料費用按完工產品和月末在產品數量分配時應具備的條件是（　　）。
    A. 原材料是陸續投入的　　　B. 原材料是生產開始時一次性投入的
    C. 原材料在產品成本中所占比重大　D. 原材料按定額投入

4. 在定額管理基礎較好，消耗定額準確、穩定，而且月初、月末在產品數量變化不大的條件下，在產品成本計算應採用（　　）。
    A. 定額成本法　　　　　　　B. 定額比例法
    C. 約當產量法　　　　　　　D. 固定成本法

5. 分配加工費用時所採用的在產品的完工率是指產品（　　）與完工產品工時定額的比率。
    A. 所在工序的工時定額
    B. 前面各工序工時定額與所在工序工時定額之半的合計數
    C. 所在工序的累計工時定額
    D. 所在工序的工時定額之半

6. 如果某種產品的月末在產品數量較大，各月在產品數量變化也較大，產品成本中各項費用的比重相差不大，生產費用在完工產品與月末在產品之間分配，應採用的方法是（　　）。
  A. 不計算期末在產品成本法　　　B. 約當產量比例法
  C. 在產品按完工產品計算方法　　D. 定額比例法

7. 某企業產品經過兩道工序，各工序的工時定額分別為 30 小時和 40 小時，則第二道工序的完工率為（　　）。
  A. 68%　　　　　　　　　　　　B. 69%
  C. 70%　　　　　　　　　　　　D. 71%

8. 下列方法中不屬於完工產品與月末在產品之間分配費用方法的是（　　）。
  A. 約當產量比例法　　　　　　　B. 不計算期末在產品成本法
  C. 年度計劃分配率分配法　　　　D. 定額比例法

9. 按完工產品和月末在產品數量比例，分配計算完工產品和月末在產品成本，必須具備下列條件（　　）。
  A. 在產品已接近完工　　　　　　B. 原材料在生產開始時一次性投入
  C. 在產品原材料費用比重較大　　D. 各項消耗定額比較準確、穩定

10. 某產品經過兩道工序加工完成。第一道工序月末在產品數量為 100 件，完工程度為 20%；第二道工序的月末在產品數量為 200 件，完工程度為 70%。據此計算的月末在產品約當產量為（　　）。
  A. 20 件　　　　　　　　　　　　B. 135 件
  C. 140 件　　　　　　　　　　　D. 160 件

二、多項選擇題

1. 廣義的在產品包括（　　）。
  A. 正在車間加工的產品　　　　　　B. 完工入庫的自制半成品
  C. 已完工但尚未驗收入庫的產成品　D. 已完工且驗收入庫的產成品

2. 企業應根據（　　）的情況，考慮到管理的要求和條件，選擇適當的方法計算月末在產品成本。
  A. 在產品數量的多少　　　　　　B. 各月在產品數量變化的大小
  C. 各項費用在成本中占的比重　　D. 定額管理基礎的好壞

3. 在產品成本按所耗原材料費用計算適用於（　　）的產品。
  A. 月末在產品數量較多
  B. 各月在產品數量變化較大
  C. 直接材料費用在成本中占的比重較大
  D. 定額管理基礎較好

4. 在產品成本按約當產量法計算適用於（　　）的產品。
  A. 在產品數量較多
  B. 各月在產品數量變化較大

C. 各成本項目費用在成本中比重相差不大

D. 完工產品數量較多

5. 以下屬於在產品成本計算方法的有（　　）。

　　A. 直接分配法　　　　　　　B. 定額比例法

　　C. 約當產量法　　　　　　　D. 品種法

6. 採用約當產量比例法，必須正確計算在產品的約當產量，而在產品約當產量的計算正確與否取決於產品完工程度的測定，測定在產品完工程度的方法有（　　）。

　　A. 按50%平均計算各工序完工率　　B. 分工序分別計算完工率

　　C. 按定額比例法計算　　　　　　D. 以上三種方法均是

7. 分配計算完工產品和月末在產品的費用時，採用在產品按定額成本計價法所具備的條件是（　　）。

　　A. 各月月末在產品數量　　　　　B. 產品的消耗定額比較穩定

　　C. 各月月末在產品數量變化比較小　D. 產品的消耗定額比較準確

三、判斷題

1. 盤虧或毀損的在產品，經批准後均應記入「製造費用」帳戶。（　　）
2. 不計算期末在產品成本法適用於月末沒有在產品的產品。（　　）
3. 採用約當產量法計算月末在產品成本，原材料費用分配時必須考慮原材料的投料方式。（　　）
4. 月末在產品按定額成本計算，實際費用脫離定額的差異完全由完工產品負擔。（　　）
5. 採用定額比例法計算月末在產品成本必須具備較好的定額管理基礎，而且月初、月末在產品數量變化不大。（　　）

四、實務操作題

（一）練習在產品完工率的計算

【資料】海東企業2019年7月生產的甲產品經過三道生產工序，各工序單位產品工時定額及在產品數量見表7-9，各工序在產品完工程度按平均50%計算。

表7-9　工時定額及在產品數量

工序	工時定額	各工序在產品數量
一	32	250
二	40	360
三	28	160
合計	100	770

【要求】計算各工序的完工率和約當產量並編製表格（見表7-10）。

表 7-10　各工序的完工率和約當產量計算表

工序	工時定額	完工率（%）	在產品數量	約當產量

（二）練習生產費用在完工產品和月末在產品之間的分配

【資料】海東企業 2019 年 7 月生產乙產品，有關月初在產品成本和本月生產費用如下（見表 7-11）：

表 7-11　月初在產品成本和本月生產費用

項目	直接材料	燃料動力	直接人工	製造費用	合計
月初在產品成本	4,680	230	970	600	6,480
本月生產費用	43,460	3,170	5,880	2,300	54,810

其他資料如下：

1. 乙產品本月完工 80 件，月末在產品 20 件，原材料在生產開始時一次性投入，在產品完工程度 50%。

2. 乙產品月末在產品單件定額成本為：直接材料 470 元，燃料和動力 20 元，直接人工 42 元，製造費用 18 元。

3. 乙產品完工產成品單件定額成本為：直接材料 470 元，燃料和動力 36 元，直接人工 70 元，製造費用 31 元。

【要求】根據上列資料，按照以下幾種分配方法計算乙產品完工產品成本和月末在產品成本。

1. 按約當產量比例法分配計算。
2. 按在產品定額成本法分配計算。
3. 按完工產品和月末在產品的定額比例分配計算。
4. 按年初在產品成本數固定計算。
5. 按在產品只負擔原材料成本法（材料費用採用約當產量法分配）計算。

第八章　產品成本核算方法概述

【案例導入】

　　藍天工業企業主營業務為多種機器設備的加工製造。業務流程如下：自加工製造多種機器設備的底座和一部分配件，從市場上外購一部分配件；將這兩部分進行安裝調試。其屬於多步驟的生產過程。在底座和配件加工階段，企業往往是購回來一批鋼材和其他材料，將不同產品同時投入生產。但限於企業的管理水準，不同產品發生的各項成本費用根本無法區分。

　　思考：若條件許可，上述企業可以採取哪些成本核算方法？

【學習目標】

　　理解企業生產的分類、生產特點和成本管理要求對產品成本計算的影響；掌握產品成本計算的基本方法；掌握產品成本計算的輔助方法；領會產品成本計算的基本方法和產品成本計算的輔助方法劃分的意義、標準和實際運用。

第一節　企業的生產類型及其特點

　　不同類型的企業，由於生產的產品不同，其生產組織方式和生產工藝過程也不同，在管理上對成本計算的要求也不盡相同。這些特點和管理要求是決定成本計算方法的基本因素。企業的生產類型，可按生產工藝過程的特點和生產組織特點進行劃分。

一、企業的生產類型按工藝過程的特點劃分

　　企業的生產類型按工藝過程的特點劃分，可分為單步驟生產和多步驟生產兩種類型。

（一）單步驟生產

　　單步驟生產是指生產工藝過程不能間斷，不能分散在不同工作地點進行的生產。屬於簡單生產的企業，其產品的生產週期一般比較短，通常沒有自制半成品或其他中間產品。而且工藝過程的特點決定了產品只能由一個企業獨立完成，而不能由幾個企業協作進行。因此，這種類型的生產，一般也稱為簡單生產。發電、採掘等企業，就是簡單生產的典型企業。

（二）多步驟生產

　　多步驟生產是指生產工藝過程是由可以間斷的若干生產步驟所組成的生產。它既

可以在一個企業或車間內獨立進行生產，也可以由幾個企業或車間在不同的工作地點協作進行生產。屬於複雜生產的企業，其產品的生產週期一般較長，產品品種不是單一的，有半成品或中間產品，而且可以由幾個企業或車間協作進行生產。因此，這種類型的生產也稱複雜生產。

多步驟生產按其產品生產過程的加工方式不同，可分為連續式多步驟生產和裝配式多步驟生產兩類。

（1）連續式多步驟生產，是指原材料投入生產以後，需要經過許多相互聯繫的加工步驟才能最後生產出產成品，前一個步驟生產出來的半成品，是後一個加工步驟的加工對象，直到最後加工步驟才能生產出產成品。屬於這種連續式複雜生產的典型企業有冶金、紡織企業等。

（2）裝配式多步驟生產，是指原材料投入生產後，在各個步驟進行平行加工，製造成產成品所需的各種零件和部件，最後，各生產步驟的零部件組裝成為產成品。屬於這種裝配式複雜生產的典型企業有機床、汽車、儀表、飛機製造企業等。

二、企業的生產類型按生產組織的特點劃分

企業的生產類型按其組織的特點劃分，可分為大量生產、成批生產和單件生產三種類型。

（一）大量生產

大量生產是指不斷重複生產一種或幾種產品的生產。這種類型生產的主要特點是企業生產的產品品種較少，但各種產品的產量較大，一般是採用專業設備重複進行生產，專業化水準較高。例如，紡織、採掘、發電、冶金、造紙、糧食加工等企業，就是大量生產的典型企業。

（二）成批生產

成批生產是指按照預先確定的產品和數量，輪番進行若干種產品的生產。成批生產按照批量大小，又可進一步劃分為大批生產和小批生產。大批生產類似於大量生產，小批生產類似於單件生產。服裝、印刷、機床等企業，就是成批生產的典型企業。

（三）單件生產

單件生產是指根據各訂貨合同的要求，進行某種規格、型號、性能等特定產品的生產。這種類型生產的主要特點是品種多，每一訂單產品數量少，一般不重複或不定期重複生產，專業化程度不高，通常採用通用設備進行加工。例如，造船、重型機械、專業設備及新產品試製等，就是單件生產的典型企業。

介紹以上生產類型主要是為了確定不同類型的生產企業，應採用什麼方法來計算產品成本。

上述企業生產的分類方法之間有著密切的聯繫。在一般情況下，簡單生產大多是大量生產；連續式複雜生產一般用於大量大批生產；裝配式複雜生產可能是大量生產、成批生產，也可能是單件生產。

第二節　生產特點和管理要求對產品成本計算的影響

一、生產特點對產品成本計算的影響

工業企業生產特點是指產品生產工藝過程的特點和生產組織的特點。

按生產工藝過程的特點，工業企業的生產可分為單步驟生產和多步驟生產兩種。多步驟生產按其產品的加工方式，又可分為連續加工式生產和裝配式生產。

按生產組織的特點，工業企業生產可分為大量生產、成批生產和單件生產三種。

將上述生產工藝過程的特點和生產組織的特點相結合，可形成不同的生產類型。單步驟生產和多步驟連續加工式生產，一般是大量大批生產，可分別稱為大量大批單步驟生產和大量大批連續式多步驟生產。多步驟平行式加工生產，可以是大量生產，也可以是成批生產，還可以是單件生產，前一種可稱為大量大批平行式加工多步驟生產，後兩種可統稱為單件小批平行式加工多步驟生產。以上四種生產類型，是就整個企業而言的，主要是基本生產車間的特點及類型。

構成產品成本計算方法的主要因素有成本計算對象、成本計算期及生產費用在完工產品與在產品之間的分配。生產特點對這三方面因素都有影響。

（一）成本計算對象的影響

1. 從生產工藝過程特點看

（1）單步驟生產由於工藝過程不能間斷，必須以產品為成本計算對象，按產品品種分別計算成本；

（2）多步驟連續加工式生產，需要以步驟為成本計算對象，既按步驟又按品種計算各步驟半成品成本和產品成本；

（3）多步驟平行式加工生產，不需要按步驟計算半成品成本，而以產品品種為成本計算對象。

2. 從產品生產組織特點看

（1）在大量生產情況下，只能按產品品種為成本計算對象計算產品成本；

（2）大批生產，不能按產品批別計算成本，而只能按產品品種為成本計算對象計算產品成本；

（3）如果大批生產的零件、部件按產品批別投產，也可按批別或件為成本計算對象計算產品成本；

（4）小批單件生產時，由於產品批量小，一批產品一般可以同時完工，可按產品批別為成本計算對象計算產品成本。

（二）對成本計算期的影響

在大量大批生產中，由於生產連續不斷，每月都有完工產品，因而產品成本計算要定期在每月月末進行，與生產週期不一致。在小批單件生產中，產品成本只能在某

批、某件產品完工以後計算，因而成本計算是不定期進行的，而與生產週期一致。

(三) 對完工產品與在產品之間費用分配的影響

在單步驟生產中，生產費用不必在完工產品與在產品之間進行分配。

在多步驟生產中，是否需要在完工產品與在產品之間分配費用，很大程度上取決於生產組織的特點。在大量大批生產中，由於生產不間斷進行，而且經常有在產品，因而在計算成本時，就需要採用適當的方法，將生產費用在完工產品與在產品之間進行分配。

在小批、單件生產中，如果成本計算期與生產週期一致，在每批、每件產品完工前，產品成本明細帳中所登記的生產費用就是月末在產品的成本；完工後，所登記的費用就是完工產品的成本，因而不存在完工產品與在產品之間分配費用的問題。

上述三方面是相互聯繫、相互影響的，其中生產類型對成本計算對象的影響是主要的。不同的成本計算對象決定了不同的成本計算期和生產費用在完工產品與在產品之間的分配。因此，成本計算對象的確定，是正確計算產品成本的前提，也是區別各種成本計算方法的主要標誌。它具體來說包括以下三種：以產品品種為成本計算對象；以產品批別為成本計算對象；以產品生產步驟為成本計算對象。

二、管理要求對產品成本計算的影響

一個企業究竟採用什麼方法計算產品成本，除了受生產類型的特點影響，還必須服從企業成本管理的要求。例如，在大量大批複雜生產的企業裡，一般以每種產品及其所經過的加工步驟作為成本計算對象，採用分步法來計算產品成本。但是，如果企業規模較小，成本管理上不要求計算產品所經過加工步驟的成本，只要求計算出每種產品的成本，這時可採用品種法計算產品成本。因此，企業選擇什麼成本計算方法，除了要考慮生產類型的特點，還要考慮成本管理的要求。

管理要求對成本計算方法的影響主要有：

(1) 單步驟生產或管理上不要求分步驟計算成本的多步驟生產，以品種或批別為成本計算對象，採用品種法或分批法。

(2) 管理上要求分步驟計算成本的多步驟生產，以生產步驟為成本計算對象，採用分步法。

(3) 在產品品種、規格繁多的企業，管理上要求盡快提供成本資料，簡化成本計算工作，可採用分類法計算產品成本。

(4) 在定額管理基礎較好的企業，為加強定額管理工作，可採用定額法。

成本管理的要求對成本計算方法的影響如表 8-1 所示。

表 8-1　成本計算的基本方法

成本計算方法	生產組織方式	生產工藝過程和成本管理要求
品種法	大量大批生產	單步驟生產或管理上不要求分步驟計算成本的多步驟生產
分步法	大量大批生產	管理上要求分步驟計算成本的多步驟生產
分批法	小批單件生	單步驟生產或管理上不要求分步驟計算成本的多步驟生產

三、產品成本計算的基本方法和輔助方法

(一) 產品成本計算的基本方法

為了適應各類型生產的特點和不同的管理要求，在產品成本計算工作中存在著三種不同的成本計算對象，從而有三種不同的成本計算方法。

（1）以產品品種為成本計算對象的產品成本計算方法，稱為品種法。
（2）以產品批別為成本計算對象的產品成本計算方法，稱為分批法。
（3）以產品生產步驟為成本計算對象的產品成本計算方法，稱為分步法。

受企業生產類型特點和管理要求的影響，產品成本計算對象包括分品種、批別和生產步驟三種。所以上述以不同成本計算對象為主要標誌的三種成本計算方法是產品成本計算的基本方法，屬計算產品實際成本必不可少的方法。

品種法是成本計算基本方法中最基本的一種方法。

(二) 產品成本計算的輔助方法

在實際工作中，除了上述三種基本成本計算方法，還有定額法、分類法等。但這些成本計算方法都不是獨立的，在進行成本計算時，必須結合使用三種基本成本計算法中的一種進行。這些方法是為了解決成本計算或成本管理過程中某一方面的需要而採用的。例如，產品成本計算的定額法，就是在定額管理工作比較好的企業中，為了更有效地控制生產費用的發生，降低產品成本，進行成本分析和成本考核而採用的方法。分類法是為了簡化成本計算工作，在產品品種、規格繁多或生產關聯產品的企業中採用的方法。

我們介紹了產品成本計算的品種法、分步法、分批法三種基本方法，以及分類法、定額法等輔助成本計算方法。企業根據其生產的特點和管理的要求確定所應選擇的成本計算方法。

第三節　各種產品成本計算方法的實際應用

實際工作中，同一個企業或同一個車間，由於其生產的特點和管理的要求並不完全相同，就有可能同時採用幾種成本計算方法進行成本計算；有時在生產一種產品時，該產品的各個生產步驟以及各種半成品、各成本項目之間的結轉的生產的特點和管理的要求也不一樣，即使生產同一種產品，也有可能同時採用幾種成本計算方法來計算產品的成本。

一、同時使用幾種成本計算方法計算成本

由於企業生產的產品種類很多，生產車間也很多，就有可能出現幾種成本計算方法同時使用的情況。

有的企業不止生產一種產品，這些產品的特點不同，其生產類型也可能不一樣，應採用不同的成本計算方法計算產品成本。例如，在重型機械廠，一般採用分批法計算產品成本。但如果有傳統產品，且產品已經定型，屬大量生產，也可採用品種法或分步法計算產品成本。

在企業裡，一般都設有基本生產車間和輔助生產車間。基本生產車間和輔助生產車間生產的特點和管理的要求是不一樣的，應採用不同的成本計算方法。例如，在鋼鐵企業裡，其基本生產車間是煉鐵、煉鋼和軋鋼，屬於大量大批複雜生產，根據其生產的特點和管理的要求，可採用分步法計算產品成本。但企業內部的供電、修理、供汽等輔助生產車間，則屬於大量大批簡單生產類型的生產，根據其特點，應用品種法計算成本。

一個企業可採用不同的成本計算方法計算成本。我們所說某類型的企業採用什麼成本計算方法，主要是就其基本生產車間而言的，並不是表明該企業就採用一種方法計算成本，而可以是同時使用多種成本計算方法。

二、結合使用幾種成本計算方法計算成本

企業由於生產產品的特點不同，所經過生產步驟的管理要求不同，所採用的成本計算方法也不一樣，可同時結合使用幾種成本計算方法。例如，在小型機械廠，一般應採用分批法計算產品成本，但由於企業設置有不同的生產車間，如鑄造、加工、裝配等，因而應採用不同的成本計算方法。鑄造車間應採用品種法計算鑄鐵件的成本；加工車間、裝配車間應採用分批法計算產品成本；而鑄造車間將其鑄鐵件轉入加工和裝配車間時，則應採用分步法進行結轉。這樣，在一個企業裡，就結合使用了品種法、分步法和分批法三種成本計算方法。

總之企業採用什麼方法來計算產品成本，應根據企業生產的特點和管理的要求來確定，應靈活掌握，不能生搬書本上的理論，本著主要產品從細、次要產品從簡的原則合理地加以確定。在確定成本計算法時應注意使成本計算方法與成本計劃方法的口徑一致；應注意與同行業其他企業的成本計算方法相一致，保持相對穩定，以便正確計算產品的總成本和單位成本，考核企業成本計劃的完成情況，進行成本分析和成本考核，不斷降低產品成本，提高企業的經濟效益。

一個企業，所採用的成本計算方法並不是一成不變的，應根據生產的發展和企業管理水準的提高，修改成本計算方法，以適應新形勢的需要。特別是隨著中國經濟體制改革的深入發展，企業生產類型可能變動，由過去小批單件生產轉化為大量大批生產或由過去的簡單生產變為複雜生產。同時，成本管理要求提供更多的成本資料，都要求對原有的成本計算方法進行調整，以適應新的要求。

【思考練習】

一、單項選擇題

1. 產品成本計算最基本的方法是（　　）。
   A. 分批法　　　　　　　　B. 分類法
   C. 品種法　　　　　　　　D. 分步法

2. 各種產品成本計算方法的命名主要在於（　　）。
   A. 企業生產類型　　　　　B. 企業管理要求
   C. 成本計算對象　　　　　D. 成本計算程序

3. 下列不屬於成本計算基本方法的是（　　）。
   A. 品種法　　　　　　　　B. 分批法
   C. 分類法　　　　　　　　D. 分步法

4. 在大量大批多步驟生產企業，管理上不要求分步計算產品成本，其成本計算方法是（　　）。
   A. 品種法　　　　　　　　B. 分類法
   C. 分批法　　　　　　　　D. 分步法

5. 工業企業產品成本的計算最終是通過下列（　　）帳戶進行的。
   A.「製造成本」　　　　　B.「基本生產成本」
   C.「製造費用」　　　　　D.「輔助生產成本」

6. 生產特點和管理要求對於產品成本計算的影響，主要表現在（　　）。
   A. 產品生產的品種上　　　B. 成本計算的程序上
   C. 產品生產的批次上　　　D. 成本計算對象的確定上

7. 下列屬於產品成本計算輔助方法的是（　　）。
   A. 品種法　　　　　　　　B. 分批法
   C. 分步法　　　　　　　　D. 分類法

8. 區別各種成本計算基本方法的主要標誌是（　　）。
   A. 成本計算日期
   B. 成本計算對象
   C. 間接費用的分配方法
   D. 完工產品與在產品之間分配費用的方法

9. 在小批單件多步驟生產的情況下，如果管理上不要求分步計算產品成本，應採用的成本計算方法是（　　）。
   A. 分批法　　　　　　　　B. 分步法
   C. 分類法　　　　　　　　D. 定額成本法

二、多項選擇題

1. 工業企業的生產按照工藝過程劃分為（　　）。
   A. 大量生產　　　　　　　　B. 單步驟生產
   C. 單件生產　　　　　　　　D. 多步驟生產
2. 成本計算的基本方法有（　　）。
   A. 品種法　　　　　　　　　B. 分批法
   C. 分步法　　　　　　　　　D. 分類法
3. 品種法適用於（　　）。
   A. 大量大批單步驟生產企業
   B. 大量大批多步驟生產但管理上不要求分步計算成本的企業
   C. 大量大批多步驟生產而且在管理上要求分步計算成本的企業
   D. 小批單件生產企業
4. 受生產特點和管理要求的影響，產品成本計算對象包括（　　）。
   A. 產品類別　　　　　　　　B. 產品品種
   C. 產品批別　　　　　　　　D. 產品生產步驟
5. 企業在確定成本計算方法時，必須從企業的具體情況出發，同時考慮（　　）。
   A. 企業的生產特點　　　　　B. 月末有沒有在產品
   C. 企業生產規模的大小　　　D. 進行成本管理的要求

三、填表題

比較成本計算的三種基本方法（見表 8-2）：

表 8-2　成本計算基本方法的比較

成本計算方法		品種法	分批法	分步法
	成本核算對象			
	成本計算期			
	生產費用在完工產品與在產品之間的分配			
適用範圍	生產組織類型			
	生產工藝過程和管理要求			

第九章　產品成本核算的品種法

【案例導入】

湘遠火力發電廠利用煤炭、石油、天然氣等固體、液體、氣體燃料燃燒時產生的熱能來加熱水，使水因高溫產生高壓水蒸氣，然後再由水蒸氣推動汽輪機迅速運轉，帶動發電機產生電力。該廠有一個基本生產車間，還有機修車間和企業管理部門。該廠生產技術過程不可間斷，沒有在產品和半成品。

思考：該廠應採用什麼成本計算方法計算產品成本？為什麼？

【學習目標】

瞭解品種法的特點及適用範圍，熟悉掌握品種法的成本計算程序及帳務處理。

第一節　品種法概述

一、品種法及適用範圍

品種法是以產品品種為成本核算對象，歸集生產費用，計算產品成本的一種方法。品種法是產品成本核算最基本的方法，是其他各種成本核算方法的基礎。

品種法主要適用於大量大批單步驟生產產品的成本計算。這類產品的生產工藝過程不可能或不需要劃分為幾個步驟，因而也就不可能或不需要按照生產步驟計算產品成本，如發電、採掘、鑄造、供水等企業的生產。在大量大批多步驟生產中，生產規模較小，管理上不要求分步驟提供產品成本信息，或者產品生產的全過程都在一個生產車間內進行（生產是封閉的），也可採用品種法計算產品成本，如水泥廠、糖果廠等企業產品的生產。另外企業內部的供水供電供氣等輔助生產車間為基本生產車間或其他部門的產品生產提供產品和勞務，其成本也可以採用品種法計算。

二、品種法的特點

品種法的特點主要體現在成本核算對象、成本計算期和生產費用在完工產品與在產品之間的分配三個方面。

（一）成本核算對象

採用品種法計算產品成本時，產品品種即為成本核算對象。如果企業或車間只生產一種產品，在計算產品成本時，只需要以這種產品為成本核算對象，開設產品成本

明細帳（或產品成本計算單），並按本項目開設專欄。為生產該產品所發生的所有生產費用都能直記入各種產品成本明細帳中相應的成本項目中，不存在生產費用在各成本核算對象之間分配的問題。如果企業或車間生產的產品不止一種，產品成本細帳就要按照產品品種分別設置，並按本項目設專欄。在發生的生產費中，直接費用計入各種產品的成本，共同發生的費用需採用適當的方法分配計入各種產品的成本。

(二) 成本計算期

品種法的成本計算一般按月進行。因為在大量大批單步驟生產中，產品的生產是連續不斷重複進行的，並且產品的生產週期較短，不可能在產品全部製造完工後立刻計算產品成本，因此品種法通常以會計報告期為成本計算期。這與產品生產週期不一致。

(三) 生產費用在完工產品與在產品之間的分配

單步驟生產企業的產品生產週期較短，在會計期末一般沒有在產品，或者在產品數量較小而且穩定，則不需要將生產費用在完工產品與在產品之間進行分配；按成本項目歸集在產品成本計算單中的生產費用構成單月該成本核算對象的生產總成本，再除以產量，就得出該產品的平均單位成本。單步驟生產企業月末在產品數量較多，多步驟生產但不需分步驟計算成本的企業月末一般都有在產品，那麼必須將產品成本計算單中歸集的生產費用採用適當的方法（如約當產量法、定額成本計價法、定額比例法等）在完工產品和月末在產品中分配。

三、成本法的成本核算程序

（1）按產品品種設置產品品種明細帳（或產品成本計算單），並按成本項目設置專欄，以便按成本項目匯集該種產品的各項生產費用。

（2）設置輔助生產明細帳和製造費用明細帳，並按費用的明細設置專欄，以便匯總各項輔助生產費用和製造費用。

（3）根據原始憑證或原始憑證匯總表，編製各種要素費用分配表以及待攤費用和預提費用分配表。生產某種產品發生的直接費用如直接材料費用、直接人工費用等，應直接記入某種產品成本明細帳中相應的成本項目欄內；應由幾種產品共同負擔的間接費用，則應按照一定的標準，分配記入各該產品成本明細帳中相應的成本項目欄內。

（4）歸集輔助生產費用，計算輔助生產成本，月末按其勞務供應情況，採用一定的專門方法，向各受益部門分配輔助生產成本。

（5）歸集製造費用，月末將基本生產車間歸集的製造費用分配計入產品成本（輔助生產車間的製造費用如果單獨反應，則全部分配計入該輔助生產成本）。若企業或車間只生產一種產品，其製造費用應全部記入該產品成本明細帳的「製造費用」成本項目；若企業或車間生產幾種產品，其製造費用則應採用一定的標準分配後，分別記入各產品明細帳中的「製造費用」成本項目之中。

（6）月末，將各種產品成本明細帳（成本計算單）中所歸集的全部生產費用，在完工產品和月末在產品之間分配。如果月末沒有在產品或在產品很少，可不計算月末

在產品成本。產品成本明細帳中匯集的生產費用即為本月完工產品總成本；其除以產量，就是完工產品單位成本（這種品種法又稱為簡單法）。如果某種產品月末全部未完工，則該產品明細帳中匯集的生產費用即為月末在產品成本。假若某種產品月末在產品較多，則產品成本明細帳中匯集的生產費用需採用一定的分配方法在完工產品和月末在產品之間進行分配，以確定某種產品的完工產品成本和月末在產品成本。

產品成本核算的品種法是最基本的成本核算方法，其他的成本核算方法都是在品種法的核算基礎上發展和完善起來的。因此，品種法的成本核算程序體現了產品成本核算的一般程序。兩相比較，可以看出，產品核算的一般程序是用會計科目對應關係表示的，而品種法的成本核算程序是用產品成本核算帳表表示的，產品品種核算實際上就是會計核算中成本費用的明細核算。

第二節　品種法舉例

【例9-1】某企業為大量大批單步驟生產的企業，採用品種法計算產品成本。企業設有一個基本生產車間，生產甲、乙兩種產品，還設有一個輔助生產車間——機修車間。輔助生產車間不單獨核算製造費用。該廠2019年6月份有關產品成本核算資料如表9-1、表9-2、表9-3所示。

表9-1　領料單　　　　　　　　　　　　　　　　　　　單位：千克

名稱	甲產品	乙產品	機修車間	基本生產車間	合計
A材料	20,000	30,000	4,000	6,000	60,000
B材料	10,000	10,000	2,000	2,000	24,000

表9-2　原材料明細帳

名稱	月初結存		本月購入	
	數量（千克）	金額（元）	數量（千克）	金額（元）
A材料	43,000	77,000	37,000	43,000
B材料	13,000	39,000	13,000	39,000

表9-3　其他各項費用支出明細表　　　　　　　　　　　單位：元

各項費用	製造費用	機修車間費用	合計
辦公費	13,000	7,500	20,500
電費	20,000	9,300	29,300
運輸費	11,000	2,000	13,000
勞保費	4,000	2,000	6,000

123

(1) 該企業原材料按加權平均法進行核算，原材料均在生產開始前一次性投入。

(2) 基本生產車間工人工資為 150,000 元，基本生產車間管理人員工資為 46,000 元，機修車間工人工資為 34,000 元。

(3) 根據編製的固定資產折舊計算表，本月計提固定資產折舊為：基本生產車間 45,000 元，機修車間 12,000 元。

(4) 甲產品生產工時為 30,000 小時，乙產品生產工時為 20,000 小時，機修車間生產工時為 2,000 小時。

(5) 其他各項費用均已由銀行存款支付。

(6) 甲、乙期初在產品均為零。甲產品期末完工入庫 10,000 件，在產品 4,000 件，乙產品期末完工入庫 8,000 件，在產品 4,000 件，甲、乙兩種產品完工程度均為 50%。

根據上述資料，按照品種法計算產品成本如下：

(1) 要素的歸集和分配。

根據材料耗用情況，編製材料耗用匯總表，進行材料費用的分配，如表 9-4 所示。

表 9-4　材料耗用匯總分配表　　　　　　　數量單位：千克
金額單位：元

材料名稱	平均單價	甲產品 數量	甲產品 金額	乙產品 數量	乙產品 金額	機修車間 數量	機修車間 金額	製造費用 數量	製造費用 金額	合計 數量	合計 金額
A 材料	1.5	20,000	30,000	30,000	45,000	4,000	6,000	6,000	9,000	60,000	90,000
B 材料	3	10,000	30,000	10,000	30,000	2,000	6,000	2,000	6,000	24,000	72,000
合計			60,000		75,000		12,000		15,000		162,000

其中：A 材料平均單價 =（77,000+43,000）÷（43,000+37,000）= 1.5（元/千克）

B 材料平均單價 =（39,000+39,000）÷（13,000+13,000）= 3（元/千克）

根據上述材料耗用匯總表編製會計分錄如下：

借：生產成本——基本生產成本——甲產品　　　　　60,000
　　　　　　　　　　　　　　　——乙產品　　　　　75,000
　　生產成本——輔助生產成本——機修車間　　　　12,000
　　製造費用　　　　　　　　　　　　　　　　　　15,000
　貸：原材料　　　　　　　　　　　　　　　　　　　　162,000

根據工資結算有關記錄，編製職工薪酬分配表進行工資分配，如表 9-5 所示。

表 9-5　應付職工薪酬分配表

項目		生產工時（小時）	分配率	生產工人工資（元）	管理人員工資（元）	合計（元）
基本生產成本	甲產品	30,000	3	90,000		90,000
	乙產品	20,000	3	60,000		60,000

表9-5（續）

項目		生產工時（小時）	分配率	生產工人工資（元）	管理人員工資（元）	合計（元）
輔助生產成本	機修車間	2,000		34,000		34,000
製造費用					46,000	46,000
合計				184,000	46,000	230,000

其中：分配率=150,000÷（30,000+20,000）=3（元/小時）
根據上述職工薪酬分配表，編製會計分錄如下：
借：生產成本——基本生產成本——甲產品　　　　　　90,000
　　　　　　　　　　　　　　——乙產品　　　　　　60,000
　　生產成本——輔助生產成本——機修車間　　　　　34,000
　　製造費用　　　　　　　　　　　　　　　　　　　46,000
　貸：應付職工薪酬　　　　　　　　　　　　　　　　230,000
根據計提固定資產相關資料，編製會計分錄如下：
借：生產成本——輔助生產成本——機修車間　　　　　12,000
　　製造費用　　　　　　　　　　　　　　　　　　　45,000
　貸：累計折舊　　　　　　　　　　　　　　　　　　57,000
根據其他費用支出明細表，編製會計分錄如下：
借：生產成本——輔助生產成本——機修車間　　　　　20,800
　　製造費用　　　　　　　　　　　　　　　　　　　48,000
　貸：銀行存款　　　　　　　　　　　　　　　　　　68,800

（2）輔助生產成本的歸集和分配（見表9-6）。

表9-6　輔助生產成本明細帳

帳戶名稱：機修車間　　　　　　　　　　　　　　　　　　　　　　單位：元

月	日	摘要	工資	辦公費	水電費	勞保費	消耗材料	折舊費	其他	合計
6	30	材料耗用匯總分配表					12,000			12,000
	30	應付職工薪酬分配表	34,000							34,000
	30	固定資產折舊計算表						12,000		12,000
	30	其他各項費用支出匯總表		7,500	9,300	2,000			2,000	20,800
	30	合計	34,000	7,500	9,300	2,000	12,000	12,000	2,000	78,800
	30	分配轉出	34,000	7,500	9,300	2,000	12,000	12,000	2,000	78,800

根據輔助生產成本明細帳歸集的費用，進行輔助生產費用的分配。本例假設輔助生產費用全部由機修車間負擔，應編製會計分錄如下：

借：製造費用　　　　　　　　　　　　　　　　　　　　78,800
　　貸：生產成本——輔助生產成本——機修車間　　　　78,800
（3）製造費用的歸集和分配。
　　根據製造費用明細帳歸集的製造費用，編製製造費用分配表，分配製造費用，如表 9-7、表 9-8 所示。

表 9-7　帳戶名稱：基本生產車間　　　　　　　　　　　　單位：元

月	日	摘要	工資	辦公費	水電費	勞保費	消耗材料	折舊費	修理費	其他	合計
6	30	材料耗用匯總分配表					15,000				15,000
	30	應付職工薪酬分配表	46,000								46,000
	30	固定資產折舊計算表						45,000			45,000
	30	其他各項費用支出匯總表		13,000	20,000	4,000				11,000	48,000
	30	輔助生產費用分配表							78,800		78,800
	30	合計	46,000	13,000	20,000	4,000	15,000	45,000	78,800	11,000	232,800
	30	分配轉出	46,000	13,000	20,000	4,000	15,000	45,000	78,800	11,000	232,800

表 9-8　製造費用分配表

分配對象	製造費用		
	工時（小時）	分配率	分配金額（元）
甲產品	30,000	4.656	139,680
乙產品	20,000		93,120
合計	50,000		232,800

　　其中：製造費用分配率＝232,800÷（30,000+20,000）＝4.656（元/小時）
　　根據製造費用分配表，應編製會計分錄如下：
　　借：基本生產成本——甲產品　　　　　　　　　　139,680
　　　　　　　　　　　　——乙產品　　　　　　　　　93,120
　　　貸：製造費用　　　　　　　　　　　　　　　　232,800
（4）計算約當產量，分配完工產品和期末在產品成本。
　　甲產品期末在產品約當產量＝4,000×50%＝2,000（件）
　　乙產品期末在產品約當產量＝4,000×50%＝2,000（件）
　　甲產品成本分配表如表 9-9 所示。

表 9-9　甲產品成本分配表　　　　　　　　　　　　　　　單位：元

項目	直接材料	直接人工	製造費用	合計
本月生產費用	60,000	90,000	139,680	289,680
合計	60,000	90,000	139,680	289,680

表9-9(續)

項目	直接材料	直接人工	製造費用	合計
完工產品數量	10,000	10,000	10,000	10,000
在產品約當產量	4,000	2,000	2,000	2,000
約當產量合計	14,000	12,000	12,000	12,000
費用分配率	4.29	7.5	11.64	
完工產品成本	42,900	75,000	116,400	234,300
月末在產品成本	17,100	15,000	23,280	55,380

乙產品成本分配表如表9-10所示。

表9-10　乙產品成本分配表　　　　　　　　　　單位：元

項目	直接材料	直接人工	製造費用	合計
本月生產費用	75,000	60,000	93,120	228,120
合計	75,000	60,000	93,120	228,120
完工產品數量	8,000	8,000	8,000	8,000
在產品約當產量	4,000	2,000	2,000	2,000
約當產量合計	12,000	10,000	10,000	10,000
費用分配率	6.25	6	9.312	
完工產品成本	50,000	48,000	74,496	172,496
月末在產品成本	25,000	12,000	18,624	55,624

（5）編製產品成本匯總表和結轉期末基本生產明細帳中的完工產品（見表9-11、表9-12、表9-13）。

表9-11　基本生產明細帳

帳戶名稱：甲產品　　　　　　　　　　　　　　　　　完工數量：10,000件

單位：元

月	日	憑證號	摘要	成本項目			
				直接材料	直接人工	製造費用	合計
6	30		材料費用	60,000			60,000
	30		職工薪酬		90,000		90,000
	30		製造費用			139,680	139,680
	30		合計	60,000	90,000	139,680	289,680
	30		完工產品成本轉出	42,900	75,000	116,400	234,300
	30		月末在產品成本	17,100	15,000	23,280	55,380

127

表 9-12　基本生產明細帳

帳戶名稱：乙產品　　　　　　　　　　　　　　　　　　　　完工數量：8,000

單位：元

月	日	憑證號	摘要	成本項目			
				直接材料	直接人工	製造費用	合計
6	30		材料費用	75,000			75,000
	30		職工薪酬		60,000		60,000
	30		製造費用			93,120	93,120
	30		合計	75,000	60,000	93,120	228,120
	30		完工產品成本轉出	50,000	48,000	74,496	172,496
	30		月末在產品成本	25,000	12,000	18,624	55,624

表 9-13　產品成本匯總計算表　　　　　　　　　　　　　　　　　單位：元

成本項目	甲產品		乙產品	
	總成本	單位成本	總成本	單位成本
直接材料	42,900	4.29	50,000	6.25
直接人工	75,000	7.5	48,000	6
製造費用	116,400	11.64	74,496	9.312
合計	234,300	23.43	172,496	21.562

根據上述產品成本匯總計算表，編製會計分錄如下：

借：庫存商品——甲產品　　　　　　　　　　　　　　　　234,300
　　　　　　——乙產品　　　　　　　　　　　　　　　　172,496
　貸：生產成本——基本生產成本——甲產品　　　　　　　234,300
　　　　　　　　　　　　　　——乙產品　　　　　　　172,496

【思考練習】

一、單項選擇題

1. 品種法是產品成本計算的（　　）。
   A. 主要方法　　　　　　　　　　B. 重要方法
   C. 最基本的方法　　　　　　　　D. 最簡單的方法
2. 品種法適用的生產組織是（　　）。
   A. 大量大批生產　　　　　　　　B. 大量成批生產
   C. 大量小批生產　　　　　　　　D. 單件小批生產

二、多項選擇題

1. 品種法是產品成本計算最基本的方法，這是因為（　　）。
   A. 品種法計算成本最簡單
   B. 任何成本計算方法最終都要計算出各品種的成本
   C. 品種法的成本計算程序最有代表性
   D. 品種法需要按月計算產品成本

2. 下列企業中，適合用品種法計算產品成本的有（　　）。
   A. 發電企業　　　　　　　　B. 汽車製造企業
   C. 採掘企業　　　　　　　　D. 船舶製造企業

3. 下列有關品種法的計算程序敘述中正確的有（　　）。
   A. 如果只生產一種產品，只需為這種產品開設一張產品成本明細帳
   B. 如果生產多種產品，要按照產品的品種分別開設產品成本明細帳
   C. 發生的各項直接費用直接記入各產品成本明細帳
   D. 發生的間接費用則採用適當的分配方法在各種產品之間進行分配

4. 品種法適用於（　　）。
   A. 大量大批的單步驟生產
   B. 大量大批的多步驟生產
   C. 管理上不要求分步驟計算成本的多步驟生產
   D. 小批單件且管理上不要求分步驟計算成本的多步驟生產

三、判斷題

1. 品種法是各種產品成本計算方法的基礎。　　　　　　　　　　　（　　）
2. 品種法在大量大批多步驟的生產企業，無論其管理要求如何，均不適用。
　　　　　　　　　　　　　　　　　　　　　　　　　　　　　　（　　）
3. 生產組織不同對產品成本計算方法的影響是：品種法適用於小批單件生產；分批法適用於大批大量生產。　　　　　　　　　　　　　　　　　　　（　　）
4. 品種法主要適用於簡單生產，因此稱為簡單法。　　　　　　　　（　　）
5. 品種法應按生產單位開設產品成本計算單。　　　　　　　　　　（　　）
6. 單步驟生產都應採用品種法計算產品成本。　　　　　　　　　　（　　）
7. 從成本計算對象和成本計算程序來看，品種法是產品成本計算最基本的方法。
　　　　　　　　　　　　　　　　　　　　　　　　　　　　　　（　　）
8. 品種法的成本計算期與會計報告期一致，與生產週期不一致。　（　　）

四、實務操作題

【資料】海東企業生產甲、乙兩種產品，均是單步驟的大量生產，採用品種法計算產品成本。2019年7月份的生產費用資料如下：

1. 各項貨幣資金支出

根據 7 月份付款憑證匯總的各項貨幣資金支出為（為簡化作業，各項貨幣資金均為全月匯總的金額，並假定均用銀行存款支出）：

(1) 基本生產車間負擔的費用：辦公費 1,200 元，水費 460 元，差旅費 3,400 元，運輸費 1800 元，其他費用 2,600 元。

(2) 機修車間負擔的費用：辦公費 1,600 元，水費 380 元，其他費用 2,600 元。

(3) 支付 7 月份的外購電費 9,360 元（該廠外購電費通過「應付帳款」核算，其中：電價 8,000 元，增值稅 1 360 元）。

2. 材料費用

根據 7 月份材料領用憑證匯總的材料費用（按實際成本計算）為：甲產品原材料費用 68,000 元；乙產品原材料費用 58,600 元。

基本生產車間：消耗材料 3,100 元，修理費 1,900 元，勞動保護費 800 元。

機修車間：修理領用材料 2,850 元。

企業管理部門：修理費 2,260 元，其他費用 1400 元。

3. 外購電費

該廠規定，耗電按各部門所耗電的度數進行分配。基本生產車間動力用電 22,000 度，其中：甲產品 12,000 度，乙產品 10,000 度；機修車間 8,800 度；企業管理部門 1,200 度。

4. 工資費用

根據 7 月份工資結算憑證匯總的工資費用為：

基本生產車間：生產工人工資 8,600 元，管理人員工資 920 元。

機修車間：車間人員工資 4,800 元。

企業管理部門：管理人員工資 3,600 元。

該廠規定，基本生產車間生產工人工資在甲、乙兩種產品之間按產品的實用工時比例分配。實用工時為：甲產品 9,000 小時，乙產品 8,200 小時。其通過工資分配表分配，且職工福利費按工資額的 14% 計提。

5. 折舊費用

7 月份應計提的折舊額：基本生產車間 4,050 元，機修車間 2,280 元，企業管理部門 2,600 元。

6. 輔助生產費用

該廠規定，輔助生產車間的製造費用不通過「製造費用」帳戶核算，輔助生產費用按直接分配法計算分配。機修車間為全廠提供修理勞務工時 10,000 小時，其中：基本生產車間 8,100 小時，企業管理部門 1,900 小時。

7. 製造費用

該廠規定，製造費用按產品的實用工時比例，在甲、乙產品之間進行分配。

8. 完工產品和月末在產品

該廠甲產品、乙產品均為一次性投料，具體情況見表 9-14。

表 9-14　產品產量統計表　　　　　計量單位：件

產品名稱	本月完工產品的產量	期末在產品數量	
		數量	完工程度（%）
甲	460	120	50
乙	330	60	80

9. 甲、乙產品的月初在產品成本

甲產品 7 月初在產品成本為：直接材料 21,000 元，燃料和動力 1 200 元，直接人工費 1,900 元，製造費用 4,100 元，合計 28,200 元。

乙產品 7 月初在產品成本為：直接材料 16,000 元，燃料和動力 900 元，直接人工費 2,400 元，製造費用 3,900 元，合計 23,200 元。

【要求】1. 根據上列資料，編製各種生產費用匯總表和分配表（見表 9-15 至表 9-19）。

2. 根據各種生產費用匯總表和分配表，登記輔助生產成本明細帳、製造費用明細帳和生產成本明細帳（見表 9-19 至表 9-23）。採用約當產量法計算各種產品成本。

3. 編製有關生產費用和產品成本的會計分錄。

表 9-15　原材料費用分配表
年　月

應借帳戶		成本或費用項目	金額
基本生產成本	甲產品	直接材料	
	乙產品	直接材料	
		小計	
製造費用		消耗用材料	
		修理費	
		勞動保護費	
		小計	
輔助生產成本		直接材料	
		小計	
管理費用		修理費	
		其他	
		小計	
合計			

表 9-16　外購動力費用分配表

年　月

應借帳戶		成本或費用項目	用電量（度）	分配率	應分配金額
基本生產成本	甲產品	燃料和動力			
	乙產品	燃料和動力			
		小計			
輔助生產成本	機修車間	直接材料			
管理費用		電費			
合計					

表 9-17　工資及職工福利費分配表

年　月

應借帳戶		工資				提取的職工福利費	合計
		生產工人		其他人員	合計		
		工時	分配金額（分配率）				
基本生產成本	甲產品						
	乙產品						
	小計						
輔助生產成本							
製造費用							
管理費用							
合計							

表 9-18　固定資產折舊費分配表

年　月

費用項目＼應借帳戶	製造費用		管理費用	合計
	基本生產車間	輔助生產車間		
折舊費				

表 9-19　輔助生產成本明細帳　　車間名稱：機修車間

年		憑證號數	摘要	費用項目					
月	日			材料費	工資及福利費	辦公費	水電費	折舊費	其他	合計

表9-19(續)

年		憑證號數	摘要	費用項目						
月	日			材料費	工資及福利費	辦公費	水電費	折舊費	其他	合計

表9-20　輔助生產費用分配表（直接分配法）

輔助生產車間名稱			機修車間	合計
待分配費用				
供應勞務量（工時）				
單位成本（分配率）				
基本車間	修理	耗用數量		
		分配金額		
企業管理部門	修理	耗用數量		
		分配金額		

表9-21　製造費用明細帳　　車間名稱：基本生產車間

摘要	辦公費	水費	差旅費	工資	福利費	折舊費	消耗材料	修理費	勞動保護費	運輸費	其他	合計

表 9-22　製造費用分配表

年　月

應借帳戶		成本項目	實用工時	分配率	應分配金額
基本生產成本	甲產品				
	乙產品				
		小計			

表 9-23　基本生產成本明細帳

車間名稱：　　　產品名稱：　　　完工數量：　　　在產品數量：　　　完工程度：

年		憑證		摘要	直接材料	燃料和動力	直接人工	製造費用
月	日	種類	號數					
6	30			期初在產品成本				
7	31			材料分配表				
	31			動力分配表				
	31			工資及福利費分配表				
	31			製造費用分配表				
	31			本月合計				
	31			累計總成本				
	31			約當總產量				
	31			單位成本（分配率）				
	31			完工產品生產成本				
	31			期末在產品成本				

第十章　產品成本核算的分批法

【案例導入】

海星機械廠生產運輸工具和大型設備，產品的生產工藝過程是裝配式多步驟生產。該廠根據購貨單位的訂單來組織生產，所產的產品規格不一，有的是單件生產，有的是小批生產。該廠屬於小批單件生產的企業。

思考：該廠應採用什麼方法計算產品生產成本？

【學習目標】

瞭解分批法的含義和適用範圍，瞭解分批法和簡化的分批法的特點及成本計算程序，熟練地運用分批法和簡化的分批法計算產品成本。

第一節　分批法概述

一、分批法的含義及適用範圍

分批法是以產品的批別作為產品成本計算對象來歸集生產費用，計算各批產品的生產總成本和單位成本的成本計算方法。

分批法主要適用於單件小批的單步驟生產或管理上不要求分步計算各步驟半成品成本的多步驟生產，是產品成本計算的基本方法之一。例如，重型機械製造、船舶製造、精密工具儀器製造以及服裝、印刷工業等採用分批法計算產品成本。在單件小批生產的企業裡，生產的組織是按照購買者的訂貨情況來進行的，每批產品的品種、規格、數量、交貨日期、所用原材料和製造方法等往往各不相同，所以需要以生產批別為對象計算產品成本。分批法主要適用於以下情況：

1. 根據顧客訂單組織的小批生產

如果在一張訂單中規定的生產不止一種，要按照產品的品種劃分批別組織生產，計算成本。如果在一張訂單中只規定一種產品，但這種產品數量較大，不便於集中一次投產，或者需用單位要求分批交貨，也可以分為數批組織生產，並計算成本。如果同一時期內，在幾張訂單中規定有相同的產品，可以將相同產品合為一批組織生產，並計算成本。對於同一種產品也可能進行分批輪番生產，這也要求分批計算產品成本。

2. 按單件組織的大件複雜生產

如果在一張訂單中只規定一件產品，但這件產品屬於大型複雜的產品，價值較大、生產週期較長，也可以按產品的組成部分分批組織生產，並計算成本。對於這類產品，管理上可能有兩種要求：一種是要求成本核算提供有關零部件的成本；另一種是只要求提供產成品的成本。

3. 品種經常變動的產品生產

經常變動產品的生產企業往往規模較小，勞動密集，難以進行流水線大生產。該類產品生產在投產組織上靈活多變，在工藝上也有所差別。

4. 安裝、修理以及更新改造項目

從事此類項目作業的企業或部門，由於生產項目不同，往往依據成本收取價款。同時因作業內容及具體要求程度不同，不可能存在重複生產，其成本必然是按作業完成數量或進度分批計算的。

5. 新產品試製

企業研製開發新產品往往都是按單件或小批量組織的，經過不斷試銷、改進，確認社會大量需求以後，才會轉入大批量生產。所以在試製期間，管理上也不可能要求提供步驟成本資料，其試製成本最適合採用分批法計算。

總之，這些企業的共同特點是一批產品通常不重複生產，即使重複生產也是不定期的。因為這類企業生產產品的品種、規格及批量是按照購貨單位的訂單來確定的。由於各份訂單所訂購產品的品種、規格不同，生產工藝過程各異，因此企業是按照購貨單位訂單的要求分批地組織生產的，就需要計算各批產品的成本。

二、分批法的特點

1. 以產品批次訂單作為成本計算對象，據以開設基本生產成本明細帳歸集生產費用和計算產品成本

在單件小批生產的企業中，產品的品種和每批產品的批量往往根據購貨單位的訂單確定，因而按照產品批別計算產品成本，也就是按照訂單計算產品成本，所以分批法又稱訂單法。在實際工作中，如果同一訂單中包括幾種不同種類的產品，為了考核和分析各種產品成本計劃的完成情況，並便於生產管理，要按照產品的品種分批組織生產，計算產品成本。如果購貨單位訂單中只要求生產一種產品，但數量較大或購貨單位要求分批交貨，可以把同一訂單中的產品數量，劃分為數批組織生產，計算產品成本。如果每一訂單中的訂貨數量過少，不便於組織生產，也可以把幾個訂單中的同種產品，合併為一批組織生產，計算產品成本。如果在一張訂單中，只規定有一件產品，但這件產品是由許多部件裝配而成的大型產品，如訂購一艘船舶，它的生產週期很長，可以按部件分批組織生產，計算成本。

2. 成本計算期與產品生產週期相一致，而與會計報告期不一致

分批法的成本計算期是與生產任務通知單的簽發和結束相一致的，各批產品的成

本在其完工後計算確定。因此其成本計算期就是各批產品的生產週期，是不定期的；它與會計報告期是不一致的。

3. 計算產品成本時，一般不存在在完工產品和在產品之間分配費用

因為某批產品在完工前，基本生產明細帳所歸集的生產費用就是在產品成本，產品完工時，基本生產明細帳所歸集的生產費用就是完工產品成本，所以不需要在完工產品和在產品之間分配費用，計算產品成本。但是當批內產品有跨月陸續完工交貨時，為了使收入與費用相配比，就需要將所歸集的生產費用在完工產品與月末在產品之間進行分配。如當月完工產品的數量不多，占投產批量比重較小，對完工產品可以先按計劃單位成本或定額單位成本計價，作為完工產品成本，剩餘的生產費用即為月末在產品成本。在該批產品全部完工時，應另行計算該批產品的實際成本和單位成本，但對上月已入帳的完工產品成本，不再進行調整。如當月完工產品的數量較多，占投批量較大，為了保證成本計算的準確性，則應採用適當的方法，將所歸集的生產費用在完工產品與月末在產品之間進行分配。

三、分批法的核算程序

1. 按照批次開設產品成本明細帳

企業按照產品批次組織生產時，計劃部門要簽發生產通知單下達車間，並通知會計部門。在生產通知單中應對該批生產任務進行編號，稱為產品批號或生產令號。會計部門除了按基本環節設置明細帳，還應根據生產計劃部門下達的產品批號，設立產品成本明細帳。

2. 按照批次歸集和分配生產費用

企業應盡可能按通知單的批號組織生產，領用原材料、計算工資、支付各項費用。對於凡是能直接分清批次的原材料、自製半成品的領用、工資、費用的支付可以直接計入每批產品成本。對於分不清批次的為生產幾批產品共同耗用的上述費用，則應採用適當方法分配計入各批產品成本。

3. 匯總成本費用，結轉完工產品成本

投產的批內完工產品全部完工後，需要按照成本項目匯總月初累計結存費用。當月發生費用，扣除餘料、廢料等成本，即為該批產品總成本，除以實際批量，就是產品單位成本。

為了減少在完工產品與月末在產品之間分配費用的工作，提高成本計算的正確性和及時性，在合理組織生產的前提下，也可以適當縮小產品的批量，以較小的批量分批投產，盡量使同一批的產品能同時完工，避免跨月陸續完工的情況。

在實際工作中，還採用一種按產品所用零件的批別計算成本的零件分批法：先按零件生產的批別計算各批零件的成本，然後按照各批產品所耗各種零件的成本，加上裝配成本，計算各該批產品的成本。

分批法計算成本的一般程序如圖 10-1 所示。

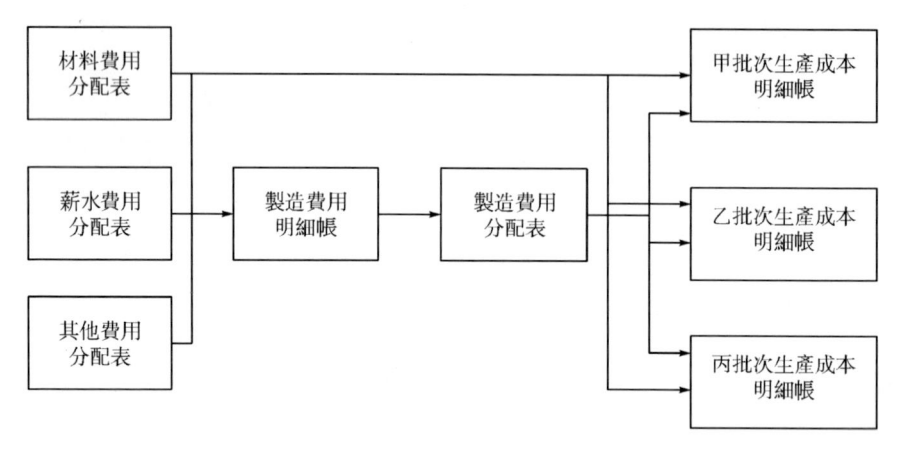

圖 10-1　分批法計算成本的一般程序

第二節　分批法舉例

一、企業基本情況

【例 10-1】海興工廠生產甲、乙兩種產品，生產組織屬於小批生產，採用分批法計算產品成本。2019 年 6 月份生產的產品批號有：101 批甲產品 6 臺，10 月份投產，本月全部完工；201 批甲產品 10 臺，本月投產，本月完工 6 臺；202 批乙產品 8 臺，本月投產，本月完工 2 臺。201 批甲產品原材料在生產開始時一次性投入。由於該批產品完工數量較大，其他費用在完工產品和在產品之間採用約當產量法分配，在產品完工程度為 50%。202 批乙產品由於完工數量較少，完工產品成本按計劃成本結轉，待該批產品全部完工後，再重新結算完工產品的總成本和單位成本。

二、成本核算程序

1. 成本核算對象和帳戶設置

海興工廠以產品的批次訂單作為成本核算對象，設置 101 批次、201 批次和 202 批次三個產品生產成本明細帳（產品成本計算單）；該廠成本項目為直接材料、直接人工和製造費用三個。

2. 生產費用在各成本核算對象之間的分配

該企業 6 月份有關生產費用發生情況如下：

（1）根據材料領料單編製材料費用分配表，如表 10-1 所示。

表 10-1　材料費用分配表

2019 年 6 月　　　　　　　　　　　　　　　　　單位：元

應借帳戶		直接材料
生產成本——基本生產成本	批號 101 甲產品	7,650
	批號 201 甲產品	48,975
	批號 202 乙產品	36,000
小計		92,625
製造費用		2,050
管理費用		1,750
合計		96,425

領用材料會計分錄：

借：生產成本——基本生產成本——101 批　　　7,650
　　　　　　　　　　　　　　　——201 批　　　48,975
　　　　　　　　　　　　　　　——202 批　　　36,000
　　製造費用　　　　　　　　　　　　　　　　2,050
　　管理費用　　　　　　　　　　　　　　　　1,750
　貸：原材料　　　　　　　　　　　　　　　　　　　96,425

（2）根據有關憑證編製人工費用分配表，如表 10-2 所示。

表 10-2　人工費用分配表

2019 年 6 月　　　　　　　　　　　　　　　　　單位：元

應借帳戶		直接人工
生產成本——基本生產成本	批號 101 甲產品	5,100
	批號 201 甲產品	7,025
	批號 202 乙產品	4,400
小計		16,525
製造費用		3,450
管理費用		2,895
合計		22,870

分配工資會計分錄：

借：生產成本——基本生產成本——101 批　　　5,100
　　　　　　　　　　　　　　　——201 批　　　7,025
　　　　　　　　　　　　　　　——202 批　　　4,400
　　製造費用　　　　　　　　　　　　　　　　3,450
　　管理費用　　　　　　　　　　　　　　　　2,895

貸：應付職工薪酬——工資　　　　　　　　　　　　　　22,870
　　（3）根據製造費用明細帳（略），本月共發生製造費用6,500元，按生產工時比例進行分配，編製製造費用分配表如表10-3所示。

表10-3　製造費用分配表
2019年6月　　　　　　　　　　　　　　　　　　　　單位：元

產品批號	生產工時（小時）	分配率	分配金額
批號101甲產品	8,000		3,200
批號201甲產品	5,000		2,000
批號202乙產品	3,250		1,300
合計	16,250	0.4	6,500

分配製造費用會計分錄：
　　借：生產成本——基本生產成本——101批　　　3,200
　　　　　　　　　　　　　　　　　——201批　　　2,000
　　　　　　　　　　　　　　　　　——202批　　　1,300
　　貸：製造費用　　　　　　　　　　　　　　　　6,500

3. 本月完工產品成本和月末在產品成本的計算
　　根據上述資料登記各批產品基本生產明細帳，並計算完工產品總成本和單位成本。各批產品基本生產明細帳如表10-4、表10-5、表10-6所示。

表10-4　基本生產成本明細帳

產品批號：101批　　　　　　　　　　　　　　投產日期：2019年5月
產品名稱：甲產品　　　　　　　　　　　　　　完工日期：2019年6月
產品批量：6臺　　　　　　　　　　　　　　　單位：元

憑證號數	摘要	成本項目			
		直接材料	直接人工	製造費用	合計
	月初在產品	13,800	8,200	6,150	28,150
（略）	分配材料費用	7,650			7,650
	分配人工費用		5,100		5,100
	分配製造費用			3,200	3,200
	合計	21,450	13,300	9,350	44,100
	結轉完工產品成本	21,450	13,300	9,350	44,100

表 10-5　基本生產成本明細帳

產品批號：201 批　　　　　　　　　　　　　　　　　投產日期：2019 年 6 月
產品名稱：甲產品　　　　　　　　　　　　　　　　　完工日期：
產品批量：10 臺　　　　　　　　　　完工數量：6 臺　　　　單位：元

憑證號數	摘要	成本項目			
		直接材料	直接人工	製造費用	合計
	分配材料費用	48,975			48,975
（略）	分配人工費用		7,025		7,025
	分配製造費用			2,000	2,000
	合計	48,975	7,025	2,000	58,000
	結轉完工產品成本	29,385	5,268.75	1,500	36,153.75
	單位成本	4,897.5	878.125	250	
	月末在產品成本	19,590	1,756.25	500	21,846.25

表 10-6　基本生產成本明細帳

產品批號：202 批　　　　　　　　　　　　　　　　　投產日期：2019 年 6 月
產品名稱：乙產品　　　　　　　　　　　　　　　　　完工日期：
產品批量：8 臺　　　　　　　　　　　　完工數量：2 臺　　單位：元

憑證號數	摘要	成本項目			
		直接材料	直接人工	製造費用	合計
	分配材料費用	36,000			36,000
（略）	分配人工費用		4,400		4,400
	分配製造費用			1,300	1,300
	本月生產費用合計	36,000	4,400	1,300	41,700
	每臺計劃成本	5,500	1,700	500	7,700
	結轉完工產品成本	11,000	3,400	1,000	15,400
	月末在產品成本	25,000	1,000	300	26,300

4. 本月完工產品成本的結轉

根據上述基本生產明細帳，結轉完工產品成本，編製會計分錄如下：

借：庫存商品——甲產品　　　　　　　　　　　　　80,253.75
　　　　　　——乙產品　　　　　　　　　　　　　15,400
　　貸：生產成本——基本生產成本——101 批　　　44,100
　　　　　　　　　　　　　　　　——201 批　　　36,153.75
　　　　　　　　　　　　　　　　——202 批　　　15,400

第三節　簡化的分批法

一、簡化的分批法的含義

　　分批法下的成本計算，不論一批產品是否完工，當月發生的直接材料、直接人工等直接費用和製造費用等間接費用都要記入各批產品成本明細帳。但在一些生產企業，同一月份內投產的產品批數往往很多，有的多達幾十批，月末沒有完工產品的批數也較多。在這種情況下，各種間接費用在各批產品之間按月進行分配的工作就極為繁重。為了減輕成本計算工作量，在投產批數繁多而且月末未完工批數較多的企業，可以採用一種不分批計算在產品成本的簡化的分批法。

　　在簡化的分批法下，每月發生的各項間接費用，不逐月在各批產品之間進行分配。將這些費用先分別累計起來，等到有完工產品的月份，用各批產品的累計工時和各項累計費用相比，求出累計分配率，再用累計分配率乘以完工產品的累計工時，求得完工產品應負擔的間接費用。未完工產品不分配結轉費用。

二、簡化的分批法的特點

　　簡化的分批法是指每月發生的能直接分清每批產品所承擔的直接費用（直接材料），可以直接分配記入每批產品成本明細帳，而對每月發生的間接費用（間接人工、製造費用）不是按月在各批產品之間進行分配，而是將各項間接費用和工時累計起來，到產品完工時，才按照完工產品累計工時的比例，在各批完工產品之間進行分配。其成本計算特點如下：

　　（1）設立基本生產二級帳。將月內各批別產品發生的生產費用（按成本項目）以及生產工時登記在基本生產二級帳中。

　　（2）按產品批別設立生產成本明細帳，與基本生產二級帳平行登記。但該生產成本明細帳在產品完工前只登記直接材料費用和生產工時，在沒有完工產品的情況下，不分配間接計入費用。

　　（3）在有完工產品的月份，根據基本生產二級帳的記錄資料，計算全部產品累計間接計入費用分配率，按完工產品的累計工時乘以累計間接計入費用分配率計算和分配其應負擔的間接計入費用，並將分配間接計入費用記入按產品批別設置的生產成本明細帳。其計算公式如下：

全部產品累計間接費用分配率＝全部產品累計間接費用÷全部產品累計工時

某批完工產品應負擔的間接費用 ＝ 該批完工產品的累計工時 × 全部產品累計間接費用分配率

　　對於未完工的在產品則不分配間接計入費用，即不分批計算在產品成本。

　　（4）最後，將計算出的各批已完工產品成本總成本記入基本生產二級帳，並計算出月末各批在產品總成本。

三、簡化的分批法的計算程序

（1）設置基本生產成本二級帳，帳內除成本項目外，設生產工時專欄，登記全部產品（即各批次產品之和）各成本項目累計生產費用以及累計工時。

（2）按批號設基本生產成本明細帳，該帳與二級帳平行登記該批次產品的月初及本月累計直接費用和生產工時。

（3）月末，如果有完工產品，應根據基本生產成本二級帳中的累計間接費用和累計生產工時，計算累計間接費用分配率。計算公式如下：

全部產品某項累計間接費用分配率＝全部產品累計該項間接費用÷全部產品累計工時

（4）根據各批完工產品的累計生產工時和累計間接費用分配率，計算各批完工產品應分配的某項間接費用，將其匯總，計算出完工產品的成本。計算公式如下：

某批完工產品應負擔的某項間接費用＝該批完工產品累計工時×全部產品某項累計間接費用分配率

（5）將計算出的產成品成本從二級帳和明細帳中轉出，本月未完工的產品，本月不分配間接費用，仍保留在二級帳中。只有該批產品完工的月份，才計算完工產品的成本。

（6）根據各批產品基本生產成本明細帳中登記的完工產品生產工時和應負擔的間接費用，匯總登記二級帳中應轉出的完工產品成本和生產工時數。

簡化的分批法成本核算程序如圖 10-2 所示。

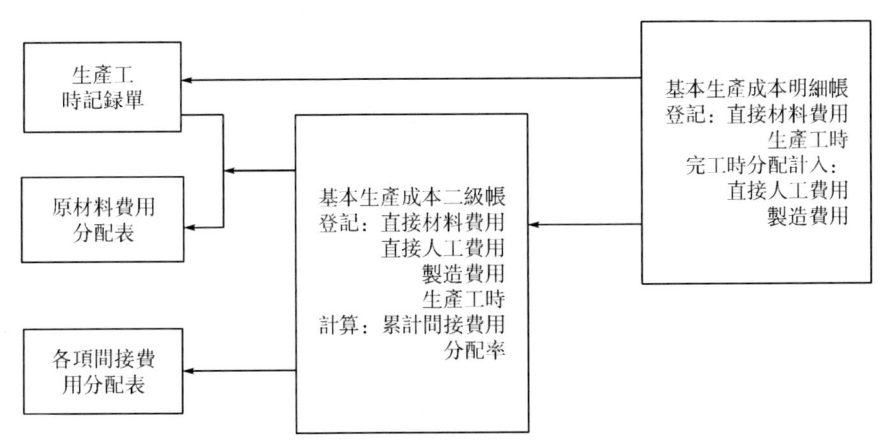

圖 10-2　簡化的分批法成本核算程序

四、簡化的分批法舉例

【例 10-2】某工廠生產組織屬於小批生產，生產批別多，生產週期長，每月月末經常有大量未完工的產品批數。為了簡化核算工作，工廠採用簡化的分批法計算產品

成本。該企業2019年9月份的資料如下：

(1) 9月份生產批號：

701批：甲產品10件，7月投產，本月全部完工；月初直接材料費用82,400元，生產工時10,640小時；本月直接材料費用15,000元，生產工時4,670小時。

802批：乙產品10臺，8月投產，本月完工2臺；月初直接材料費用49,600元，生產工時6,100小時；原材料為一次性投入，本月生產工時2,390小時，完工產品實際工時6,490小時。

803批：丙產品15件，8月投產，本月尚未完工；月初直接材料費用66,000元，生產工時3,800小時；本月直接材料費用80,000元，生產工時6,200小時。

901批：丁產品8臺，本月投產，本月尚未完工；本月直接材料費用42,000元，生產工時2,200小時。

(2) 月初全廠工資及福利費為4,510元，製造費用為8,360元，本月發生工資及福利費9,890元，製造費用為13,240元。

要求：根據上述資料計算9月份已完工產品成本。

根據上述資料，登記基本生產成本二級帳和各批次產品成本明細帳，見表10-7至表10-11。

表10-7 基本生產成本二級帳

2019年9月　　　　　　　　　　　　　　單位：元

2019年		摘要	直接材料	生產工時（小時）	直接人工	製造費用	合計
月	日						
8	31	餘額	198,000	20,540	4,510	8,360	144,870
9	30	本月發生	1,370,000	15,460	9,890	13,240	80,130
9	30	累計餘額	335,000	36,000	14,400	21,600	225,000
9	30	累計間接費用分配率			0.4	0.6	
9	30	完工轉出	107,320	21,800	8,720	13,080	168,800
9	30	餘額	227,680	14,200	5,680	8,520	56,200

表10-7中的累計間接費用分配率計算如下：

直接人工費用分配率＝14,400÷36,000＝0.4

製造費用分配率＝21,600÷36,000＝0.6

各批產品成本明細帳見表10-8至表10-11。在這些明細帳中，對於沒有完工產品的月份，只登記直接材料費用（一般情況下材料都是根據領料憑證直接計入）和生產該批產品所耗工時。基本生產成本二級帳與其所屬的各個產品成本明細帳中的直接材料項目和生產工時項目，應採用平行登記的方法進行登記，既要登記各個產品成本明細帳，同時又要匯總登記基本生產成本二級帳。

表 10-8　基本生產成本明細帳

產品批號：701 批　　　　　　　　　　　　　　　投產日期：2019 年 7 月
產品名稱：甲產品　　　　　　　　　　　　　　　完工日期：2019 年 9 月
產品批量：10 件　　　　　　　　　　　　　　　　單位：元

2019年 月	日	摘要	直接材料	生產工時（小時）	直接人工	製造費用	合計
8	31	餘額	82,400	10,640			82,400
9	30	本月發生	15,000	4,670			15,000
9	30	累計餘額	97,400	15,310			97,400
9	30	累計間接費用分配率			0.4	0.6	
9	30	完工產品成本（10 件）	97,400	15,310	6,124	9,186	112,710
9	30	完工產品單位成本	9,740		612.4	918.6	11,271

完工產品直接人工費用＝15,310×0.4＝6,124（元）
完工產品製造費用＝15,310×0.6＝9,186（元）

表 10-9　基本生產成本明細帳

產品批號：802 批　　　　　　　　　　　　　　　投產日期：2019 年 8 月
產品名稱：乙產品　　　　　　　　　　　　　　　完工日期：
產品批量：10 臺　　　　　　　　　　　完工數量：本月完工 2 臺　單位：元

2019年 月	日	摘要	直接材料	生產工時（小時）	直接人工	製造費用	合計
8	31	餘額	49,600	6,100			49,600
9	30	本月發生		2,390			
9	30	累計餘額	49,600	8,490			49,600
9	30	累計間接費用分配率			0.4	0.6	
9	30	完工產品成本（2 臺）	9,920	6,490	2,596	3,894	16,410
9	30	完工產品單位成本	4,960		1,298	1,947	8,205
9	30	在產品成本	39,680	2,000			

完工產品直接材料費用＝49,600÷10×2＝9,920（元）
完工產品直接人工費用＝6,490×0.4＝2,596（元）
完工產品製造費用＝6,490×0.6＝3,894（元）

表 10-10　基本生產成本明細帳

產品批號：803 批　　　　　　　　　　　　　　　投產日期：2019 年 8 月
產品名稱：丙產品　　　　　　　　　　　　　　　完工日期：
產品批量：15 件　　　　　　　　　　　　　　　　完工數量：　　　單位：元

| 2019年 || 摘要 | 直接材料 | 生產工時（小時） | 直接人工 | 製造費用 | 合計 |
月	日						
8	31	餘額	66,000	3,800			
9	30	本月發生	80,000	6,200			
9	30	餘額	146,000	10,000			

表 10-11　基本生產成本明細帳

產品批號：901 批　　　　　　　　　　　　　　　投產日期：2019 年 9 月
產品名稱：丁產品　　　　　　　　　　　　　　　完工日期：
產品批量：8 臺　　　　　　　　　　　　　　　　完工數量：　　　單位：元

| 2019年 || 摘要 | 直接材料 | 生產工時（小時） | 直接人工 | 製造費用 | 合計 |
月	日						
9	30	本月發生	42,000	2,200			42,000
9	30	餘額	42,000	2,200			42,000

五、簡化的分批法的優缺點

簡化的分批法也稱累計間接計入費用分配法。這種方法與前述一般的分批法的不同之處在於：每月發生的各項間接費用，不是按月在各批產品成本明細帳中進行分配，而是利用累計間接費用分配率，到產品完工時在各批完工產品之間進行分配。這就大大簡化了間接費用的分配和登記工作，而且月末未完工產品的批數越多，核算工作就越簡化。

但是在這種方法下，由於各批未完工產品的生產成本明細帳中，未計入應負擔的間接費用（工資及福利費、製造費用等），因而不能完整地反應各批未完工產品的在產品成本。同時，間接費用不是每月在各批產品之間進行分配，而是按照完工月份的間接費用分配率一次分配計入完工產品成本，因此，在各月間接費用水準相差懸殊的情況下，就會影響各月產品成本的正確性。例如，前幾個月的間接費用水準高，本月間接費用水準低，而某批產品本月投產，當月完工，在這種情況下，按累計間接費用分配率分配計算的該批完工產品的成本就會發生不應有的偏高。

另外，如果月末未完工產品的批數不多，也不宜採用這一方法。因為在這種情況下，絕大多數的產品批別仍然要分配登記各項間接費用，核算工作量減少不多，但計算的正確性卻會受到影響。

綜上所述，簡化的分批法主要適用於各月份間接計入費用水準相近，而且各月份投產的批數多、產出的批數較少的企業。

【思考練習】

一、單項選擇題

1. 以產品批別為成本計算對象的產品成本計算方法，稱為（　　）。
   A. 品種法　　　　　　　　　B. 分步法
   C. 分批法　　　　　　　　　D. 分類法

2. 分批法適用的生產組織形式是（　　）。
   A. 大量生產　　　　　　　　B. 成批生產
   C. 單件生產　　　　　　　　D. 單件小批生產

3. 在採用分批法時，產品成本明細帳的設立和結帳，應與（　　）的簽發和結束密切配合，協調一致，以保證各批產品成本計算的正確性。
   A. 生產任務通知單（或生產令號）　　B. 領料單
   C. 訂單　　　　　　　　　　D.「生產成本」總帳

4. 產品成本計算的分批法，有時又被稱為（　　）。
   A. 品種法　　　　　　　　　B. 間接費用分配率法
   C. 訂單法　　　　　　　　　D. 簡化的分批法

5. 如果同一時期內，在幾張訂單中規定有相同的產品，則計算成本時可以（　　）。
   A. 按訂單分批組織生產　　　　B. 按品種分批組織生產
   C. 按產品的組成部分分批組織生產　　D. 將相同產品合為一批組織生產

6. 簡化的分批法（　　）。
   A. 不分批計算在產品成本　　　B. 不計算月末在產品的材料成本
   C. 不計算月末在產品的加工費用　　D. 月末在產品分配結轉間接計入費用

7. 採用簡化的分批法，在各批產品完工以前，產品成本明細帳（　　）。
   A. 不登記任何費用　　　　　　B. 只登記間接費用
   C. 只登記原材料費用　　　　　D. 只登記直接費用和生產工時

8. 採用簡化的分批法，分配間接計入費用並計算登記該批完工產品的成本是在（　　）。
   A. 月末時　　　　　　　　　B. 季末時
   C. 年末時　　　　　　　　　D. 有產品完工時

9. 簡化的分批法不宜在下列情況下採用（　　）。
   A. 各月間接費用水準相差較大　　B. 各月間接費用水準相差不大
   C. 月末未完工產品批數較多　　　D. 投產批數繁多

10. 某企業採用分批法計算產品成本。6月1日投產甲產品5件，乙產品3件；6月15日投產甲產品4件，乙產品4件，丙產品3件；6月26日投產甲產品6件。該企

業6月份應開設產品成本明細帳的張數是（　　）。

  A. 3張　　　　　　　　　　B. 5張

  C. 4張　　　　　　　　　　D. 6張

二、多項選擇題

1. 分批法適用於（　　）。

  A. 單件生產

  B. 小批生產

  C. 單步驟生產

  D. 管理上不要求分步計算成本的多步驟生產

2. 分批法的成本計算對象可以是（　　）。

  A. 產品批次　　　　　　　　B. 單件產品

  C. 訂單　　　　　　　　　　D. 生產步驟

3. 分批法和品種法的主要區別是（　　）不同。

  A. 成本計算對象　　　　　　B. 成本計算期

  C. 生產週期　　　　　　　　D. 會計核算期

4. 下列關於分批法的說法中不正確的有（　　）。

  A. 分批法也稱定額法

  B. 分批法適用於小批單件及大批生產

  C. 按產品批別計算產品成本也就是按照訂單計算產品成本

  D. 如果一張訂單中規定有幾種產品，也應合為一批組織生產

5. 在簡化的分批法下，基本生產成本明細帳登記的內容有（　　）。

  A. 直接計入成本的費用　　　B. 完工月份分配結轉的直接計入費用

  C. 完工月份分配結轉的間接計入費用　　D. 當月發生的生產工時

6. 累計間接費用分配率是（　　）。

  A. 在各車間產品之間分配間接費用的依據

  B. 在各批產品之間分配間接費用的依據

  C. 在完工批別與月末在產品批別之間分配各該費用的依據

  D. 在某批產品的完工產品與月末在產品之間分配各該費用的依據

7. 成本計算分批法的特點是（　　）。

  A. 以產品的批別或訂單作為成本計算對象

  B. 成本的計算期不固定

  C. 按月計算產品成本

  D. 月末一般不需要在完工產品和在產品之間分配生產費用

  E. 按產品的批別設置產品成本明細帳

8. 採用分批法計算產品成本，如果批內產品跨月陸續完工，（　　）。

  A. 月末需要計算完工產品成本和在產品成本

  B. 月末要將生產費用在完工產品和在產品之間進行分配

C. 月末不需要將生產費用在完工產品和在產品之間進行分配
D. 月末不需要計算產品成本
E. 可以在有了完工產品時先計算完工產品成本

9. 分批法的主要特點有（　　）。
   A. 以產品的批量作為成本計算對象
   B. 以產品的批別或訂單作為成本計算對象
   C. 以產品的生產週期作為成本的計算期
   D. 月末通常需要在完工產品和在產品之間分配生產費用
   E. 月末通常不需要在完工產品和在產品之間分配生產費用

10. 分批法下，對於同一批別內先期完工並需要分批交貨的產品，可採用（　　）來計算此部分完工產品的成本。
    A. 實際成本　　　　　　　　B. 計劃成本
    C. 定額成本　　　　　　　　D. 近期同種產品的實際成本
    E. 估計成本

三、判斷題

1. 分批法成本計算期與產品生產週期一致。（　　）
2. 分批法是按照產品的生產步驟歸集生產費用，計算產品成本的一種方法。（　　）
3. 分批法適用於大量大批單步驟生產或管理上不要求分步計算成本的多步驟生產。（　　）
4. 分批法應按產品批次（訂單）開設產品成本計算單。（　　）
5. 分批法一般不需要在完工產品和期末在產品之間分配生產費用，但一批產品跨月陸續完工時，也需要進行分配。（　　）
6. 採用簡化的分批法，必須設立基本生產成本二級帳。（　　）
7. 相比較而言，簡化的分批法下的月末完工產品的批數越多，成本的核算工作就越簡化。（　　）
8. 採用簡化的分批法計算產品成本，全部產品某項累計間接費用分配率等於全部產品該項本月間接費用除以全部產品累計生產工時。（　　）
9. 分批法是按照產品的批別歸集生產費用，計算產品成本的一種方法。（　　）
10. 分批法適用於小批單件，管理上不要求分步驟計算成本的多步驟生產。（　　）
11. 重型機器、船舶、精密儀器、專用設備及服裝等的生產適用於分批法。（　　）
12. 分批法以產品的生產週期作為成本的計算期。（　　）
13. 分批法產品成本的計算是不定期的。（　　）
14. 分批法月末通常不需要在完工產品和在產品之間分配生產費用。（　　）

15. 分批法下，對於同一批別內先期完工並需要分批交貨的產品，可採用估計成本來計算此部分完工產品的成本。　　　　　　　　　　　　　　　　（　　）

四、實務操作題

（一）練習產品成本計算的一般分批法

1.【資料】某廠生產組織屬於小批生產，本月份生產 A、B、C 三種產品，有關資料如下：

（1）1 月 1 日有批號為 101 批的 A 在產品 10 臺。其成本為：直接材料 47,800 元，直接人工 19,876 元，製造費用 11,795 元。

（2）1 月 31 日，按各費用分配表分配計入各批產品的生產費用如表 10-12 所示。

表 10-12　分配計入各批產品的生產費用　　　　　　　　單位：元

批號	直接材料	直接人工	製造費用	合計
101		5,922	2,914	8,836
102	43,560	17,600	9,000	70,160
103	35,235	15,312	7,812	58,359

（3）月末上月投產的 101 批 A 產品 10 臺已全部完工。本月份投產的 102 批 B 產品 20 臺，已完工 10 臺，其餘 10 臺為在產品，原材料已 100% 投入，加工程度為 40%。用約當產量法計算完工產品和在產品成本。本月投產的 103 批 C 產品 15 臺，已完工 3 臺，其餘 12 臺為在產品。為了簡化計算，完工產品按定額成本計價。其單位定額成本為：直接材料 781 元，直接人工 426 元，製造費用 217 元。

【要求】根據上述資料，採用分批法登記基本生產明細帳，計算各批產品的完工產成品和月末在產品成本。

2.【資料】海東企業 2019 年 9 月份投產甲產品 100 件，批號為 901，在 9 月份全部完工；9 月份投產乙產品 150 件，批號為 902，當月完工 40 件；9 月份投產丙產品 200 件，尚未完工。

（1）本月發生的各項費用：

①材料費用：901 產品耗用原材料 125,000 元；902 產品耗用原材料 167,000 元；903 產品耗用原材料 226,000 元；生產車間一般耗用原材料 8,600 元；原材料採用計劃成本計價，差異率為 4%。

②人工費用：生產工人工資 19,600 元；車間管理人員工資 2,100 元；職工福利費按工資額的 14% 計提；生產工人工資按耗用工時比例分配，901 產品工時為 18,000 小時，902 產品工時為 20,000 小時，903 產品工時為 11,000 小時。

③其他費用：車間耗用水電費 2,400 元，以銀行存款付訖；車間固定資產的折舊費 3,800 元；車間的其他費用 250 元，以銀行存款付訖。

（2）製造費用按耗用工時比例分配。

（3）902號產品完工40件按定額成本轉出。902號產品定額單位成本為：直接材料1,100元，直接人工75元，製造費用60元。

【要求】

（1）編製原材料費用分配表和工資及職工福利費分配表（見表10-13、表10-14）。

（2）根據資料內容，以及原材料費用分配表和工資及職工福利費分配表，編製會計分錄。

（3）根據會計分錄，登記製造費用明細帳、生產成本明細帳（見表10-15、表10-17、表10-18、表10-19）。

（4）根據製造費用明細帳，編製製造費用分配表（見表10-16），並編製會計分錄，登記生產成本明細帳。

（5）計算901產品總成本和單位成本，並編製完工入庫的會計分錄。

表10-13　原材料費用分配表

年　月

應借帳戶		成本或費用項目	計劃成本	材料差異額	材料實際成本
基本生產成本	901產品				
	902產品				
	903產品				
小計					
製造費用	機物料消耗				
合計					

表10-14　工資及職工福利費分配表

年　月

應借帳戶		工資		其他人員	合計	福利費(14%)	合計
		生產工人					
		工時	分配金額（分配率：　）				
基本生產成本	901產品						
	902產品						
	903產品						
	小計						
製造費用							
合計							

表 10-15　製造費用明細帳

摘要	機物料消耗	工資	職工福利費	水電費	折舊費	其他	合計

表 10-16　製造費用分配表

年　　月

應借帳戶		成本項目	實用工時	分配率	應分配金額
基本生產成本	901 產品				
	902 產品				
	903 產品				
	合計				

表 10-17　基本生產成本明細帳

批號：901　　　　　　　　　　　　　　　　　　開工日期：9 月 1 日
產品名稱：甲產品　　　　　　批量：100 件　　　完工日期：9 月 30 日

××年		憑證		摘要	直接材料	直接人工	製造費用	合計
月	日	種類	號數					

表 10-18　基本生產成本明細帳

批號：902　　　　　　　　　　　　　　　　　　開工日期：9月10日
產品名稱：乙產品　　　　　　批量：150件　　　完工日期：

| ××年 || 憑證 || 摘要 | 直接材料 | 直接人工 | 製造費用 | 合計 |
月	日	種類	號數					

表 10-19　基本生產成本明細帳

批號：903　　　　　　　　　　　　　　　　　　開工日期：9月15日
產品名稱：丙產品　　　　　　批量：200件　　　完工日期：

| ××年 || 憑證 || 摘要 | 直接材料 | 直接人工 | 製造費用 | 合計 |
月	日	種類	號數					

（二）練習產品成本計算的簡化的分批法

1.【資料】某廠設有一個基本生產車間，小批生產甲、乙、丙、丁四種產品，採用簡化的分批法計算產品成本。

（1）4月1日在產品2批：311批甲產品4件；312批乙產品6件。月初在產品成本及工時資料如表10-20所示。

表 10-20　月初在產品成本及工時資料

批號及產品名稱	直接材料（元）	生產工時（小時）	投產日期
311批甲產品	11,000	1,000	3月投產
312批乙產品	12,000	3,000	3月投產

基本生產成本二級帳月初在產品成本及工時記錄為：直接材料23,000元，直接人工12,000元，製造費用9,000元，生產工時4,000小時。

（2）4月發生下列經濟業務：

①材料費用。311批甲產品20,000元；312批乙產品為生產開始時一次性投料；

313 批丙產品（本月投產，批量 10 件）30,000 元；314 批丁產品（本月投產，批量 5 件）1,000 元。基本生產車間一般耗用 8,000 元。

②分配工資 18,000 元，其中基本生產車間生產工人工資 16,000 元，車間管理人員工資 2,000 元。按工資總額的 14% 計提職工福利費。

③基本生產車間折舊費用 2,000 元。

④以銀行存款支付基本生產車間其他支出 9,000 元。

⑤結轉基本生產車間製造費用。

本月耗用工時 6,000 小時，其中：311 批甲產品 1,000 小時，312 批乙產品 1,500 小時，313 批丙產品 3,000 小時，314 批丁產品 500 小時。

本月 311 批號甲產品全部完工；312 批號乙產品完工 2 件，完工產品工時為 1,000 小時；313 批號丙產品和 314 批號丁產品本月全部未完工。

【要求】

(1) 根據資料開設基本生產二級帳和各批產品成本明細帳。

(2) 根據資料編製記帳憑證，並登記基本生產成本二級帳和各批產品的基本生產明細帳。

(3) 計算本月完工產品生產成本。

2.【資料】海東企業所屬的一個分廠，屬於小批生產，產品批別多，生產週期長，每月月末經常有大量未完工的產品批數。為了簡化核算工作，採用簡化的分批法計算成本。該廠計算 2019 年 4 月成本的有關資料如下：

(1) 月初在產品成本

①直接費用（直接材料）：101 批號 3,750 元，102 批號 2,200 元，103 批號 1,600 元。

②間接費用：直接人工 1,725 元，製造費用 2,350 元。

(2) 月初在產品累計耗用工時：101 批號 1,800 工時，102 批號 590 工時，103 批號 960 工時。月初累計耗用 3,350 工時。

(3) 本月的產品批別、發生的工時和直接材料見表 10-21。

表 10-21　產品的批別、工時和直接材料費用

產品名稱	批號	批量	投產日期	完工日期	本月發生工時	本月發生直接材料
甲	101	10 件	2 月	4 月	450	250
乙	102	5 件	3 月	4 月	810	300
丙	103	4 件	3 月	預計 6 月	1,640	300

(4) 本月發生的各項費用：直接工資 1,400 元，製造費用 2,025 元。

【要求】根據上述有關資料計算 4 月份已完工的 101 批的甲產品、102 批的乙產品的成本，未完工的 103 批的丙產品暫不分配負擔間接費用（見表 10-22 至表 10-25）。

表 10-22　基本生產成本二級帳

年		摘要	直接材料	工時	直接人工	製造費用	合計
月	日						

表 10-23　基本生產成本明細帳

批號：101　　　　　　　　　　　　　　　　　　　投產日期：2 月
產品名稱：甲產品　　　　　批量：10 件　　　　　完工日期：4 月

年		摘要	直接材料	工時	直接人工	製造費用	合計
月	日						

表 10-24　基本生產成本明細帳

批號：102　　　　　　　　　　　　　　　　　　　投產日期：3 月
產品名稱：乙產品　　　　　批量：5 件　　　　　 完工日期：4 月

年		摘要	直接材料	工時	直接人工	製造費用	合計
月	日						

表 10-25　基本生產成本明細帳

批號：103　　　　　　　　　　　　　　　　　　　投產日期：3 月
產品名稱：丙產品　　　　　　　批量：4 件　　　　完工日期：6 月

年		摘要	直接材料	工時	直接人工	製造費用	合計
月	日						

第十一章　產品成本核算的分步法

【案例導入】

　　紅星紡織廠有紡紗、織布和印染3個生產車間，生產和銷售印染花布。紡紗車間月初在產品成本為125,000元；本月投入原材料（棉花）費用為500,000元，發生加工費用為100,000元；月末在產品成本為125,000元，本月完工產品（棉紗）總成本為600,000元，棉紗已經交織布車間。織布車間月初在產品成本為140,000元；本月本車間發生費用為150,000元，紡紗車間轉來棉紗總成本為600,000元，月末在產品成本為140,000元，本月完工產品（坯布）總成本為750,000元，坯布已經交印染車間。印染車間月初在產品成本為160,000元；本月本車間發生費用為100,000元，織布車間轉來坯布總成本為750,000元；月末在產品成本為160,000元。經計算，該廠本月完工產品（花布）總成本為850,000元（160,000+100,000+750,000-160,000），本月完工入庫花布100,000米，單位成本為每米8.5元。

　　思考：該廠紡紗車間棉紗成本的計算採用的是品種法嗎？該廠最終完工產品花布的成本是怎樣計算出來的？該廠的成本核算對象是什麼？

【學習目標】

　　通過對本章內容的學習，在知識方面，掌握分步法的含義和適用範圍，熟悉逐步結轉分步法和平行結轉分步法的特點，理解廣義在產品和狹義在產品的區別；在實務方面，重點掌握逐步結轉分步法和平行結轉分步法成本計算程序，熟悉逐步結轉分步法中按實際成本綜合結轉的方法、成本還原的方法以及平行結轉分步法中在產品約當產量的計算方法。

第一節　分步法概述

一、分步法及其適用範圍

（一）分步法的含義

　　產品成本核算的分步法，是指按照生產過程中各個加工步驟（分品種）為成本核算對象，歸集和分配生產成本，計算各步驟半成品和最後產成品成本的一種方法。

（二）分步法的適用範圍

　　分步法主要適用於產品生產可以劃分為若干生產步驟的大量大批的多步驟生產，

如冶金（煉鐵、煉鋼和軋鋼）、紡織（清花、梳棉、並條、粗紗、細紗等）、機械製造等。在這類企業中，產品生產可以分為若干個生產步驟進行成本管理，通常不僅要求按照產品品種計算成本，還要求按照生產步驟計算成本，以便為考核和分析各種產品及各生產步驟的成本計劃的執行情況提供資料。

二、分步法的特點

（一）成本核算對象和產品成本計算單的設置

採用分步法計算產品成本時，應當按照產品的生產步驟設立產品成本計算單。如果企業只生產一種產品，成本核算對象就是該種產成品及其所經生產步驟，產品成本計算單應當按照生產步驟設立；如果生產多種產品，成本核算對象則是各種產成品及其所經生產步驟，產品成本計算單應當按照生產步驟分產品品種設立。

企業發生的直接材料、直接人工和其他直接費用，凡能直接計入各成本核算對象的，應當直接記入按成本核算對象設立的產品成本計算單；不能直接計入的應當先按生產步驟歸集，月末再按一定標準分配記入各成本核算對象的產品成本計算單。企業發生的製造費用，應當先按生產單位（車間、分廠）歸集，月末再直接記入或分配記入各成本核算對象的產品成本計算單。

分步法中作為成本核算對象的生產步驟，是按照企業成本管理的要求來劃分的。它與產品實際生產步驟可能一致，也可能不完全一致。在大量大批多步驟生產的企業，生產單位一般是按照生產步驟設立的，為了加強生產單位的成本管理，也要求按照生產單位來歸集生產費用，計算產品成本。因此，分步計算成本一般也就是分生產單位計算成本。但是，當一個生產單位的規模比較大，生產單位內部包含幾個生產步驟，而企業成本管理上又要求在生產單位內部再分生產步驟計算成本時，成本核算對象中的生產步驟就不應當是生產單位，而是生產單位內的生產步驟。此外，為了簡化成本核算，按照企業成本管理的要求，也可以將幾個生產步驟（生產單位）合併為一個成本核算對象（成本核算的一個步驟），來歸集生產費用，計算生產步驟的成本。逐步結轉分步法在完工產品和在產品之間分配生產成本，即在各步驟完工產品和在產品之間進行分配。它的優點：一是能提供各個生產步驟的半成品成本資料；二是為各生產步驟的在產品實物管理及資金管理提供資料；三是能夠全面地反應各生產步驟的生產耗費水準，更好地滿足各生產步驟成本管理的要求。它的缺點：成本結轉工作量較大，各生產步驟的半成品成本如果採用逐步綜合結轉方法，還要進行成本還原，增加了核算的工作量。

（二）成本計算期

分步法以產品品種及其所經生產步驟作為成本核算對象。採用分步法的企業的生產類型是大量大批多步驟生產。採用分步法計算產品成本時，成本計算應當定期按月進行，成本計算期與生產週期不一致，與會計報告期一致。

（三）生產費用在完工產品與月末在產品之間的分配

在大量大批多步驟的生產企業，月末通常有在產品。需要正確計算各生產步驟的

在產品成本,將已經記入產品成本計算單中的生產費用合計數,在完工產品和在產品之間進行分配。

三、分步法成本計算程序

採用分步法計算產品成本,應當先計算各生產步驟的成本,再計算最終完工產成品的成本。在實際工作中,根據成本管理對各生產步驟成本資料的不同要求(如是否要求計算半成品成本)和簡化核算的要求,各生產步驟成本的計算和結轉,一般採用逐步結轉和平行結轉兩種方法,即逐步結轉分步法和平行結轉分步法。逐步結轉分步法和平行結轉分步法各生產步驟的成本計算和結轉方式不同,成本計算程序也不相同。

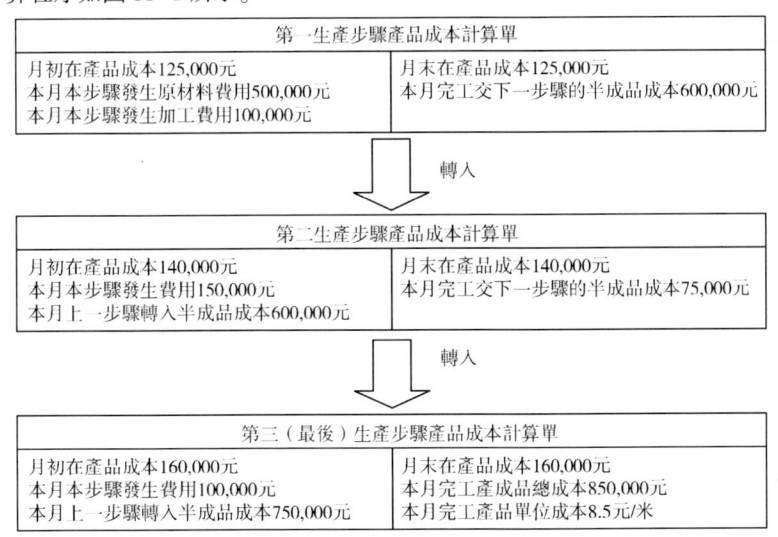

(一)逐步結轉分步法成本計算程序

逐步結轉分步法是為了分步計算半成品成本而採用的一種分步法,也稱計算半成品成本分步法。它是按照產品加工的順序,逐步計算並結轉半成品成本,直到最後加工步驟完成才能計算產成品成本的一種方法。它的成本核算對象是產成品及其所經生產步驟的半成品。它也稱為計算半成品成本的分步法。

逐步結轉分步法成本計算程序:按照產品加工順序首先計算第一生產步驟的半成品成本,然後結轉給第二生產步驟;然後,將第一生產步驟結轉來的半成品成本加上本步驟耗用的材料成本和加工成本,即可求得第二生產步驟的半成品成本,並將其轉入第三生產步驟;這樣按照生產步驟逐步計算並且結轉半成品成本以後,在最後的生產步驟計算出完工產成品成本。在設有半成品倉庫的企業,還應當在半成品倉庫和有關生產步驟(生產半成品和領用半成品的生產步驟)之間,隨著半成品實物收入和發出進行半成品成本的結轉。篇頭案例中採用的就是逐步結轉分步法。逐步結轉分步法成本計算程序如圖 11-1 所示。

```
┌─────────────────────────────────────────────────────────┐
│           第一生產步驟產品成本計算單                      │
├──────────────────────────┬──────────────────────────────┤
│ 月初在產品成本125,000元   │ 月末在產品成本125,000元       │
│ 本月本步驟發生原材料費用  │ 本月完工交下一步驟的半成品    │
│ 500,000元                │ 成本600,000元                 │
│ 本月本步驟發生加工費用    │                               │
│ 100,000元                │                               │
└──────────────────────────┴──────────────────────────────┘
                         ↓ 轉入
┌─────────────────────────────────────────────────────────┐
│           第二生產步驟產品成本計算單                      │
├──────────────────────────┬──────────────────────────────┤
│ 月初在產品成本140,000元   │ 月末在產品成本140,000元       │
│ 本月本步驟發生費用        │ 本月完工交下一步驟的半成品    │
│ 150,000元                │ 成本75,000元                  │
│ 本月上一步驟轉入半成品    │                               │
│ 成本600,000元            │                               │
└──────────────────────────┴──────────────────────────────┘
                         ↓ 轉入
┌─────────────────────────────────────────────────────────┐
│         第三(最後)生產步驟產品成本計算單                │
├──────────────────────────┬──────────────────────────────┤
│ 月初在產品成本160,000元   │ 月末在產品成本160,000元       │
│ 本月本步驟發生費用        │ 本月完工產成品總成本          │
│ 100,000元                │ 850,000元                     │
│ 本月上一步驟轉入半成品    │ 本月完工產品單位成本8.5元/米  │
│ 成本750,000元            │                               │
└──────────────────────────┴──────────────────────────────┘
```

圖 11-1　逐步結轉分步法成本計算程序圖

圖 11-1 中，三個生產步驟各自的成本核算方法與品種法相同。因此，也有人認為，逐步結轉分步法就是品種法的多次連續應用。即在採用品種法計算出第一生產步驟的半成品成本以後，按照下一生產步驟耗用半成品的數量轉入下一生產步驟產品成本計算單；下一生產步驟再次按照品種法的原理歸集本生產步驟發生的費用和所耗上一生產步驟半成品成本，計算本步驟半成品成本，再按照下一生產步驟耗用半成品的數量記入下一生產步驟產品成本計算單，以此逐步計算並結轉半成品成本，直至最後生產步驟計算出產成品成本。

逐步結轉分步法按照成本在下一步驟成本計算單中的反應方式，還可以分為綜合結轉和分項結轉兩種方法。

（二）平行結轉分步法成本計算程序

平行結轉分步法的成本核算對象是產成品及其所經生產步驟。與逐步結轉分步法不同，平行結轉分步法不計算和結轉各生產步驟的半成品成本，因此稱為不計算半成品成本的分步法。

平行結轉分步法成本計算程序是：首先，由各生產步驟計算出某產品（成本核算對象）在本生產步驟所發生的各種費用；然後，將各生產步驟該產品（成本核算對象）所發生的費用在最終產成品與月末在產品（廣義在產品）之間進行分配，確定各生產步驟應計入最終產成品成本的「份額」；最後，將各生產步驟應計入相同產成品成本的份額直接相加（匯總），計算出最終產成品的實際總成本。平行結轉分步法的成本計算程序如圖 11-2 所示。

```
┌─────────────────────────────┐
│ 第一生產步驟產品成本計算單      │
│ 月初在產品成本345,600元         │
│ 本月本步驟發生費用600,000元     │
│ 本月完工產成品成本份額600,000元 │
│ 月末在產品成本345,600元         │
└─────────────────────────────┘

┌─────────────────────────────┐
│ 第二生產步驟產品成本計算單      │
│ 月初在產品成本46,700元          │
│ 本月本步驟發生費用150,000元     │
│ 本月完工產成品成本份額150,000元 │
│ 月末在產品成本46,700元          │
└─────────────────────────────┘

┌─────────────────────────────────┐
│ 完工產品成本計算匯總表           │
│ 第一生產步驟完工產成品份額600,000元 │
│ 第二生產步驟完工產成品份額150,000元 │
│ 第三生產步驟完工產成品份額100,000元 │
└─────────────────────────────────┘

┌─────────────────────────────┐
│ 第三生產步驟產品成本計算單      │
│ 月初在產品成本33,700元          │
│ 本月本步驟發生費用100,000元     │
│ 本月完工產成品成本份額100,000元 │
│ 月末在產品成本33,700元          │
└─────────────────────────────┘
```

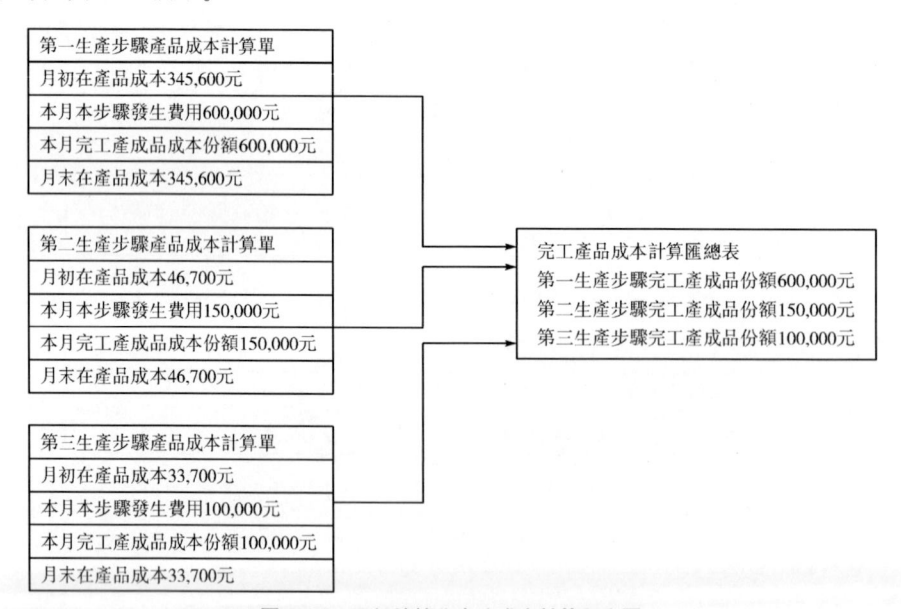

圖 11-2　平行結轉分步法成本計算程序圖

第二節　逐步結轉分步法

一、逐步結轉分步法概述

（一）含義

　　逐步結轉分步法是為了分步計算半成品成本而採用的一種分步法，也稱計算半成品成本分步法。它是按照產品加工的順序，逐步計算並結轉半成品成本，直到最後加工步驟完成才能計算產成品成本的一種方法。

（二）逐步結轉分步法的特點

　　（1）成本計算對象是最終完工產品和各步驟的半成品。
　　（2）成本計算期是每月的會計報告期。
　　連續式複雜生產下必然進行大批量生產，無法劃分生產週期，只能以每月作為成本計算期。
　　（3）必須分步驟確定在產品成本，計算半成品成本和最終完工產品成本。
　　（4）是否進行成本還原，要依成本結轉時採用的具體方法確定。

（三）逐步結轉分步法的適用範圍

　　多步驟複雜生產的大批量生產企業可以運用逐步結轉分步法。具體包括有下列企業：
　　（1）半成品可對外銷售或半成品雖不對外銷售但須進行比較考核的企業。如紡織企業的棉紗、坯布，冶金企業的生鐵、鋼錠、鋁錠，化肥企業的合成氨等半成品都屬於這種情況。
　　（2）一種半成品同時轉作幾種產成品原料的企業。如生產鋼鑄件、銅鑄件的機械企業，生產紙漿的造紙企業。
　　（3）實行承包經營責任制的企業。對外承包必然在內部也要承包或逐級考核，需要計算各步驟的半成品成本。

（四）逐步結轉分步法的優缺點

　　逐步結轉分步法的優點：
　　（1）採用逐步結轉分步法計算產品成本，由於其實物結轉與半成品的成本結構一致，有利於加強對生產資金的管理。
　　（2）可以為各步驟消耗半成品、同行業進行半成品成本的對比、企業內部進行成本分析和考核等提供半成品成本資料。
　　（3）採用綜合結轉法需進行成本還原，計算工作較為複雜。雖為避免進行成本還原可採用分項結轉法，但轉帳手續比較麻煩。
　　逐步結轉分步法的缺點：

按實際成本計價結轉時雖比較準確，但影響了成本計算的及時性，不利於考核和分析各步驟成本的升降原因。按計劃成本計價結轉時，雖能克服按實際成本計價的缺點，但要進行半成品成本差異的計算和調整。

(五) 在產品和完工產品的含義

逐步結轉分步法下，各生產步驟都需要計算所產半成品成本。半成品成本隨著半成品實物的轉移而逐步結轉，直到最後生產步驟計算出完工產成品成本。因此，月末各生產步驟將生產費用在完工產品與月末在產品之間進行分配時，需要分配的生產費用是本生產步驟發生的生產費用加上上一生產步驟轉入的半成品成本；月末在產品是指本生產步驟正在加工尚未完工的在製品，即狹義的在產品；完工產品是指本生產步驟已經完工的半成品（最後生產步驟為產成品）；完工產成品成本是在最後生產步驟計算出來的。

【例題 11-1】下列關於逐步結轉分步法的表述中，不正確的是（　　）。
A. 不必逐步結轉半成品成本
B. 為各生產步驟的在產品實物管理及資金管理提供資料
C. 能夠提供各個生產步驟的半成品成本資料
D. 能夠全面地反應各生產步驟的資產耗費水準
【正確答案】A

二、逐步結轉分步法的分類

採用逐步結轉分步法，各生產步驟之間自製半成品成本的結轉，按照自製半成品成本在下一生產步驟產品成本計算單中反應方式的不同，分為綜合結轉和分項結轉兩種。

(一) 綜合結轉分步法

1. 含義

綜合結轉分步法是指上一生產步驟的半成品成本轉入下一生產步驟時，是以「半成品」或「直接材料」綜合項目記入下一生產步驟成本計算單的方法。

2. 種類

半成品成本的綜合結轉，可以按照生產步驟所產半成品的實際成本結轉，也可以按照企業確定的半成品計劃成本（或定額成本）結轉。

(1) 半成品按實際成本綜合結轉。

採用這種方法結轉時，「自制半成品」綜合項目，在半成品全部從上一步驟直接轉入下一步驟的條件下，就按上一步驟完工半成品總成本登記；在半成品從上一步驟不全部直接轉入下一步驟或通過半成品倉庫收發的條件下，就要根據所耗半成品的數量乘以半成品的單位成本計算。庫存半成品單位成本可以採用先進先出法、後進先出法以及加權平均法等方法確定。

(2) 半成品按計劃成本綜合結轉。

採用這種結轉方法，自制半成品日常收發的明細核算均按計劃成本計價，在半成

品實際成本計算出來後，再以實際成本與計劃成本對比，計算半成品成本差異額和差異率，調整領用半成品的計劃成本。採用這種方法，自製半成品明細帳的「收入」「發出」和「結存」欄以及從第二步驟開始的產品成本計算單中的「自製半成品」項目都設置了「計劃成本」「實際成本」和「成本差異」專欄。這裡的半成品成本差異率、差異額的計算與原材料按計劃成本核算條件下的材料成本差異額、差異率的計算完全相同，就不再列舉。

按計劃成本綜合結轉半成品成本比按實際成本綜合結轉半成品成本，可以簡化和加速半成品核算與產品成本的計算工作；在各步驟的產品成本明細帳中，可明確反應半成品的成本差異；在分析各步驟製造成本時，還可剔除以前步驟半成品成本變動對本步驟產品成本的影響，有利於分清經濟責任，也便於對各工藝環節的成本實施控制和考核。

3. 優缺點

綜合結轉分步法的優點是：可以在各步驟的產品成本明細帳中反應各該步驟完工產品所耗用半成品費用的水準和本步驟加工費用的水準，有利於各個步驟的成本管理。缺點是：為了從整個企業的角度反應產品成本的構成，加強企業綜合成本管理，必須進行成本還原，從而增加核算的工作量。

(二) 分項結轉分步法

1. 含義

分項結轉分步法是指按照產品加工順序，將上一步驟半成品成本按原始成本項目分別轉入下一步驟成本計算單中相應的成本項目內，逐步計算並結轉半成品成本，直到最後加工步驟計算出產成品成本的一種逐步結轉分步法。如果半成品通過半成品庫收發，在自製半成品明細帳中登記半成品成本時，也要按照成本項目分別登記。採用分項結轉分步法計算產品成本的流程與綜合結轉分步法計算產品成本的流程相似，不同的是其上一步驟半成品成本要分成本項目轉入下一步驟。

2. 優缺點

分項結轉分步法的優點：採用分項結轉法結轉半成品成本，可以直接、正確地提供按原始成本項目反應的企業產品成本資料，便於從整個企業的角度考核和分析產品成本計劃的執行情況，不需要進行成本還原。分項結轉分步法的缺點：這一方法的成本結轉工作比較複雜，而且在各步驟完工產品成本中看不出所耗上一步驟半成品費用是多少、本步驟加工費用是多少，不便於進行各步驟完工產品的成本分析。其適用於管理上不要求分別提供各步驟完工產品所耗半成品費用和本步驟加工費用資料，但要求計算各步驟半成品成本且按原始成本項目反應產品成本的企業。

(三) 綜合結轉分步法與逐步分項結轉分步法的區別

(1) 結轉方式不同。逐步分項結轉分步法是將各步驟所耗用的上一步驟半成品成本，按照成本項目分項轉入各該步驟產品成本明細帳的各個成本項目中。而綜合結轉分步法是將各步驟所耗用的上一步驟半成品成本，按照成本項目綜合轉入各該步驟產品成本明細帳的各個成本項目中。

(2) 結轉方法不同。逐步分項結轉分步法由於工作量大而一般多採用按實際成本分項結轉的方法。而綜合結轉分步法可以按照半成品的實際成本結轉，也可以按照半成品的計劃成本（或定額成本）結轉。

(3) 綜合結轉分步法一般需要將綜合結轉算出的產成品成本進行成本還原，以便從整個企業的角度分析和考核產品成本的構成。而分項結轉分步法已經反應成本的具體構成，因此不需要進行成本還原。

三、自制半成品按實際成本綜合結轉

(一) 自制半成品按實際成本綜合結轉舉例

【例11-2】紅星公司生產甲產品分三個步驟，分別由三個車間進行。第一車間生產 A 半成品，第二車間將第一車間生產的 A 半成品生產加工為 B 半成品，第三車間將第二車間生產的 B 半成品生產加工為甲成品。各步驟生產的半成品直接移交到下一步驟。半成品按實際成本計價，原材料在生產開始時一次性投入，各步驟在產品的完工程度均為 50%，各步驟的生產費用在完工產品與月末在產品之間的分配採用約當產量法。

採用綜合結轉分步法進行成本核算。各車間產量及成本資料分別如表 11-1 和11-2 所示。

表 11-1　　紅星企業甲產品產量資料　　　　　　　　單位：件

車間名稱	第一車間（A 半成品）	第二車間（B 半成品）	第三車間（甲成品）
月初在產品	80	300	50
本月投產或上一步驟轉入	420	300	200
本月完工產品	300	200	150
月末在產品	200	400	100

表 11-2　　紅星企業甲產品成本資料　　　　　　　　單位：萬元

成本項目	第一車間 月初在產品成本	第一車間 本月生產費用	第二車間 月初在產品成本	第二車間 本月生產費用	第三車間 月初在產品成本	第三車間 本月生產費用
直接材料	20,000	45,000				
自制半成品			20,000		14,000	
直接人工	12,000	28,000	34,000	46,000	25,000	25,000
製造費用	4,000	6,000	3,000	2,000	4,000	2,000
合計	36,000	79,000	57,000	48,000	43,000	27,000

根據上述材料，採用綜合結轉法計算產品成本。各車間產品成本明細帳如表 11-3、表 11-4 和表 11-5 所示。

表 11-3　產品成本明細帳

第一車間：A 半成品　　　　　　　　　　　　　　　　　　　　　　　單位：元
月末在產品：200 件　　　　　　　　　　　　　　　　　　　　　　　完工：300 件

摘要	成本項目			
	直接材料	直接人工	製造費用	合計
月初在產品成本	20,000	12,000	4,000	36,000
本月生產費用	45,000	28,000	6,000	79,000
合計	65,000	40,000	10,000	115,000
約當產量	500	400	400	
分配率	130	100	25	
完工半成品轉出	39,000	30,000	7,500	76,500
月末在產品成本	26,000	10,000	2,500	38,500

A 半成品月末在產品約當產量＝200×50%＝100（件）
第一車間直接材料分配率＝（20,000+45,000）÷（300+200）＝130（元/件）
第一車間直接人工分配率＝（12,000+28,000）÷（300+100）＝100（元/件）
第一車間製造費用分配率＝（4,000+6,000）÷（300+100）＝25（元/件）
借：自制半成品——A 半成品　　　　　　　　　　　　　　　　76,500
　　貸：生產成本——基本生產成本——第一車間（A 半成品）　　76,500

表 11-4　產品成本明細帳

第二車間：B 半成品　　　　　　　　　　　　　　　　　　　　　　　單位：元
月末在產品：400 件　　　　　　　　　　　　　　　　　　　　　　　完工：200 件

摘要	成本項目			
	自制半成品	直接人工	製造費用	合計
月初在產品成本	20,000	34,000	3,000	57,000
本月生產費用	76,500	46,000	2,000	124,500
合計	96,500	80,000	5,000	181,500
約當產量	600	400	400	
分配率	160.83	200	12.5	
完工半成品轉出	32,166	40,000	2,500	74,666
月末在產品成本	64,334	40,000	2,500	106,834

B 半成品月末在產品約當產量＝400×50%＝200（件）
第二車間直接材料分配率＝（20,000+76,500）÷（400+200）＝160.83（元/件）
第二車間直接人工分配率＝（34,000+46,000）÷（200+200）＝200（元/件）
第二車間製造費用分配率＝（3,000+2,000）÷（200+200）＝12.5（元/件）

借：生產成本——基本生產成本——第二車間（B半成品） 76,500
　　貸：自制半成品———A半成品 76,500
借：自制半成品——B半成品 74,666
　　貸：生產成本——基本生產成本——第二車間（B半成品） 74,666

表11-5　產品成本明細帳

第三車間：甲成品　　　　　　　　　　　　　　　　　　　　單位：元
月末在產品：100件　　　　　　　　　　　　　　　　　　　完工：150件

摘要	成本項目			
	自制半成品	直接人工	製造費用	合計
月初在產品成本	14,000	25,000	4,000	43,000
本月生產費用	74,666	25,000	2,000	101,666
合計	88,666	50,000	6,000	144,666
約當產量	250	200	200	
分配率	354.664	250	30	
完工半成品轉出	53,199.6	37,500	4,500	95,199.6
月末在產品成本	35,466.4	12,500	1,500	49,466.4

甲成品月末在產品約當產量＝100×50%＝50（件）
第三車間直接材料分配率＝（14,000+74,666）÷（150+100）＝354.664（元/件）
第三車間直接人工分配率＝（25,000+25,000）÷（150+50）＝250（元/件）
第三車間製造費用分配率＝（4,000+2,000）÷（150+50）＝30（元/件）
借：庫存商品——甲產品 95,199.6
　　貸：生產成本——基本生產成本（甲成品） 95,199.6

（二）成本還原

　　成本還原，是將產品成本構成中「自制半成品」項目的成本，還原為按「直接材料」「直接人工」和「製造費用」等原始成本反應的成本，從而反應產品成本的原始構成。

　　從【例11-2】中可以看出，在綜合結轉分步法下，除了第一步驟的半成品成本可按照原始成本項目考核具體成本結構外，其餘各步驟的半成品成本中均包括「自制半成品」這個含有綜合費用的成本項目。這種方法的優點是簡化了成本核算工作；但難以反應企業各項生產費用的實際情況，不便於瞭解、考核產品成本結構和分析成本項目的升降情況。因此，當管理上要求提供按原始成本項目反應成本的資料時，必須進行成本還原。

　　成本還原是將成品成本所耗半成品的綜合成本逐步分解，使之還原成為「直接材料」「直接人工」和「製造費用」等原始成本項目，從而求得按原始成本項目反應的產成品成本資料。

　　成本還原的方法是從最後一個生產步驟開始，將其所耗上一生產步驟半成品成本，

按照上一生產步驟所產半成品構成，自後向前逐步分解還原成「原材料」或「直接材料」、「直接人工」和「製造費用」等原始成本項目的成本，直到第一生產步驟為止；然後，將各生產步驟相同成本項目的成本數額加以匯總，就可以求得成本還原後的產成品成本，即按原來成本項目反應的產品成本。成本還原的方法一般有以下兩種：

（1）成本項目比重還原法，即按半成品成本項目占全部成本的比重還原。採用這種方法時，首先，確定各步驟完工半成品中各成本項目占完工半成品成本的比重；然後，將產成品中的半成品成本乘以前一步驟該種半成品的各成本項目的比重，就可以把半成品綜合成本進行分解，還原為原始成本項目。

成本還原計算公式如下（從最後一步驟開始）：

某成本項目的比重＝本期完工半成品成本中該項目的成本÷本期完工半成品成本

還原為某成本項目的成本＝產成品成本中的半成品成本×該成本項目的比重

以【例11-2】實際成本綜合結轉的數據為例，其計算方法如表11-6所示。

表11-6　紅星公司成本還原計算表　　　　　　　　　　單位：元

本月完工：150件　　　　　　　　　　　　　　　　　　未完工：100件

成本項目	第三車間 還原前的產成品成本	第二車間 還原前的半成品	第二車間 成本結構	第二車間 第三車間自製半成品還原後的成本	第一車間 還原前的半成品	第一車間 成本結構	第一車間 第二車間自製半成品還原後的成本	還原後的完工產品成本 總成本	還原後的完工產品成本 單位成本
直接材料					39,000	50.98%	11,683.76	11,683.76	38.95
自製半成品	53,199.6	32,166	43.08%	22,918.39					
直接人工	37,500	40,000	53.57%	28,499.03	30,000	39.22%	8,988.59	74,987.62	249.96
製造費用	4,500	2,500	3.35%	1,782.18	7,500	9.8%	2,246.04	8,528.22	28.42
合計	95,199.6	74,666	100%	53,199.6	76,500	100%	22,918.39	95,199.60	317.33

第二車間本月完工B產品各項目比重計算如下：

自製半成品成本比重＝32,166÷74,666×100%＝43.08%

直接人工比重＝40,000÷74,666×100%＝53.57%

製造費用比重＝2,500÷74,666×100%＝3.35%

第一車間本月完工A產品各項目比重計算如下：

自製半成品成本比重＝39,000÷76,500×100%＝50.98%

直接人工比重＝30,000÷76,500×100%＝39.22%

製造費用比重＝7,500÷76,500×100%＝9.8%

（2）半成品成本比率還原法，即按各步驟耗用半成品總成本占上一步驟完工半成

品總成本的比重還原。這一方法的原理與第一種方法相同。首先，確定產成品成本中半成品綜合成本占上一步驟本月所產該種半成品總成本的比例；然後，以此比例分別乘以上一步驟本月所產該種半成品各成本項目的成本，即可將耗用半成品的綜合成本進行分解、還原。計算公式如下（從最後一步驟開始）：

$$成本還原率 = \frac{各步驟所耗上一步驟半成品成本合計}{上一步驟生產該種半成品成本合計}$$

還原後各成本項目成本 = 本月所產該種半成品中各成本項目成本 × 成本還原率

$$還原後的產品總成本 = 半成品成本項目還原費用 + 最後步驟完工產品成本中的其他成本項目費用$$

以【例 11-2】為例，其計算過程如表 11-7 所示。

表 11-7　紅星公司成本還原計算表　　　　　　　　　　單位：元

本月完工：150 件　　　　　　　　　　　　　　　　未完工：100 件

摘要	成本還原率	第二車間 B 半成品	第一車間 A 半成品	直接材料	直接人工	製造費用	合計
還原前產品成本		53,199.6			37,500	4,500	95,199.6
本月生產 B 半成品成本			32,166	40,000	2,500	74,666
產成品中的 B 半成品成本還原	$\frac{53,199.6}{74,666}$ = 0.712,5	-53,199.6	22,918.3		28,500	1,781.3	0
本月生產 A 半成品成本				39,000	30,000	7,500	76,500
產成品中的 A 半成品成本還原	$\frac{22,918.3}{76,500}$ = 0.299,6		-22,918.3	11,684.4	8,988	2,245.9	0
還原後產品成本				11,684.4	74,988	8,527.2	95,199.6
單位成本				38.95	249.96	28.42	317.33

四、自制半成品按實際成本分項結轉

自制半成品按實際成本綜合結轉與分項結轉，在成本計算程序上完全相同。不同的是，綜合結轉是將上一生產步驟轉入下一生產步驟的自制半成品成本，全部記入下一生產步驟產品成本計算單「自制半成品」成本項目之中；分項結轉是將上一生產步驟轉入下一生產步驟的自制半成品成本，按其原始成本項目，分別記入下一生產步驟產品成本計算單對應的成本項目之中。

【例 11-3】紅星公司生產乙產品，由兩個車間進行。第一車間生產乙半成品，交半成品庫驗收；第二車間按照所需半成品數量向半成品庫領用。第二車間所耗半成品成本按全月一次加權平均單位成本計算。兩個車間的月末在產品均按定額成本計算。

乙產品相關資料見表 11-8、表 11-9 和表 11-10 所示。

表 11-8 乙產品產量記錄表

項目	一車間（件）	二車間（件）
月初在產品	600	300
本月投入或上一車間轉入	1,800	1,200
本月完工產品	1,200	900
月末在產品	1,200	600

表 11-9 各車間月末在產品定額成本資料　　　　單位：元

項目	一車間 單位消耗定額	一車間 計劃單價	二車間 單位消耗定額	二車間 計劃單價
直接材料	31	2.5	55.4	1.25
直接人工	32.5	0.9	50	0.995
製造費用	38.5	1	51	1.25
單位成本		145.25		182.75

表 11-10 乙產品成本資料　　　　單位：元

項目	一車間 直接材料	一車間 直接人工	一車間 製造費用	二車間 直接材料	二車間 直接人工	二車間 製造費用
月初在產品成本	74,800	20,500	25,900	76,200	26,700	31,900
本月發生費用	128,000	63,500	84,500		25,800	27,500

根據上述資料，採用分項結轉分步法計算乙產品成本，具體見表 11-11、表 11-12 和表 11-13。

表 11-11 成本計算單　　　　單位：元

車間名稱：第一車間　　　　　　　　　　　　　　完工產品：1,200 件
產品名稱：乙產品　　　　　　　　　　　　　　　月末在產品：1,200 件

摘要	成本項目 直接材料	直接人工	製造費用	合計
月初在產品成本	74,800	20,500	25,900	121,200
本月發生費用	128,000	63,500	84,500	276,000
合計	202,800	84,000	110,400	397,200
完工產品總成本	109,800	48,900	64,200	222,900
完工產品單位成本	91.5	40.75	53.5	185.75
月末在產品成本	93,000	35,100	46,200	174,300

其中：直接材料月末在產品成本＝31×2.50×1,200＝93,000（元）
直接人工月末在產品成本＝32.5×0.90×1,200＝35,100（元）
製造費用月末在產品成本＝38.5×1.00×1,200＝46,200（元）

表 11-12　自制半成品明細帳　　　　　　　　　　　　　單位：元

車間名稱：第一車間　　　　　　　　　　　　　　　　　產品名稱：乙產品

項目	數量（件）	直接材料	直接人工	製造費用	合計
月初餘額	1,000	88,200	39,100	54,600	181,900
本月增加	1,200	109,800	48,900	64,200	222,900
合計	2,200	198,000	88,000	118,800	404,800
單位成本		90	40	54	184
本月減少	1,200	108,000	48,000	64,800	220,800
月末餘額	1,000	90,000	40,000	54,000	184,000

其中：直接材料單位成本＝198,000÷2,200＝90（元/件）
直接人工單位成本＝88,000÷2,200＝40（元/件）
製造費用單位成本＝118,800÷2,200＝54（元/件）

表 11-13　成本計算單　　　　　　　　　　　　　　　　單位：元

車間名稱：第二車間　　　　　　　　　　　　　　　　　完工產品：900 件
產品名稱：乙產品　　　　　　　　　　　　　　　　　　月末在產品：600 件

摘要	成本項目			
	直接材料	直接人工	製造費用	合計
月初在產品成本	76,200	26,700	31,900	134,800
轉入半成品成本	108,000	48,000	64,800	220,800
本月發生費用		25,800	27,500	53,300
合計	184,200	100,500	124,200	408,900
完工產品總成本	142,650	70,650	85,950	299,250
完工產品單位成本	158.5	78.5	95.5	332.5
月末在產品成本	41,550	29,850	38,250	109,650

其中：直接材料月末在產品成本＝55.4×1.25×600＝41,550（元）
直接人工月末在產品成本＝50×0.995×600＝29,850（元）
製造費用月末在產品成本＝51×1.25×600＝38,250（元）

從【例11-3】各表中可以看出，採用分項結轉分步法逐步結轉半成品成本，可以直接、正確地提供原始成本項目反應的產成品成本資料，便於從整個企業角度考慮和分析產品成本計劃的執行情況。這種結轉方法一般適用於管理上不要求分別提供各步驟完工產品所耗半成品費用和本步驟加工費用，但要求按原始成本項目反應產品成本的企業。

第三節　平行結轉分步法

一、平行結轉分步法概述

（一）含義

平行結轉分步法是指各生產步驟只歸集計算本步驟直接發生的生產費用，不計算結轉本步驟所耗用上一步驟的半成品成本；各生產步驟分別與完工產品直接聯繫，本步驟只提供在產品成本和加入最終產品成本的份額，平行獨立、互不影響地進行成本計算，平行地把份額計入完工產品成本。

（二）在產品和完工產品的含義

平行結轉分步法的成本核算對象是產成品及其所經過的生產步驟；各生產步驟只歸集本步驟發生的費用，不計算半成品成本；半成品實物已經轉移，但成本沒有結轉。因此，月末各生產步驟將生產費用在完工產品與月末在產品之間進行分配時，生產費用僅指本生產步驟發生的費用，沒有上一生產步驟轉入的費用；完工產品是指企業最終完工的產成品；在產品是指廣義在產品，既包括本生產步驟正在加工的在製品（狹義在產品），又包括本生產步驟已經加工完成轉入以後各生產步驟，但尚未最終製成產成品的半成品。

（三）特點

（1）成本計算對象是最終完工產品；在平行結轉分步法中，各生產步驟的半成品都不作為成本計算對象，各步驟的成本計算都是為了算出最終產品的成本。

（2）成本計算期是每月的會計報告期，這是大批量生產的組織特點所決定的。

（3）半成品實物流轉與半成品成本的結轉相分離。

（四）平行結轉分步法的優缺點

（1）各生產步驟月末可以同時進行成本計算，不必等待上一步驟半成品成本的結轉，從而加快了成本計算工作的速度，縮短了成本計算的時間。

（2）能直接提供按原始成本項目反應的產品成本的構成，有助於進行成本分析和成本考核。

（3）半成品成本的結轉同其實物結轉相脫節，各步驟成本計算單上的月末在產品成本與實際結存在該步驟的在產品成本不一致，因而，不利於加強對生產資金的管理。

（五）平行結轉分步法的適用範圍

平行結轉分步法適用於多步驟複雜生產。總的來說，只要不要求提供各步驟半成品成本，前文的運用逐步結轉分步法的企業都可運用平行結轉分步法。隨著中國企業經濟責任制的推行，企業普遍實行內部經濟責任制和責任會計，尤其是在建立社會主義市場經濟的進程中，大量的企業要按公司法的規定進行規範化改組，企業內部的責

權利的實施在很大程度上依賴於各車間的成本指標考核，必然要求各車間要計算半成品成本。所以，平行結轉分步法的運用範圍將大大縮小，更多企業將採用逐步結轉分步法。

平行結轉分步法具體運用於下列企業：

（1）半成品無獨立經濟意義或雖有半成品但不要求單獨計算半成品成本的企業，如磚瓦廠、瓷廠等。

（2）一般不計算零配件成本的裝配式複雜生產企業，如大批量生產的機械製造企業。

二、平行結轉分步法舉例

【例11-4】藍天工廠生產甲產品，分三個生產步驟完成。原材料在第一步驟開始時已全部投入，各步驟月末在產品完工程度均為50%。由於半成品不出售，管理上不要求計算半成品成本，故採用平行結轉分步法計算甲產品成本。各車間產量資料如表11-14所示。

表11-14　各車間產量資料　　　　　　　　　單位：件

車間名稱	第一車間	第二車間	第三車間
月初在產品	80	50	100
本月投產或上一步驟轉入	420	300	200
本月完工產品	300	200	250
月末在產品	200	150	50

計算各步驟產品的約當產量時，應該從廣義在產品的角度來考慮，即：

某一步驟在產品約當產量 = 最終完工產品產量 + 本步驟之後各步驟的月末在產品 + 本步驟月末在產品數量 × 完工程度

某項生產費用分配率＝某步驟某成本項目費用合計÷該步驟產品約當產量

某步驟應轉入完工產品份額＝企業最終完工入庫產量×該步驟某項生產費用分配率

第一車間產品成本明細帳如表11-15所示。

表11-15　產品成本明細帳　　　　　　　　　單位：元

生產步驟：第一車間　　　　　　　　　　　　產品名稱：甲產品

摘要	成本項目			
	直接材料	直接人工	製造費用	合計
月初在產品成本	20,000	12,000	4,000	36,000
本月生產費用	45,000	28,000	6,000	79,000
合計	65,000	40,000	10,000	115,000
約當產量	650	550	550	

172

表11-15(續)

摘要	成本項目			
	直接材料	直接人工	製造費用	合計
分配率	100	72.73	18.18	
最終完工產品數量	250	250	250	250
應結轉完工產品成本	25,000	18,181.82	4,545.45	47,727.27
月末在產品成本	40,000	21,818.18	5,454.55	67,272.73

直接材料約當產量＝250+150+200+50＝650（件）
直接人工、製造費用約當產量＝250+150+50+200×50%＝550（件）
直接材料分配率＝65,000÷650＝100（元/件）
直接人工分配率＝40,000÷550＝72.73（元/件）
製造費用分配率＝10,000÷550＝18.18（元/件）
第二車間產品成本明細帳如表11-16所示。

表11-16　產品成本明細帳　　　　　　　　　單位：元

生產步驟：第二車間　　　　　　　　　　　　產品名稱：甲產品

摘要	成本項目			
	直接材料	直接人工	製造費用	合計
月初在產品成本		15,000	3,000	18,000
本月生產費用		45,000	3,000	48,000
合計		60,000	6,000	66,000
約當產量		375	375	
分配率		160	16	
最終完工產品數量		250	250	250
應結轉完工產品成本		40,000	4,000	44,000
月末在產品成本		20,000	2,000	22,000

直接人工、製造費用約當產量＝250+150×50%+50＝375（件）
直接人工分配率＝60,000÷375＝160（元/件）
製造費用分配率＝6,000÷375＝16（元/件）。
第三車間產品成本明細帳如表11-17所示。

表11-17　產品成本明細帳　　　　　　　　　單位：元

生產步驟：第三車間　　　　　　　　　　　　產品名稱：甲產品

摘要	成本項目			
	直接材料	直接人工	製造費用	合計
月初在產品成本		30,000	3,000	33,000

173

表11-17(續)

摘要	成本項目			
	直接材料	直接人工	製造費用	合計
本月生產費用		45,000	6,000	51,000
合計		75,000	9,000	84,000
約當產量		275	275	
分配率		273	33	
最終完工產品數量	250	250	250	
應結轉完工產品成本		68,182	8,182	76,364
月末在產品成本		6,818	818	7,636

直接人工、製造費用約當產量＝250＋50×50％＝275（件）
直接人工分配率＝75,000÷275＝273（元/件）
製造費用分配率＝9,000÷275＝33（元/件）
根據第一車間、第二車間、第三車間產品成本明細帳所記產成品成本的份額，平行匯總產品成本匯總表，如表11-18所示。

表 11-18　產品成本匯總表　　　　　　　　　單位：元

產品名稱：甲產品　　　　　　　　　　　　　完工數量：250件

成本項目	直接材料	直接人工	製造費用	合計
第一步驟轉入	25,000	18,181.82	4,545.45	47,727.27
第二步驟轉入		40,000	4,000	44,000
第三步驟轉入		68,182	8,182	76,364
合計	25,000	126,363.82	16,727.45	168,091.27
單位成本	100	505.46	66.91	672.37

三、平行結轉分步法和逐步結轉分步法的區別

(一) 根本區別

逐步結轉分步法要求各步驟計算出半成品成本，由最後一步計算出完工產品成本，所以又稱為「半成品成本法」。

平行結轉分步法各步驟只計算本步驟生產費用應計入產成品成本的「份額」，最後將各步驟應計入產成品成本的「份額」平行匯總，計算出最終完工產品的成本，因此，又稱為「不計算半成品成本法」。

(二) 在產品概念不同

逐步結轉分步法所指的在產品是指本步驟尚未完工，仍需要在本步驟繼續加工的

在產品，是狹義的在產品。

平行結轉分步法所指的在產品，是指本步驟尚未完工以及後面各步驟仍在加工，尚未最終完工的在產品，因此，是廣義的在產品。

(三) 完工產品的概念不同

逐步結轉分步法所指的完工產品，是指各步驟的完工產品，通常是半成品，只有最後步驟的完工產品才是產成品，因此，是廣義的完工產品。由於半成品成本隨實物的轉移而轉移，所以最後步驟完工產品成本就是產成品成本。

平行結轉分步法所指的完工產品，是指最後步驟的完工產品，因此，是狹義的完工產品。完工產品的成本由各步驟平行轉出的「份額」匯總而成。

(四) 成本費用的結轉和計算方法不同

逐步結轉分步法的成本費用，隨半成品的轉移而結轉到下一步驟的生產成本費用中去，即成本費用隨實物的轉移而轉移；因此，各步驟生產的成本費用既包括本步驟發生的費用，還包括上一步驟轉來的費用。產品在最後步驟完工時計算出來的成本，就是完工產品成本。

平行結轉分步法的生產費用，並不隨半成品的轉移而轉入下一步驟，因此，各步驟生產的成本費用僅是本步驟發生的成本費用。產品最終完工時，各步驟將產成品在本步驟應承擔的成本費用「份額」轉出，並由此匯總出完工產品成本。

【思考練習】

一、單項選擇題

1. 採用分步法計算產品成本時，生產成本明細帳的設立應按照（　　）。
   A. 生產批別　　　　　　　　B. 生產步驟和產品品種
   C. 生產車間　　　　　　　　D. 成本項目
2. 採用逐步結轉分步法，如果半成品完工後，要通過半成品庫收發，在半成品入庫時，應借記（　　）帳戶，貸記「基本生產成本」帳戶。
   A.「庫存商品」　　　　　　　B.「在產品」
   C.「製造費用」　　　　　　　D.「自制半成品」
3. 在逐步結轉分步法下，在產品是指（　　）。
   A. 廣義在產品　　　　　　　B. 各步驟自制半成品
   C. 狹義在產品　　　　　　　D. 各步驟的半成品和在產品
4. 逐步結轉分步法實際上是（　　）的多次連接應用。
   A. 品種法　　　　　　　　　B. 分批法
   C. 分步法　　　　　　　　　D. 分類法
5. 採用逐步結轉分步法時，完工產品與在產品之間的費用分配，是指在（　　）

之間的費用分配。

    A. 產成品與月末在產品

    B. 完工半成品與月末加工中的在產品

    C. 產成品與廣義的在產品

    D. 前面步驟的完工半成品與加工中的在產品，最後步驟的產成品與加工中的在產品

6. 半成品成本流轉與實物流轉相一致，又不需要成本還原的方法是（　　）。

    A. 逐步結轉分步法　　　　　　B. 分項結轉分步法

    C. 綜合結轉分步法　　　　　　D. 平行結轉分步法

7. 某種產品由三個生產步驟產成，採用逐步結轉分步法計算成本。本月第一生產步驟轉入第二生產步驟的生產費用為 2,300 元，第二生產步驟轉入第三生產步驟的生產費用為 4,100 元。本月第三生產步驟發生的費用為 2,500 元（不包括上一生產步驟轉入的費用），第三生產步驟月初在產品費用為 800 元，月末在產品費用為 600 元。本月該種產品的產成品成本為（　　）元。

    A. 10,900　　　　　　　　　　B. 6,800

    C. 6,400　　　　　　　　　　　D. 2,700

8. 需要進行成本還原的分步法是（　　）。

    A. 平行結轉法　　　　　　　　B. 分項結轉法

    C. 綜合結轉法　　　　　　　　D. 逐步結轉法

9. 成本還原的目的是求得按（　　）反應的產成品成本資料。

    A. 計劃成本項目　　　　　　　B. 定額成本項目

    C. 原始成本項目　　　　　　　D. 半成品成本項目

10. 成本還原的對象是（　　）。

    A. 產成品成本

    B. 各步驟所耗上一步驟半成品的綜合成本

    C. 各步驟半成品成本

    D. 最後步驟的產成品成本

11. 採用平行結轉分步法計算產品成本時，不論半成品是否在各生產步驟間直接轉移，還是通過半成品庫收發，其總分類核算（　　）。

    A. 均不通過「自制半成品」帳戶進行

    B. 均通過「自制半成品」帳戶進行

    C. 均在「基本生產成本」明細帳內部轉帳

    D. 均設「庫存半成品」帳戶進行

二、多項選擇題

1. 企業為了（　　），需要計算產品各生產步驟的半成品成本。

    A. 提供各種產成品所耗用的同一種半成品的費用數據

    B. 簡化和加速成本計算工作

C. 進行同行業半成品成本指標的對比

D. 計算對外銷售的半成品的損益

2. 在分步法中,相互對稱的結轉方法有( )。

A. 逐步結轉與分項結轉　　　B. 綜合結轉與平行結轉

C. 逐步結轉與平行結轉　　　D. 綜合結轉與分項結轉

3. 採用綜合結轉法,應將各步驟所耗用的半成品成本,以( )項目綜合記入其生產成本明細帳中。

A.「直接材料」　　　　　　B.「直接人工」

C.「自制半成品」　　　　　D.「製造費用」

4. 廣義的在產品包括( )。

A. 尚在本步驟加工中的在產品

B. 企業最後一個步驟的完工產品

C. 轉入各半成品庫的半成品

D. 已從半成品庫轉到以後各步驟進一步加工、尚未最後制成的產成品

5. 逐步結轉分步法的特點有( )等。

A. 可以計算出半成品成本　　B. 半成品成本隨著實物的轉移而結轉

C. 期末在產品是指狹義在產品　D. 期末在產品是指廣義在產品

6. 平行結轉分步法的特點是( )。

A. 各生產步驟不計算半成品成本,只計算本步驟所發生的生產費用

B. 各步驟之間不結轉半成品成本

C. 各步驟應計算本步驟發生的生產費用中應計入產成品成本的「份額」

D. 將各步驟應計入產成品成本的「份額」平行結轉,匯總計算產成品的總成本和單位成本

7. 平行結轉分步法下,第二生產步驟的在產品包括( )。

A. 第一生產步驟完工入庫的半成品　B. 第二生產步驟正在加工的在產品

C. 第二生產步驟完工入庫的半成品　D. 第三生產步驟正在加工的在產品

8. 採用平行結轉分步法計算產品成本,最後一個生產步驟的產品成本明細帳中,能夠反應的數據有( )。

A. 所耗上一步驟的半成品成本

B. 本步驟費用

C. 本步驟費用中應計入產品成本的份額

D. 產成品實際成本

9. 平行結轉分步法與逐步結轉分步法相比,缺點有( )。

A. 各步驟不能同時計算產品成本

B. 需要進行成本還原

C. 不能為實物管理和資金管理提供資料

D. 不能提供各步驟的半成品成本資料

10. 在平行結轉分步法下,完工產品與月末在產品之間的費用分配,不是指下列的

（　　）。

  A. 在各步完工半成品與狹義在產品之間分配
  B. 在產成品與廣義在產品之間分配
  C. 在各步完工半成品與廣義在產品之間分配
  D. 在產成品與狹義在產品之間分配

三、判斷題

1. 分步法的顯著特徵是計算半成品成本。（　　）
2. 分步法中作為成本計算對象的生產步驟，應當與產品的加工步驟一致。（　　）
3. 在逐步結轉分步法下，不論是綜合結轉還是分項結轉，半成品成本都是隨著半成品實物的轉移而逐步結轉的。（　　）
4. 採用逐步結轉分步法，半成品成本的結轉與半成品實物的轉移是不一致的。（　　）
5. 採用分步法時不論綜合結轉還是分項結轉，第一步驟的生產成本明細帳的登記方法均相同。（　　）
6. 採用分項結轉法結轉半成品成本，可以直接正確提供按原始成本項目反應的企業產品成本資料，而無須進行成本還原。（　　）
7. 採用分項結轉法結轉半成品成本，在各步驟完工產品成本中看不出所耗上一步驟半成品的費用和本步驟加工費用的水準。（　　）
8. 成本還原改變了產成品成本的構成，但不會改變產成品的成本總額。（　　）
9. 廣義在產品包括狹義在產品和半成品。（　　）
10. 平行結轉分步法下，各步驟在產品成本與在產品實物量不一致。（　　）

四、實務操作題

（一）練習產品成本計算的分步法——逐步分項結轉分步法

【資料】海東企業生產甲產品，有兩個基本生產車間順序進行加工，在產品按定額成本計價；半成品通過半成品庫收發。各步驟所耗半成品成本按加權平均單位成本計算。該廠本月份產量、成本和在產品定額成本及月初結存自製半成品資料見表11-19至表11-22。

表11-19　產品產量記錄　　　　　　　　單位：件

項目	一車間	二車間
月初在產品	100	120
本月投產或上步轉入	540	520
本月完工產品	500	540
月末在產品	140	100

表 11-20　單位在產品定額成本資料　　　　　　　　　　　單位：元

項目	直接材料	直接人工	製造費用	合計
一車間	100	80	69	249
二車間	130	100	80	310

表 11-21　生產費用資料　　　　　　　　　　　　　　　　單位：元

成本項目	一車間 月初在產品	一車間 本月費用	二車間 月初在產品	二車間 本月費用
直接材料	10,000	120,000	15,600	—
直接人工	8,000	76,000	12,000	24,000
製造費用	6,900	40,800	9,600	26,600
合計	24,900	236,800	37,200	50,600

表 11-22　自制半成品期初資料　　　　　　　　　　　　　單位：元

摘要	數量	直接材料	直接人工	製造費用	合計
月初餘額	110	25,319	15,894	8,381	49,594

【要求】1. 編製第一車間、第二車間生產成本明細帳（見表11-23、表11-24）。
2. 登記自制半成品明細帳（見表11-25）。

表 11-23　基本生產成本明細帳

車間名稱：一車間　　　　　　　　　　　　　　　　　產品名稱：甲半成品

項目	直接材料	直接人工	製造費用	合計
月初在產品定額成本				
本期發生費用				
費用合計				
完工半成品成本				
半成品單位成本				
月末在產品定額成本				

表 11-24　基本生產成本明細帳

車間名稱：二車間　　　　　　　　　　　　　　　　　產品名稱：甲產品

項目	直接材料	直接人工	製造費用	合計
月初在產品定額成本				
本月本步驟費用				
上一車間轉入費用				

表11-24(續)

項目	直接材料	直接人工	製造費用	合計
費用合計				
完工產品成本				
單位成本				
月末在產品定額成本				

表 11-25　自製半成品明細帳

半成品名稱：甲半成品

摘要	數量	直接材料	直接人工	製造費用	合計
月初餘額					
本月增加					
合計					
單位成本					
本月減少					
月末餘額					

（二）練習產品成本計算的分步法——逐步綜合結轉分步法

【資料】海東企業生產的丁產品，分兩個生產步驟連續加工。其中：第一步驟製造丁半成品，入半成品庫。第二步驟領用丁半成品繼續加工成丁產成品。成本計算採用逐步綜合結轉分步法。8月份有關成本資料如下：

（1）第一車間完工丁半成品25件，在產品10件。本車間的在產品成本採用定額成本法計算。在產品的單位定額成本分別為：原材料25元，工資及福利費10元，燃料及動力費18元，製造費用13元。本月有關的成本資料如下（見表11-26）：

表11-26　第一車間成本資料　　　　　　　　　　　　　　單位：元

項目	產量	原材料	工資及福利費	燃料及動力費	製造費用	合計
月初在產品成本	15件	300	150	250	210	910
本月發生的生產費用	20件	600	250	780	720	2,350

（2）自製丁半成品的明細帳資料（見表11-27）：第二車間本月領用丁半成品10件投入生產，發出半成品成本採用全月一次加權平均單價計算。

表11-27　自製半成品——丁半成品明細帳

月初結存		本月增加		合計		加權平均		本月減少		月末結存	
數量	金額	數量	金額	數量	金額	單價	金額	數量	金額	數量	金額
5	535	25		30				10		20	

（3）第二車間本月領用丁半成品10件，在生產時一次性投入，本月完工丁產品5件，在產品10件。本車間的在產品成本採用約當產量法計算，本月在產品完工程度為50%。有關成本計算資料如下（見表11-28）：

表11-28　第二車間成本資料　　　　　　　　　　　　單位：元

項目	產量	半成品	工資及福利費	燃料及動力	製造費用	合計
月初在產品成本	5件	506	300	500	404	1,710
本月發生的生產費用	10件		400	700	500	

【要求】採用綜合結轉法進行成本計算，並對丁產品進行成本還原。
1. 計算各步驟產品成本，填入表11-29、表11-30、表11-31中。

表11-29　第一車間成本計算單　　　　　　　　　　單位：元

項目	原材料	工資及福利費	燃料及動力	製造費用	合計
月初在產品成本					
本月發生的費用					
合計					
本月完工產品成本（　）件					
月末在產品成本（　）件					

表11-30　自製半成品——丁半成品明細帳
（全月一次加權平均法）

| 年 | | 月初結存 || 本月增加 || 合計 ||| 本月減少 || 月末結存 ||
月	日	金額	數量	金額	數量	單價	金額	數量	金額	數量	金額

表11-31　第二車間成本計算單

項目	半成品	工資及福利費	燃料及動力	製造費用	合計
月初在產品成本					
本月發生的費用					
合計					
約當產量					
分配率					
本月完工產品成本（　）件					
月末在產品成本（　）件					

2. 對完工的丁產品成本進行成本還原（見表11-32）。

表 11-32　產成品成本還原計算表

產品名稱：　　　　　　　　　　　　產量：

項目	產量	還原分配率	半成品	原材料	工資及福利費	燃料及動力	製造費用	成本合計
還原前產成品成本								
本月所產半成品成本								
產成品所耗半成品成本進行還原								
還原後產成品總成本								
還原後產品單位成本								

（三）練習成本計算的分步法——平行結轉分步法

【資料】假設海東企業生產的C產成品，需要經過三個步驟加工完成。其中：第一步驟生產A半成品，第二步驟生產B半成品，將A半成品和B半成品交第三步驟裝配成C產成品。第一步驟材料在生產開始時一次性投入，第二步驟材料隨加工程度的深化逐步投入。每件產成品由1件A半成品和1件B半成品裝配而成。各步驟月末在產品的完工程度均為50%，各步驟生產費用採用約當產量比例法在產成品和廣義在產品之間分配。10月份有關成本資料如下：

(1) 產量記錄資料（見表11-33）：

表 11-33　產量記錄　　　　　　　　　　　　　　　單位：件

項目	第一步驟	第二步驟	第三步驟
月初在產品	2,000	3,000	4,000
本月投入	12,000	14,000	10,000
本月完工轉出	10,000	10,000	9,000
月末在產品	4,000	7,000	5,000

(2) 月初在產品成本及本月生產費用資料（見表11-34）：

表 11-34　月初在產品成本計本月生產費用　　　　　　單位：元

項目	直接材料	直接人工	製造費用	合計
月初在產品成本				
第一步驟	52,800	13,900	17,250	83,950
第二步驟	25,500	22,300	27,020	74,820
第三步驟		19,500	22,400	41,900

表11-34(續)

項目	直接材料	直接人工	製造費用	合計
本月生產費用				
第一步驟	317,200	125,850	129,000	572,050
第二步驟	243,000	110,160	119,760	472,920
第三步驟		48,700	52,400	101,100

【要求】計算各步驟應計入產成品成本份額和月末在產品成本，並編製產品成本匯總計算表。

1. 各步驟約當產量的計算（見表11-35）：

表11-35　各步驟約當產量的計算　　　　　　　單位：元

摘要	直接材料	直接人工	製造費用
一車間步驟的約當產量			
二車間步驟的約當產量			
三車間步驟的約當產量			

2. 填製各步驟的成本計算單（見表11-36、表11-37、表11-38）：

表11-36　成本計算單

生產車間：　　　　　　　　　　　　　　　　　　　　　　　單位：元

摘要	直接材料	直接人工	製造費用	合計
月初在產品成本				
本月發生費用				
合計				
該步驟約當產量				
單位成本（分配率）				
計入產品成本的份額				
月末在產品成本				

表11-37　成本計算單

生產車間：　　　　　　　　　　　　　　　　　　　　　　　單位：元

摘要	直接材料	直接人工	製造費用	合計
月初在產品成本				
本月發生費用				
合計				

表11-37(續)

摘要	直接材料	直接人工	製造費用	合計
該步驟約當產量				
單位成本（分配率）				
計入產品成本的份額				
月末在產品成本				

表 11-38　成本計算單

生產車間：

摘要	直接材料	直接人工	製造費用	合計
月初在產品成本				
本月發生費用				
合計				
該步驟約當產量				
單位成本（分配率）				
計入產品成本的份額				
月末在產品成本				

3. 填製成本匯總表（見表 11-39）：

表 11-39　產品成本匯總計算表

產品名稱：　　　　　　　產量：　　　　　　　　　　　單位：元

項目	直接材料	直接人工	製造費用	總成本	單位成本
一車間					
二車間					
三車間					
合計					

第十二章　產品成本核算的分類法

【案例導入】

海興制鞋廠生產的男式和女式牛皮鞋包括10個型號的產品,本月男、女式牛皮鞋全部產品實際總成本為727,800元,如果按10種產品分別計算成本,工作量較大。該廠先按類別計算出本月男式牛皮鞋總成本為397,800元、女式牛皮鞋總成本為330,000元;再將各自的總成本採用系數分配法分別在男式牛皮鞋、女式牛皮鞋內部進行分配。例如,男式牛皮鞋包括38碼至42碼5種號型,定額成本分別為108元、114元、120元、126元、132元,根據定額成本資料計算的系數分別為0.9、0.95、1.0、1.05、1.1;5種號型男式牛皮鞋本月實際產量分別為200雙、200雙、1,500雙、1,000雙、300雙,按系數折算的標準產量分別為180雙、190雙、1,500雙、1,050雙、330雙,標準總產量為3,250雙。用實際總成本397,800元除以標準總產量3,250雙,可以計算出標準產量的單位成本為122.4元;用單位成本乘以標準產量,可以計算出5種號型男式牛皮鞋的總成本分別為22,032元、23,256元、183,600元、128,520元、40,392元;再用各號型的總成本除以對應的實際產量,求得5種號型男式牛皮鞋單位成本分別為100.16元、116.28元、122.40元、128.52元、134.64元。

思考:該廠對男式牛皮鞋、女式牛皮鞋兩類產品總成本的計算是採用品種法嗎?該廠5種號型男式牛皮鞋的成本是如何計算的?該廠的成本核算對象是什麼?

【學習目標】

瞭解同類產品、聯產品、副產品的含義,瞭解分類法的含義和使用範圍,瞭解分類法的特點和成本計算程序,熟悉系數分配法的應用,能夠熟練地運用分類法計算產品成本,熟悉副產品成本的具體計算。

第一節　分類法概述

一、分類法及其適用範圍

產品成本計算的分類法,是指先按產品類別歸集生產費用,計算出各類產品總成本,再採用一定標準對各類產品總成本進行分配的一種成本計算方法。分類法是一種輔助的方法,它必須和品種法,或者分批法、分步法結合起來應用。

分類法主要適用於產品品種、規格繁多,並且可以按照一定要求和標準劃分為一

定類別的企業或企業的生產單位。分類法與企業生產類型沒有直接聯繫，只要企業（或生產單位）的產品可以按照其性質、用途、生產工藝過程和原材料消耗等方面的特點劃分為一定類別，包括同類產品、聯產品以及副產品等的成本計算，都可以採用分類法。

同類產品，是指產品的結構、性質、用途以及使用的原材料、生產工藝過程等大體相同，規格和型號不一的產品。例如，燈泡廠生產的同一類別不同瓦數的燈泡、無線電元件廠生產的同一類別不同規格的無線電元件等，都可以分別歸為同一類產品。

聯產品，是指企業在生產過程中，利用同一種原材料，經過同一個生產過程，同時生產出的幾種使用價值不同的產品，並且這些產品都是企業的主要產品。例如，化工企業在同一生產過程中生產出來的各種主要化工產品，煉焦企業在同一生產過程中生產出來的焦炭和煤氣，煉油企業在生產過程中將原油加工提煉，生產出來的汽油、煤油和柴油等，都分別屬於聯產品。聯產品在聯合加工過程中發生的各種生產費用構成聯產品的共同成本，也稱作聯合成本。聯合成本的歸集和在各種聯產品之間的分配，適宜採用分類法。聯產品雖然可以按類別歸集費用，計算成本，但它同分類法是有區別的，有的聯產品在聯合加工過程結束以後（分離以後）還需繼續加工，追加一部分費用後才能出售。分離以後繼續加工而發生的費用稱為可歸屬成本，應當作為獨立的成本核算對象來歸集和計算其成本，不再採用分類法。即對分離後的繼續加工成本，需要按照分離後產品的生產特點，選擇適當的方法進行計算。因此，聯產品的成本應該包括其所應負擔的聯合成本和分離後的繼續加工成本。

副產品，是指企業在聯產品的生產過程中使用同樣的原材料，並且又是在同一生產過程中生產出來的產品。如：食用油廠在精煉油脂後產生的油腳、皂腳等，洗煤生產中產生的煤泥以及制皂生產中產生的甘油等，都稱為副產品。副產品在聯產品分離之前，應歸為一類計算總成本，然後再採用適當的方法，分配計算主副產品中每種產品的成本。

在生產同類產品、聯產品和有副產品生產的工業企業中，如果按照產品的品種、規格歸集費用、計算成本，則成本計算工作會極為繁重。按一定標準對產品進行分類，按照產品類別來歸集生產費用，再採用適當方法計算各種產品生產成本，可以大大簡化成本計算工作。

二、分類法的特點

分類法是以產品類別開設生產成本明細帳歸集生產費用，計算每一類產品的成本，採用相關分配方法再確定類內各種產品的成本。其特點如下：

（1）分類法是以產品的類別為成本計算對象，開設生產成本明細帳歸集該類產品的生產費用，每種產品發生的費用直接計入其所屬類別後再採用一定的分配標準在所屬類別內進行分配，最後計算出此種產品的成本。分配標準通常包括：①與產品物理特徵有關的標準：質量、體積、長度等。②與生產要素的定額耗費有關的標準：定額消耗量、定額工時等。③與產品經濟價值有關的標準：計劃成本、定額成本、售價等。

（2）分類法的成本計算期要根據成本管理要求和產品生產類型進行確定：如果是

小批生產，配合分批法使用，產品成本計算期就可以不固定；如果是大量生產，需要配合品種法或分步法進行成本計算，產品成本計算期固定。

（3）如果月末存在未完工產品，需要採用約當產量法、定額成本法或定額比例法等分配方法將生產費用在完工產品和月末在產品之間進行分配。

三、分類法的優缺點

採用分類法計算產品成本，每類產品內各種產品的生產費用，不論間接計入費用還是直接計入費用，都採用分配方法分配計算。因而領料憑證、工時記錄和各種費用分配表都可以按照產品類別填列，產品成本明細帳也可以按照產品類別設立，從而簡化成本計算工作；其還能夠在產品品種、規格繁多的情況下，分類掌握產品成本的水準。

由於同類產品內各種產品的成本都是按照一定比例分配計算的，成本計算的結果都有一定的假定性。因此，產品的分類和分配標準（或系數）的確定是否適當，是採用分類法時能否做到既簡化成本計算工作，又使成本計算相對正確的關鍵。在進行產品分類時，類距既不宜定得過小，使成本計算工作複雜；也不能定得過大，造成成本計算的「大雜燴」。在分配標準的選定上，要選擇與成本水準高低有密切聯繫的分配標準。在產品結構、所用原材料或工藝過程發生較大變動時，應該修訂分配系數或考慮另選分配標準，以提高成本計算的正確性。

四、分類法的成本計算程序

（1）根據產品所用原材料和工藝技術過程的不同，將產品劃分為若干類，按照產品類別開設成本明細帳，按照歸集產品的生產費用，計算各類產品的成本。

採用分類法計算成本時，要根據產品結構、所耗用原材料、工藝技術過程等的不同，將產品劃分為若干類別，按照產品的類別設置生產成本明細帳，按照類別歸集產品的生產費用，計算出各類產品的生產成本。

企業應當根據自身生產經營的特點和成本管理的要求，選擇品種法或分批法、分步法等成本計算的基本方法，計算出各類產品的實際總成本。

（2）正確將該類產品總成本在完工產品和在產品之間進行分配。在產品成本可根據年初固定數、所耗原材料費用、完工產品成本，按約當產量法、定額成本法、定額比例法等方法進行計算。

（3）按一定分配標準對類內完工產品進行成本二次分配，計算出類內各種產品的實際總成本和單位成本。

企業應當根據生產經營特點和聯產品、副產品的工藝要求，選擇合理分配方法，分配類內產品、聯產品、副產品的共同成本（聯合成本），計算出類內各種產品（聯產品、副產品）的實際總成本和單位成本。

在類內各種不同產品之間進行成本分配時，可以選擇定額消耗量、定額費用、售價，以及產品的體積、長度和重量等作為分配標準。各成本項目可以採用同一分配標準，也可以按照成本項目的性質，分別採用不同的分配標準。例如，直接材料可以按

材料定額消耗量比例分配，直接人工和製造費用可以按定額工時比例分配。分配標準的選擇，要力求合理、準確。

在實際工作中，常常將分配標準折合成系數，系數一經確定，可以在較長一段時間內使用。按系數分配生產費用的方法，稱為系數分配法。

採用系數分配法，以總系數為標準將類別總成本在類內各產品之間進行分配時，首先在類內產品中選擇標準產品，如產量大、生產穩定的產品，將其系數確定為「1」；其他產品的直接材料、直接人工和製造費用等成本項目，按其與標準產品的關係來確定系數；將各種產品的產量按其系數折算為標準產品產量（總系數）。根據類別總成本與標準產品產量計算出費用分配率，即可計算出類內各種產品的實際總成本和單位總成本。

系數分配法的有關計算公式如下：

$$某種產品系數 = \frac{該產品售價（或定額消耗量、體積）}{標準產品售價（或定額消耗量、體積）}$$

$$某種產品總系數（標準產量）= 該種產品實際產量 \times 該種產品的系數$$

$$費用分配率 = 應分配成本總額 \div 類內各種產品總系數之和$$

$$某種產品應分配費用 = 該種產品總系數 \times 費用分配率$$

第二節　分類法舉例

一、企業基本情況

【例 12-1】海明工廠為大量大批單步驟小型生產企業，設有第一、第二兩個基本生產車間，大量生產 10 種不同規格的電子元件。企業根據 10 種電子元件的產品結構特點和所耗用的原材料及生產工藝技術過程的不同，將 10 種產品分為 M、N 兩大類。M 類產品包括 101、102、103、104、105 五種不同規格的產品，N 類產品包括 201、202、203、204、205 五種不同規格的產品。

根據該廠產品生產特點和成本管理要求，可以先採用品種法的基本原理計算出 M、N 兩大類產品本月完工產品的實際總成本，然後採用系數分配法將兩大類完工產品的實際總成本分配於類內各種規格的產品。

本月生產的 M、N 兩類產品的成本已經按照品種法的基本原理進行歸集和分配，兩類產品的生產費用在本月完工產品和月末在產品之間的分配都是採用定額比例法。

二、成本計算程序

(一) 計算 M、N 兩類產品成本

運用品種法計算，海明工廠 M、N 兩類產品本月完工產品總成本和月末在產品成本分別見表 12-1 和表 12-2。

表 12-1　海明工廠產品成本計算單

產品：M類產品　　　　　　2019年5月

月	日	摘要		直接材料	直接人工	製造費用	合計
5	1	月初在產品定額成本（元）		16,705	56,000	17,800	90,505
5	31	本月生產費用（元）		66,730	501,805	159,065	727,600
5	31	生產費用合計（元）		83,435	557,805	176,865	818,105
5	31	總定額	完工產品定額（元）	70,244	63,750	63,750	
5	31		月末在產品定額（元）	11,156	4,275	4,275	
5	31		總定額合計（元）	81,400	68,025	68,025	
5	31	費用分配率		1.025	8.2	2.6	
5	31	結轉完工產品成本（元）		72,000	522,750	165,750	760,500
5	31	月末在產品定額成本（元）		11,435	35,055	11,115	57,605

表 12-2　海明工廠產品成本計算單

產品：N類產品　　　　　　2019年5月

月	日	摘要		直接材料	直接人工	製造費用	合計
5	1	月初在產品定額成本（元）		10,650	69,500	51,800	131,950
5	31	本月生產費用（元）		65,140	450,500	292,700	808,340
5	31	生產費用合計（元）		75,790	520,000	344,500	940,290
5	31	總定額	完工產品定額（元）	61,050	60,000	60,000	
5	31		月末在產品定額（元）	7,850	5,000	5,000	
5	31		總定額合計（元）	68,900	65,000	65,000	
5	31	費用分配率		1.1	8	5.3	
5	31	結轉完工產品成本（元）		67,155	480,000	318,000	865,155
5	31	月末在產品定額成本（元）		8,635	40,000	26,500	75,135

（二）類內各種產品實際總成本和單位成本的計算

1. 選定標準產品

海明工廠M、N兩類產品，均以生產比較穩定、產量較大、規格適中的產品為標準產品。M類產品以103產品為標準產品，N類產品以203產品為標準產品。標準產品的係數定位為「1」。

2. 確定各種產品係數

海明工廠M、N兩類產品中，直接材料費用按材料消耗定額比例計算係數，直接人工和製造費用按工時消耗定額確定係數。M類產品單位產品材料消耗定額分別為6.0元、5.5元、5.0元、4.0元、3.5元，工時消耗定額分別為1.68小時、1.44小時、1.20小時、

1.08 小時、0.96 小時；N 類產品單位產品材料消耗定額分別為 11.5 元、11.0 元、10.0 元、9.8 元、9.5 元，工時消耗定額分別為 0.864 小時、0.729 小時、0.720 小時、0.648 小時、0.576 小時。M、N 兩類產品類內各產品系數的計算見表 12-3 和表 12-4。

表 12-3　海明工廠產品系數計算表

產品：M 類產品　　　　　　2019 年 5 月

產品名稱	材料消耗定額	材料系數	工時消耗定額	工時系數
101	6.0	1.2	1.68	1.4
102	5.5	1.1	1.44	1.2
103	5.0	1	1.20	1
104	4.0	0.8	1.08	0.9
105	3.5	0.7	0.96	0.8

表 12-4　海明工廠產品系數計算表

產品：N 類產品　　　　　　2019 年 5 月

產品名稱	材料消耗定額	材料系數	工時消耗定額	工時系數
201	11.5	1.15	0.864	1.2
202	11.0	1.10	0.792	1.1
203	10.0	1	0.720	1
204	9.8	0.98	0.648	0.9
205	9.5	0.95	0.576	0.8

3. 確定各種產品本月總系數

海明工廠 M 類產品本月實際產量分別為 7,500 件、6,000 件、32,100 件、7,500 件、9,000 件，N 類產品本月實際產量分別為 4,000 件、8,000 件、55,500 件、5,000 件、8,000 件。根據產品產量資料和表 12-3、表 12-4 所列各種產品的系數，計算出各種產品的總系數，見表 12-5 和表 12-6。

表 12-5　海明工廠產品總系數計算表

產品：M 類產品　　　　　　2019 年 5 月

產品名稱	產品產量（件）	材料 系數	材料 總系數	工時 系數	工時 總系數
101	7,500	1.2	9,000	1.4	10,500
102	6,000	1.1	6,600	1.2	7,200
103	32,100	1	32,100	1	32,100
104	7,500	0.8	6,000	0.9	6,750
105	9,000	0.7	6,300	0.8	7,200
合計			60,000		63,750

表 12-6　海明工廠產品總系數計算表

產品：N 類產品　　　　　　　2019 年 5 月

產品名稱	產品產量（件）	材料 系數	材料 總系數	工時 系數	工時 總系數
201	4,000	1.15	4,600	1.2	4,800
202	8,000	1.10	8,800	1.1	8,800
203	55,500	1	55,500	1	55,500
204	5,000	0.98	4,900	0.9	4,500
205	8,000	0.95	7,600	0.8	6,400
合計			81,400		80,000

4. 計算各種產品總成本和單位成本

根據表 12-1 和表 12-2 所列 M、N 兩類產品本月完工產品總成本，以及表 12-5 和表 12-6 所列各種產品總系數，可以計算出各成本項目的費用分配率，見表 12-7。

表 12-7　海明工廠費用分配率計算表

2019 年 5 月

成本項目	費用分配率 M 類產品	費用分配率 N 類產品
直接材料	72,000÷60,000=1.2	67,155÷81,400=0.825
直接人工	522,750÷63,750=8.2	480,000÷80,000=6
製造費用	165,750÷63,750=2.6	318,000÷80,000=3.975

根據各種產品的總系數和費用分配率，編製產品成本計算表，計算各種產品的實際總成本和單位成本，見表 12-8 和表 12-9。

表 12-8　海明工廠產品成本計算表

產品：M 類產品　　　　　　　2019 年 5 月

產品名稱	產品產量（件）	總系數 材料	總系數 工時	應分配金額 直接材料	應分配金額 直接人工	應分配金額 製造費用	產品成本 總成本	產品成本 單位成本
101	7,500	9,000	10,500	10,800	86,100	27,300	124,200	16.56
102	6,000	6,600	7,200	7,920	59,040	18,720	85,680	14.28
103	32,100	32,100	32,100	38,520	263,220	83,460	385,200	12.00
104	7,500	6,000	6,750	7,200	55,350	17,550	80,100	10.68
105	9,000	6,300	7,200	7,560	59,040	18,720	85,320	9.48
合計		60,000	63,750	72,000	522,750	165,750	760,500	

表 12-9　海明工廠產品成本計算表

產品：N 類產品　　　　　　　　　　2019 年 5 月

產品名稱	產品產量（件）	總系數 材料	總系數 工時	應分配金額 直接材料	應分配金額 直接人工	應分配金額 製造費用	產品成本 總成本	產品成本 單位成本
201	4,000	4,600	4,800	3,975	28,800	19,080	51,675	12.92
202	8,000	8,800	8,800	7,260	52,800	34,980	95,040	11.88
203	55,500	55,500	55,500	45,787.5	333,000	220,612.5	599,400	10.80
204	5,000	4,900	4,500	4,042.5	27,000	17,887.5	48,930	9.79
205	8,000	7,600	6,400	6,270	38,400	25,440	70,110	8.76
合計		81,400	80,000	67,155	480,000	318,000	865,155	

根據上述產品成本資料，編製結轉本月完工入庫產品成本的會計分錄如下：

借：庫存商品——101　　　　　　　　　　　　　124,200
　　　　　　——102　　　　　　　　　　　　　 85,680
　　　　　　——103　　　　　　　　　　　　　385,200
　　　　　　——104　　　　　　　　　　　　　 80,100
　　　　　　——105　　　　　　　　　　　　　 85,320
　貸：生產成本——基本生產生產——M 類產品　　760,500
借：庫存商品——201　　　　　　　　　　　　　 51,675
　　　　　　——202　　　　　　　　　　　　　 95,040
　　　　　　——203　　　　　　　　　　　　　599,400
　　　　　　——204　　　　　　　　　　　　　 48,930
　　　　　　——205　　　　　　　　　　　　　 70,110
　貸：生產成本——基本生產生產——N 類產品　　865,155

第三節　聯產品和副產品的成本計算

一、聯產品的成本計算

聯產品是指用同一種原料，經過同一個生產過程，生產出的兩種或兩種以上的不同性質和用途的產品，屬於企業生產的主要目的。

聯產品是企業的主要產品，是生產活動的主要目標；其銷售價格較高，對企業收入有較大貢獻；聯產品須與其他產品共同進行生產。

聯產品從原料投入到產品銷售要經過三個階段：分離前、分離時和分離後。

(1) 分離前在聯合生產過程中發生的費用匯總後確定聯合成本。

(2) 聯產品分離時的分離點或分裂點是最關鍵的，它是聯合生產過程的結束。在

分離點就必須採用可行的分配辦法，將聯合成本分配於各聯產品。目前廣泛採用的分配方法包括系數分配法、售價法和實物數量法。

售價法下，聯合成本是以分離點上每種產品的銷售價格為比例進行分配的。採用這種方法，要求每種產品在分離點時的銷售價格能夠可靠地計量。

採用實物數量法時，聯合成本是以產品的實物數量為基礎分配的。這裡的「實物數量」可以是數量、重量。實物數量法通常適用於所生產的產品的價格很不穩定或無法直接確定的情況。

（3）分離後，不需進一步加工即可銷售或結轉的聯產品，其成本就是分配的聯產品成本。分離後如需進一步加工的，繼續加工費用為直接費用的可直接計入，為間接費用的應在相關的產品間分配計入。聯合成本加上繼續加工成本為該產品的銷售成本。

【例12-2】海西集團下屬的建福公司第二分廠2019年5月生產甲、乙、丙三種聯產品。本月實際產量為：甲產品40,000千克；乙產品20,000千克；丙產品15,000千克。各種產品的市場售價為：甲產品15元；乙產品24元；丙產品12元。聯產品分離前的聯合成本為1,008,000元（本例為了簡化成本計算，不分成本項目計算）。

（1）根據資料，假設採用系數分配法計算甲、乙、丙產品的成本，見表12-10。

表12-10 聯產品成本計算單（系數分配法）

2019年5月　　　　　　　　　　　　　　　　金額單位：元

產品名稱	實際產量（千克）	系數	標準產量（千克）	分配率	產品總成本	單位成本
甲	40,000	1	40,000		480,000	12.0
乙	20,000	1.6	32,000		384,000	19.2
丙	15,000	0.8	12,000		144,000	9.6
合計	75,000		84,000	12	1,008,000	

備註：確定甲產品為標準產品，系數定為「1」。按產品售價計算乙、丙產品的系數為：乙產品系數＝24÷15＝1.6；丙產品系數＝12÷15＝0.8。

根據表12-10的成本計算單和產品入庫單，編製結轉完工入庫產品成本的會計分錄：

借：庫存商品——甲產品　　　　　　　　　　　　　　480,000
　　　　　　——乙產品　　　　　　　　　　　　　　384,000
　　　　　　——丙產品　　　　　　　　　　　　　　144,000
　　貸：基本生產成本　　　　　　　　　　　　　　1,008,000

（2）根據資料，假設採用實物量分配法計算甲、乙、丙產品的成本，見表12-11。

表12-11 聯產品成本計算單（實物量分配法）

2019年5月　　　　　　　　　　　　　　　　金額單位：元

產品名稱	實際產量（千克）	分配率	產品總成本	單位成本
甲	40,000		537,600	13.44

表12-11(續)

產品名稱	實際產量（千克）	分配率	產品總成本	單位成本
乙	20,000		268,800	13.44
丙	15,000		201,600	13.44
合計	75,000	13.44	1,008,000	

根據表12-11的成本計算單和產品入庫單，編製結轉完工入庫產品成本的會計分錄：

借：庫存商品——甲產品　　　　　　　　　　　　　　　537,600
　　　　　　——乙產品　　　　　　　　　　　　　　　268,800
　　　　　　——丙產品　　　　　　　　　　　　　　　201,600
　　貸：基本生產成本　　　　　　　　　　　　　　　1,008,000

（3）根據資料，假設採用銷售價值分配法計算甲、乙、丙產品的成本，見表12-12。

表 12-12　聯產品成本計算單（銷售價值分配法）

2019 年 5 月　　　　　　　　　　　　　　　金額單位：元

產品名稱	實際產量（千克）	單價	銷售價值	分配率	產品總成本	單位成本
甲	40,000	15	600,000		480,000	12.0
乙	20,000	24	480,000		384,000	19.2
丙	15,000	12	180,000		144,000	9.6
合計	75,000		1,260,000	0.8	1,008,000	

根據表12-12的成本計算單和產品入庫單，編製結轉完工入庫產品成本的會計分錄：

借：庫存商品——甲產品　　　　　　　　　　　　　　　480,000
　　　　　　——乙產品　　　　　　　　　　　　　　　384,000
　　　　　　——丙產品　　　　　　　　　　　　　　　144,000
　　貸：基本生產成本　　　　　　　　　　　　　　　1,008,000

二、副產品的成本計算

副產品是指在生產主要產品過程中附帶生產出的非主要產品。

副產品是次要產品，不是生產活動的主要目標；其銷售價格較低，遠低於主產品，在總銷售收入中的比重很小。

副產品成本計算的關鍵是副產品的計價。副產品的計價方法主要有四種：

（1）副產品的扣除成本為0。當副產品價值極微時，假定其分配的聯合成本為0，聯合成本全部由主產品負擔，副產品的收入直接列入利潤表的其他業務利潤。

（2）副產品只負擔繼續加工成本。聯合成本歸主產品，副產品的收入列其他業務收入，副產品繼續加工成本列其他業務成本。

（3）副產品作價扣除。把副產品的銷售價格扣除繼續加工成本、銷售費用、銷售稅金及合理利潤後作為扣除價格，再從聯合成本中扣除。

$$\begin{matrix}副產品扣\\除單價\end{matrix} = \begin{matrix}單位\\售價\end{matrix} - \left(\begin{matrix}繼續加工\\單位成本\end{matrix} + \begin{matrix}單位銷\\售費用\end{matrix} + \begin{matrix}單位銷\\售稅金\end{matrix} + \begin{matrix}合理的\\單位利潤\end{matrix}\right)$$

（4）聯合成本在主副產品間分配。如果副產品在企業銷售額中還能占據一定的比例，可以按照聯產品分配的辦法來分配聯合成本，這種方法相對準確。

副產品分離前成本的扣除方法有以下兩種：

（1）將副產品成本從分離前共同成本的「直接材料」項目扣除。這種方法適用於主、副產品成本中直接材料費用所占比重較大，或副產品成本占共同成本比重較小的情況。

（2）將副產品成本按其與共同成本的比例，從分離前共同成本的各成本項目中扣除。這種方法適用於主、副產品各成本項目比重相差不大，或者副產品成本占共同成本比重較大的情況。

採用什麼計價標準計量副產品分離前成本，採用什麼扣除方法從共同成本中剝離出副產品成本，是副產品成本計算的主要問題。企業應根據具體情況做出合理選擇。

副產品成本計算較之聯產品成本計算相對簡單。但是，副產品和主產品不是固定不變的，隨著生產技術的發展、產品的開發和綜合利用，在一定條件下，副產品也能轉換成主產品。

【例12-3】紅星工廠在生產主要產品甲的同時，附帶生產乙、丙、丁三種副產品。乙副產品按照售價扣除有關費用的餘額計價，並按比例從共同成本的各成本項目扣除；丙副產品按計劃成本計價，並從共同成本的直接材料項目扣除；丁副產品由於數量較少，價值低廉，故不予以計價。2019年5月有關產量、成本資料見表12-13至表12-15。

表 12-13　產量、單價、計劃成本資料

2019 年 5 月

產品名稱	產量（噸）	單位售價	單位稅金	單位銷售費用	計劃單位成本
甲	500				
乙	100	500	70	30	
丙	50				300
丁	1				

表 12-14　成本資料

2019 年 5 月　　　　　　　　　　　　　　　　　　單位：元

項目	直接材料	直接人工	製造費用	合計
本月發生共同成本	90,000	35,000	25,000	150,000
分離後乙產品加工費用		4,000	2,000	6,000

根據上述資料，編製完工產品成本計算表。

表 12-15　完工產品成本計算表

2019 年 5 月　　　　　　　　　　　　　　　　　　金額單位：元

項目	共同成本 金額	共同成本 比重	丙產品 總成本	丙產品 單位成本	乙產品 總成本 分離前	乙產品 總成本 分離後	乙產品 總成本 合計	乙產品 單位成本	甲產品 總成本	甲產品 單位成本
直接材料	90,000	0.6	15,000	300	20,400		20,400	204.00	54,600	109.20
直接人工	35,000	0.23			7,820	4,000	11,820	118.20	27,180	54.36
製造費用	25,000	0.17			5,780	2,000	7,780	77.80	19,220	38.44

備註：乙產品分離前總成本＝（500-70-30）×100-6,000＝34,000（元）

乙產品分離前直接材料費用＝34,000×0.6＝20,400（元）

乙產品分離前直接人工費用＝34,000×0.23＝7,820（元）

乙產品分離前直接材料費用＝34,000×0.17＝5,780（元）

【思考練習】

一、單項選擇題

1. 成本計算的分類法的特點是（　　）
   A. 按產品類別計算產品成本
   B. 按產品品種計算產品成本
   C. 按產品類別計算各類產品成本，同類產品內各種產品的間接計入費用採用一定方法分配確定
   D. 按產品類別計算各類產品成本，同類產品內各種產品的成本採用一定的方法分配確定

2. 產品成本計算的分類法適用於（　　）。
   A. 品種、規格繁多的產品
   B. 可按一定標準分類的產品
   C. 大量大批生產的產品
   D. 品種、規格繁多並可按一定標準分類的產品

3. 分類法下，在計算同類產品內不同產品的成本時，對於類內產品發生的各項費用（　　）。
   A. 只有直接費用才需直接計入各種產品成本
   B. 只有間接費用才需分配計入各種產品成本
   C. 無論直接費用，還是間接費用，都需採用一定的方法分配計入各種產品成本

D. 直接生產費用直接計入各種產品，間接生產費用分配計入各種產品成本

4. 對於分類法下某類別產品的總成本在類內各種產品之間的分配方法，是根據（　　）確定的。
   A. 產品的生產特點　　　　　　B. 企業管理要求
   C. 成本計算對象　　　　　　　D. 成本計算方法

5. （　　）是系數分配法下的分配標準。
   A. 總系數或標準產量　　　　　B. 產品市場售價
   C. 產品定額成本　　　　　　　D. 產品的面積

6. 如果不同質量等級的產品，是由於違規操作，或者技術不熟練等主觀原因所造成的，一般採用（　　）。
   A. 實物數量的比例分配法　　　B. 系數分配法
   C. 銷售收入分配法　　　　　　D. 標準產量分配法

二、多項選擇題

1. 等級產品是指（　　）。
   A. 使用同一種原材料
   B. 使用不同的原材料
   C. 經過同一生產過程生產出來的品種相同而質量不同的產品
   D. 採用不同的生產工藝技術生產出來的品種相同而質量不同的產品

2. 下列關於副產品及其成本計算的描述，正確的有（　　）。
   A. 副產品指在主要產品生產過程中，附帶生產出來的非主要產品
   B. 副產品不是企業生產活動的主要目的
   C. 副產品的價值比較低時，可以不負擔分離前的聯合成本
   D. 可以按定額成本計算副產品成本

3. 聯產品的聯合成本的分配方法較多，常用的有（　　）。
   A. 實物量分配法　　　　　　　B. 系數分配法
   C. 銷售價值分配法　　　　　　D. 可實現淨值分配法

4. 系數分配法下，用於確定系數的標準可採用（　　）。
   A. 產品的定額成本、計劃成本等成本指標
   B. 產品的重量、體積、長度等經濟技術指標
   C. 定額消耗量、定額工時等產品生產的各種定額消耗指標
   D. 產品的售價等收入指標

5. 在副產品作價扣除法下，副產品的計算成本方法是（　　）
   A. 將副產品與主要產品合為一類，開設成本計算單歸集費用
   B. 按售價扣除稅金和銷售費用、利潤後的餘額，作為副產品應負擔的成本從聯合成本中扣除
   C. 副產品的成本可以從直接材料成本項目中一筆扣除
   D. 副產品的成本可以按比例從聯合成本各成本項目中減除

三、實務操作題

【目的】練習分類法的成本計算方法

【資料】海東企業所屬的第三分廠成本計算採用分類法，其所生產的產品按產品結構分為A、B兩大類，每類產品的月末在產品均按所耗直接材料成本計算，其他費用全部由完工產品負擔，月末在產品成本按定額成本計價法計算。

本月有關資料如下（見表12-16至表12-19）：

表12-16　直接材料定額成本

產品類別	單耗定額（千克）	計劃單價（元）	定額成本（元）
A類產品	10	1	10
B類產品	8	2	16

表12-17　產量和單位定額成本

產品類別	規格	產量（件）	單位定額成本（元）
A類產品	A-1	100	12
	A-2	300	10
	A-3	200	14
B類產品	B-1	300	20
	B-2	100	25
	B-3	50	32

表12-18　月初在產品成本及本月發生費用　　　　　　單位：元

產品類別	月初在產品直接材料定額成本	本月發生費用			
		直接材料	直接人工	製造費用	合計
A類產品	260	5,600	2,300	3,000	10,900
B類產品	180	8,400	2,700	2,000	13,100

表12-19　月末在產品數量及單位定額成本

產品類別	數量（件）	單位定額成本（元）	定額成本（元）
A類產品	A-1　15	12	500
	A-2　18	10	
	A-3　10	14	
B類產品	B-1　3	20	320
	B-2　4	25	
	B-3　5	32	

【要求】編製成本計算表，完成 A、B 各類產品成本和類內各種產品的成本計算。

1. 計算 A、B 類產品的生產成本（見表 12-20 和表 12-21）。

表 12-20　成本計算單

產品：A 類產品　　　　　　　　　　　年　月　　　　　　　　　　　單位：元

2019 年		摘要	直接材料	直接人工	製造費用	合計
月	日					
7	31	期初在產品成本（定額成本）				
8	31	本月生產費用				
8	31	生產費用合計				
8	31	本月完工產品成本				
8	31	期末在產品成本（定額成本）				

表 12-21　成本計算單

產品：B 類產品　　　　　　　　　　　年　月　　　　　　　　　　　單位：元

2019 年		摘要	直接材料	直接人工	製造費用	合計
月	日					
7	31	期初在產品成本（定額成本）				
8	31	本月生產費用				
8	31	生產費用合計				
8	31	本月完工產品成本				
8	31	期末在產品成本（定額成本）				

2. 計算各類產品的類內各種產品的係數，見表 12-22。

表 12-22　各類產品類內各種產品係數計算表

產品類別	規格	產量（件）	單位定額成本（元）	係數	標準產量
A 類產品	A-1				
	A-2				
	A-3				
B 類產品	B-1				
	B-2				
	B-3				

3. 計算各種產品的總成本和單位成本，見表12-23。

表12-23　各類產品類內各種產成品成本計算表
年　月

項目	產量(件)	總系數	直接材料分配額	直接人工分配額	製造費用分配額	各種產品總成本	單位成本
A類產品							
分配率							
A-1							
A-2							
A-3							
合計							
B類產品							
分配率							
B-1							
B-2							
B-3							
合計							

第十三章　產品成本核算的定額法

【案例導入】

海瑞工廠生產乙產品，採用定額法計算成本。其原材料費用如下：

月初在產品：原材料定額費用1,800元，脫離定額差異-30元，月初在產品定額調整-200元。

本月發生：定額費用5,400元，脫離定額差異+100元；本月完工產品定額費用4,800元。本月原材料成本差異率+100，材料成本差異和定額變動差異均由完工產品成本負擔，定額差異在完工產品與月末在產品之間按定額費用比例分配。

思考：如何計算本月完工產品原材料實際費用和月末在產品原材料實際費用。

【學習目標】

瞭解定額成本、脫離定額差異、材料成本差異、定額變動差異的含義，瞭解定額法的含義和適用範圍，瞭解定額法的特點和成本計算程序，熟悉定額成本、脫離定額差異、材料成本差異、定額變動差異的確認和計量，能夠熟練地運用定額法計算產品實際成本。

第一節　定額法概述

一、定額法的基本概念

定額法是指為了反應和監督生產費用和產品成本脫離定額的差異，加強定額管理和成本控制而採用的一種成本計算方法。採用定額法時，事先制定產品的消耗定額、費用定額和定額成本作為降低的目標；在生產費用發生的當時將符合定額的費用和發生的差異分別核算，加強對成本差異的日常核算分析和控制；月末在定額成本的基礎上加減各種成本差異，計算產品的實際成本，為成本的定期考核和分析提供數據。定額法不僅是一種產品成本計算的方法，還是一種對產品成本進行直接控制、管理的方法。在其他成本計算方法下，生產費用的日常核算，都是按照生產費用的實際生產費用計算的。這樣，生產費用和產品成本脫離定額的差異及其發生的原因，只有在月末通過實際資料與定額資料的對比、分析，才能得到反應，而不能在費用發生的當時得到反應。

$$完工產品實際成本 = 完工產品定額成本 \pm 脫離定額差異 \pm 材料成本差異 \pm 定額變動差異$$

二、定額法的適用範圍

定額法不是成本計算的基本方法。它是為了加強成本管理、進行成本控制而採用的一種成本計算與管理相結合的方法，與企業生產類型沒有直接聯繫。定額法最早應用於大量大批生產的機械製造企業，後來逐漸擴大到具備上述條件的其他企業。只要企業定額管理制度比較健全，定額管理基礎工作較好，產品生產已經定型，各項消耗定額比較準確、穩定，都可以採用定額法。

三、定額法的特點

1. 成本計算對象

定額法是產品成本計算的輔助計算方法。企業採用定額法的目的是加強成本定額管理和日常成本控制，因此其成本計算對象既可以是某個加工步驟的自製半成品，也可以是產成品。

2. 成本計算期

由於定額法必須與品種法、分批法或分步法結合使用，當定額法與品種法或分步法結合使用時，成本計算期與會計報告相一致；當定額法與分批法結合運用時，成本計算期與產品生產週期相一致，而與會計報告期不一致。

3. 事先制定產品定額成本

在定額法下，為了便於對產品生產過程中的各種消耗按定額進行日常控制，就需要對各種產品的原材料消耗和工時消耗制定相應的定額，以作為成本控制的目標。

4. 對產品成本實行事中控制

在定額法下，企業發生的每項生產費用，都應根據產品的定額成本分別核算符合定額的耗費和脫離定額的差異，並及時分析差異產生的原因，採取必要的措施，以加強對產品成本的控制。

5. 以定額成本為基礎加減各種成本差異求得實際成本

產品實際成本的計算是在計算出產品定額成本的基礎上，加減脫離定額差異、定額變動差異和材料成本差異而取得的。

因此，定額法不僅是一種產品成本計算方法，還是一種對產品成本進行直接控制、管理的方法。

四、定額法的計算程序

(一) 制定產品的定額成本

採用定額法計算產品成本，應當根據企業現行消耗定額和費用定額，按照企業確定的成本項目，分產品品種（企業確定的成本核算對象）分別制定產品定額成本，編製產品定額成本表。為了便於進行成本分析和考核，定額成本採用的成本項目和計算方法應當與計劃成本、實際成本採用的成本項目和計算方法一致。企業制定定額成本依據的現行定額，是指企業從月初起施行的定額。在有定額變動的月份，應當根據變

動以後的定額，調整月初在產品的定額成本，計算定額變動差異。

企業制定的定額成本和計劃成本都是成本控制的目標，定額成本和計劃成本的制定過程都是對產品成本進行事前控制的過程，但定額成本和計劃成本有不同之處。定額成本是根據企業現行消耗定額制定的，隨著生產技術的進步和勞動生產率的提高，消耗定額必須不斷修訂；定額成本在年度內有可能因企業消耗定額的修訂而變動。計劃成本是根據企業計劃期（通常為年度）內的平均消耗定額制定的，在計劃期（年度）內，計劃成本通常是不變的。定額成本是計算產品實際成本的基礎，是生產費用日常（事中）控制的依據。計劃成本是企業年度內成本控制的目標，是考核和分析企業成本計劃完成與否的依據。

產品的定額成本一般由企業的計劃、技術、會計等部門共同制定。若產品的零部件不多，一般先計算零件定額成本，然後再匯總計算部件和產品的定額成本。若產品的零部件較多，可不計算零件定額成本，直接計算部件定額成本，然後匯總計算產品定額成本，或者根據零部件的定額卡直接計算產品定額成本。

(二) 核算脫離定額差異

脫離定額差異是指產品生產過程中實際發生的生產費用脫離現行定額的差異，反應了企業各種生產費用支出的合理程度和執行現行定額的工作質量。將符合定額的費用和脫離定額的差異分別核算，是定額法的重要特徵。在生產費用發生時，企業應將實際生產費用區分為符合定額的費用和脫離定額的差異，分別編製定額憑證和差異憑證，在有關費用分配表和產品成本計算單中分別予以登記。產品定額成本應當按照企業規定的成本項目制定，脫離定額差異也應當按照成本項目分別核算。

1. 直接材料脫離定額差異

直接材料脫離定額差異包括材料耗用量差異（量差）和材料價格差異（價差）。在實際工作中，採用定額法計算產品成本的企業，原材料日常核算是按照計劃成本計劃來組織的。為了便於產品成本的分析和考核，應當單獨計算產品成本應負擔的材料成本差異（價差）。直接材料項目脫離定額差異僅指材料耗用量差異（量差），即生產過程中產品實際耗用材料數量與其定額耗用量之間的差異。其計算公式為：

$$\begin{aligned}\text{直接材料脫離定額差異} &= \text{實際產量} \times \left(\frac{\text{單位產品實際}}{\text{材料耗用量}} - \frac{\text{單位產品定額}}{\text{材料耗用量}}\right) \times \frac{\text{材料計劃}}{\text{單價}} \\ &= \left(\frac{\text{實際耗用}}{\text{材料數量}} - \frac{\text{定額耗用}}{\text{材料數量}}\right) \times \frac{\text{材料計劃}}{\text{單價}}\end{aligned}$$

為了計算產品的實際成本，企業應當分批或者定期匯總各種產品（各成本核算對象）直接材料脫離定額差異，編製直接材料定額成本和脫離定額差異匯總表，作為登記產品成本計算單的依據。在實際工作中，計算直接材料脫離定額差異，一般有限額領料單法、切割法和盤存法等。

(1) 限額領料單法。

為了控制材料領用，在採用定額法計算產品成本時，應當實行限額領料單（定額領料）制度。符合定額的原材料應當根據限額領料單領用；超額領料或領用代用材料，

應根據專設的超額材料領料單、代用材料領料單等差異憑證，經過一定的審批手續領發。在差異憑證中，應該填明差異的數量、金額以及發生差異的原因。領用代用材料和利用廢料，應在有關的限額領料單中註明，並且從原定的限額內扣除。退料單也應視為差異憑證，退料單中所列的原材料數額和限額領料單中的材料餘額，都是原材料脫離定額的節約差異。

所謂用料差異，是指生產一定數量的產品實際耗用的材料數與定額耗用量之間的差異。當車間中沒有期初、期末餘料，或雖有餘料，但期初和期末餘料相等時，產品的領料差異才等於用料差異。

【例 13-1】某限額領料單中規定的產品數量為 500 件，每件產品的消耗定額為 4 千克，則領料限額為 2,000（即 500×4）千克。假定實際領料 1,940 千克，則其領料差異為 60 千克。如果投產的產品數量也是 500 件，且車間中沒有期初和期末餘料，或期初和期末餘料相等，則少領的 60 千克領料差異，就是產品的用料差異，即該產品材料脫離定額的差異為節約 60 千克。如果投產的產品數量不是 500 件，而是 480 件，車間期初餘料為 30 千克，期末餘料為 25 千克，則：

產品材料實際耗用量＝本期領料數量＋期初餘料數量－期末餘料數量
＝1,940＋30－25＝1,945（千克）
產品材料定額耗用量＝產品投產數量×原材料消耗定額＝480×4＝1,920（千克）
原材料脫離定額差異＝材料實際耗用量－定額耗用量＝1,945－1,920＝25（千克）

以上差異是超支差異。由以上的計算可知，限額領料單所記領料數量不一定就是原材料的實際消耗量，因此，要控制用料不超支，不僅要控制領料不超過限額，還要控制投產的產品數量不少於計劃規定的數量。

（2）切割法。

為了核算用料差異，更好地控制用料，對於經過切割才能使用的材料，除了採用限額法，還應採用切割核算法，即通過材料切割核算單，核算用料差異，控制用料。這種核算單應按切割材料的批別開立，單中填明發交切割材料的種類、數量、消耗定額和應切割成的毛坯數量；切割完畢，再填寫實際切割成的毛坯數量和材料的實際消耗量。根據實際切割成的毛坯數量和消耗定額，即可計算求得材料定額消耗量，以此與材料實際消耗量相比較，即可確定用料脫離定額的差異。材料切割核算單的基本格式如表 13-1 所示。

表 13-1　材料切割核算表

材料編號或名稱：甲材料　　　　　　　　　材料計劃單價：15 元
產品名稱：A 產品　　　　　　　　　　　　廢料計劃單價：4 元
切割工人工號和姓名：×××　　　　　　　材料計量單位：千克
切割日期：2019 年 6 月 20 日　　　　　　完工日期：2019 年 6 月 22 日

發料數量	退回餘料數量	材料實際消耗量	回收實際廢料數量
600	40	560	20

表13-1(續)

單件消耗定額	單件回收廢料定額	應切割的毛坯數量	實際切割毛坯數量	材料定額消耗量	廢料定額回收量
10	0.1	56	55	550	5.5

材料脫離定額差異		廢料脫離定額差異		差異原因	責任者
數量	金額（元）	數量	金額（元）	未按規定操作，廢料增多	切割工人
10	150	-14.5	-58		

在切割核算法下，餘料是指剩餘的可以按照規定的用途繼續使用的材料，並非實際消耗的材料；而廢料則是剩餘的不能按照原來用途使用的邊角廢料，屬於實際消耗材料的一個組成部分。材料實際消耗量除以單件消耗定額即為應切割成的毛坯數量。材料定額消耗量和廢料實際消耗量減去定額消耗量即為材料脫離定額的差異數量，再乘以材料計劃單價就可以算出差異金額。廢料實際回收量減去定額回收量即為廢料脫離定額差異，再乘以廢料單價，即為差異金額。由於回收廢料超過定額的差異可以衝減材料費用，故表中列為負數，低於定額的差異為正數。

採用材料切割核算單進行材料切割的核算，能夠及時反應材料的使用情況和發生差異的具體原因，有利於加強對材料消耗的監督和控制，尤其是與車間或班組的經濟核算結合起來，更能收到良好的效果。

（3）盤存法。

盤存法是根據定期盤點車間的在產品數量和結餘材料數量，計算出本期產品生產所耗用材料的實際耗用量和脫離定額差異，以控制用料的方法。當企業採用大量生產的組織方式時，很難像前面兩種方法分批核算原材料脫離定額差異，屆時除了要使用限額領料單、超額領料單等反應材料差異的憑證控制日常原材料的耗費，還要定期按工作日、周或旬，通過盤存的方法，以確定材料脫離定額差異。具體程序如下：

①定期對在產品進行盤存，確定在產品實際數量；

②計算材料實際耗用量；

③根據完工產品入庫單所列完工產品數量和在產品盤存表所列在產品盤存數量，計算產品投產數量，即：

$$\frac{本期投產}{產品數量} = \frac{本期完工}{產品數量} + \frac{期末在產品}{盤存數量} - \frac{期初在產品}{盤存數量}$$

④計算材料定額消耗量，即：

$$原材料定額消耗量 = 投產產品數量 \times 原材料單位消耗定額$$

原材料實際消耗量，可根據限額領料單和超額領料單、退料憑證和車間餘料的盤存數量計算得出，然後將原材料的實際消耗量與定額消耗量相比較，計算原材料脫離定額差異。

按照上列公式計算本期投產產品數量，必須具備以下條件：原材料在生產開始時一次性投入，期初和期末在產品都不再耗用材料。如果原材料隨著生產進度陸續投料，那麼上列公式中的期初和期末在產品數量應改為按原材料消耗定額計算的約當產量。

⑤計算材料脫離定額的差異，即：

原材料脫離定額差異＝原材料計劃價格費用－原材料定額費用
　　　　　　　　　＝實際消耗量×計劃單價－定額消耗量×材料計劃單價
　　　　　　　　　＝（實際消耗量－定額消耗量）×材料計劃單價

【例 13-2】某產品本月投產，完工產量 300 件，期末在產品 50 件，原材料系一次性投入。

生產該產品的單位消耗定額為 20 千克，計劃單價為 2 元。材料限額領料憑證為 7,000 千克，材料盤存後超支差異憑證為 30 千克，期末車間盤存材料為 50 千克。

其計算結果如下：

投產的數量＝300＋50＝350（件）
材料實際消耗量＝7,000＋30－50＝6,980（千克）
材料定額消耗量＝350×20＝7,000（千克）
材料脫離定額差異＝（6,980－7,000）×2＝－40（元）

2. 直接人工脫離定額差異

由於企業採用的工資制度不同，工資脫離定額差異的核算也存在著差別。在計件工資形式下，生產工人工資屬於直接計入費用，因此可按原材料脫離定額差異的核算方法核算工資的脫離定額差異。

在計時工資形式下，生產工人工資脫離定額的差異平時不能按產品直接計算，只以工時進行考核，在月末實際生產工人工資總額確定以後，再計算工資費用脫離定額的差異。在這種情況下，工資脫離定額差異的核算可以分為兩個部分：一部分為工時差異，反應了工時定額的執行情況；另一部分是工資率差異。在日常核算中，核算工時差異，一般應在月末實際生產工人工資總額確定之後，再計算核定工資率差異。

如果生產工人工資屬於直接計入費用，則某種產品的生產工人工資脫離定額差異可以按下列公式計算：

$$\text{某產品生產工人工資脫離定額差異} = \text{該產品實際生產工人工資} - \text{該產品實際產量} \times \text{產品生產工人工資費用定額}$$

如果生產工人工資屬於間接計入費用，則產品的生產工資脫離定額差異則應該按照下列公式計算：

某產品生產工資脫離定額差異＝該產品實際生產工資－該產品定額生產工資

$$= \text{該產品實際生產工時} \times \text{實際小時工資率} - \text{該產品定額生產工時} \times \text{計劃小時工資率}$$

其中：

實際小時工資率＝某車間實際生產工人工資總額÷該車間實際生產工時總額

$$\text{計劃小時工資率} = \frac{\text{某車間計劃產量的定額生產工人工資}}{\text{該車間計劃產量的定額生產工時}}$$

$$\text{某產品定額生產工時} = \left(\text{該產品本月完工產品產量} + \text{月末在產品約當產量} - \text{月初在產品約當產量} \right) \times \frac{\text{單位產量工時定額}}{}$$

【例 13-3】某企業生產車間 8 月份全部產品計劃產量的定額工資費用為 16,800 元，

計劃產量的定額工時為 11,200 小時；實際工資費用為 16,240 元，實際生產工時為 11,600 小時；甲產品定額工時為 8,400 小時，實際工時為 8,800 小時。

要求：計算甲產品定額工資費用和工資費用脫離定額差異。

計劃小時工資率 = 16,800÷11,200 = 1.5
實際小時工資率 = 16,240÷11,600 = 1.4
甲產品的定額工資費用 = 8,400×1.5 = 12,600（元）
甲產品的實際工資費用 = 8,800×1.4 = 12,320（元）
甲產品工資費用脫離定額的差異 = 12,320 - 12,600 = -280（元）

3. 製造費用脫離定額差異

製造費用通常與計時工資一樣，屬於間接計入費用。在日常核算中不能按照產品直接計算脫離定額的差異，而只能根據月份的費用計劃，按照費用發生的車間、部門和費用的項目計算脫離定額的差異，據以控制和監督費用的發生。對於其中的材料費用，則可以採用限額領料單、超額領料單等定額憑證和差異憑證進行控制；領用生產工具、辦公用品和發生零星費用，則可以採用費用限額卡等憑證進行控制。在這些憑證中，先要填明領用的計劃數，然後登記實際發生數和脫離定額的差異數，對於超過定額的領用，也要經過一定的審批手續。因此，製造費用差異的日常核算，通常是指脫離製造費用定額的差異核算。

各種產品負擔的製造費用脫離定額差異，只有等到月末實際費用分配給各產品以後，才能以其實際費用與定額費用相比較加以確定。其計算確定方法，與計時工資脫離定額差異的計算確定方法相類似，計算公式如下：

某產品製造費用脫離定額差異 = 該產品實際製造費用 - 該產品定額製造費用

$$= \frac{該產品實際}{生產工時} \times \frac{實際小時}{費用率} - \frac{該產品定額}{生產工時} \times \frac{計劃小時}{費用率}$$

其中：

實際小時費用率 = 某車間實際製造費用總額÷實際生產工時總額

$$\frac{計劃小時}{費用率} = \frac{某車間計劃產量}{的定額製造費用總額} \div \frac{車間計劃產量的}{定額生產工時}$$

【例 13-4】某企業生產車間 8 月份全部產品計劃產量的定額製造費用為 22,400 元，計劃產量的定額工時為 11,200 小時；實際製造費用為 25,520 元，實際生產工時為 11,600 小時；甲產品定額工時為 8,400 小時，實際工時為 8,800 小時。

要求：計算甲產品定額製造費用和製造費用脫離定額差異。

計劃小時製造費用率 = 22,400÷11,200 = 2
實際小時製造費用率 = 25,520÷11,600 = 2.2
甲產品的定額製造費用 = 8,400×2 = 16,800（元）
甲產品的實際製造費用 = 8,800×2.2 = 19,360（元）
甲產品製造費用脫離定額的差異 = 19,360 - 16,800 = +2,560（元）

(三) 核算材料成本差異

採用定額法計算產品成本的企業，原材料的日常核算是按計劃成本組織的。所以

直接材料項目的脫離定額差異，僅指消耗數量的差異（量差），其金額為原材料消耗數量差異與其計劃單位成本的乘積，不包括材料成本差異（價差）。產品成本應負擔的材料成本差異，其金額是該產品按計劃單位成本和材料實際消耗量計算的材料總成本，與材料成本差異率的乘積，其計算公式為：

某產品應分配的原材料成本差異
＝原材料實際消耗量×材料計劃單價×材料成本差異率
＝（該產品原材料定額費用±原材料脫離定額差異）×材料成本差異率

【例13-5】某企業生產甲產品本月單位產品耗用直接材料的定額費用為3,200元，脫離定額的差異為超支50元，材料成本差異率為-2%，則：

甲產品本月應負擔的成本差異＝（3,200+50）×（-2%）＝-65（元）

（四）核算定額變動差異

定額變動差異是指由於修訂定額而產生的新舊定額之間的差異。它是定額自身變動的結果，與生產費用支出的節約與超支無關。企業年度內修訂定額一般在月初進行，在有定額變動的月份，本月投入產品的定額成本是按新定額成本計算的，只有月初在產品的定額成本是按舊定額計算的。因此，定額變動差異是指月初在產品帳面定額成本與其按新定額計算的定額成本之間的差異。月初在產品定額變動差異，是定額本身變動的結果，與生產費用的節約與浪費無關。但是，定額成本是計算產品實際成本的基礎，月初在產品定額成本調低時，應將定額變動差異加入產品實際成本；反之，應從產品實際成本中扣除。月初在產品定額變動差異，可以根據消耗定額發生變動的在產品盤存數量和修訂後的定額消耗量，計算出月初在產品新的定額消耗量和新的定額成本，再與修訂前的月初在產品定額成本比較計算得出。這種計算要按照產品構成的零部件和工序進行，當構成產品的零部件種類較多時，計算工作量比較大。為了簡化計算工作，企業一般可以根據各成本項目變動前後單位產品的定額成本，計算一個定額變動係數，再據以確定月初在產品定額變動差異。採用這種方法，定額變動係數和在產品定額變動差異的計算公式為：

定額變動係數＝本月執行的單位產品新定額費用÷上月單位產品定額費用（舊定額）

月初在產品定額變動差異＝按舊定額計算的月初在產品成本×定額變動差異

【例13-6】某企業月初在產品為30件，假設該產品從4月1日起修訂原材料消耗定額。舊的單位產品的材料定額費用為600元，修訂後為588元。

定額變動係數＝588÷600＝0.98

月初在產品定額變動差異＝600×30×（1-0.98）＝360（元）

（五）在本月完工產品和月末在產品之間分配脫離定額差異

月末，企業應將上月結轉和本月發生的脫離定額差異、材料成本差異和定額變動差異分別匯總，按照企業確定的分配方法，在本月完工產品和月末在產品之間進行分配。在實際工作中，為了簡化成本核算，材料成本差異和定額變動差異一般全部由本月完工產品負擔，脫離定額差異可以按照本月完工產品和月末在產品定額總成本的比

例進行分配。

五、定額法的優缺點

（一）定額法的優點

（1）由於採用定額成本計算法可以計算出定額與實際費用之間的差異額，並採取措施加以改進，所以，採用這種方法有利於加強成本的日常控制。

（2）由於採用定額成本計算法可計算出定額成本、定額差異、定額變動差異等項目指標，有利於進行產品成本的定期分析。

（3）通過對定額差異的分析，可以對定額進行修改，從而提高定額的管理和計劃管理水準。

（4）由於有了現成的定額成本資料，可採用定額資料對定額差異和定額變動差異在完工產品和在產品之間進行分配。

（二）定額法的缺點

（1）因其要分別核算定額成本、定額差異和定額變動差異，工作量較大，推行起來比較困難。

（2）不便於對各個責任部門的工作情況進行考核和分析。

（3）定額資料若不準確，則會影響成本計算的準確性。

第二節　定額法舉例

【例13-7】紅星工廠大量生產甲產品，該產品的各項消耗定額比較準確和穩定，為了加強定額管理和成本控制，採用定額法計算產品成本。材料在生產開始時一次性投入。該產品的定額變動差異和材料成本差異由完工產品成本負擔；脫離定額差異按定額成本比例，在完工產品與月末在產品之間進行分配。

（1）定額資料如表13-2所示。

表13-2　甲產品單位成本計算表
2019年6月　　　　　　　　　　　金額單位：元

成本項目	消耗量	計劃單價	定額成本
直接材料	100千克	4.50	450
直接人工	200小時	0.40	80
燃料及動力	200小時	0.35	70
製造費用	400小時	0.25	100
合計			700

(2) 月初在產品 100 件，在產品成本資料如表 13-3 所示。

表 13-3　月初在產品成本資料

2019 年 6 月　　　　　　　　　　　　　　　　　　　　單位：元

成本項目	定額成本	定額差異
直接材料	45,500	2,000
直接人工	8,000	100
燃料及動力	7,000	80
製造費用	10,000	100
合計	70,500	2,280

(3) 定額變動資料：甲產品直接材料費用定額由上月的 455 元降為 450 元，由於月初在產品 100 件，所以甲產品的定額變動差異為 500 元（5×100）。

(4) 本月實際發生生產費用總額為 365,425 元，其中：直接材料 236,525 元，直接人工 41,660 元，燃料及動力 36,075 元，製造費用 51,165 元。

(5) 本月投產甲產品 500 件，當月甲產品完工 400 件。

(6) 成本計算表如表 13-4 所示。

表 13-4　產品成本計算表

產品名稱：甲產品　　　　　　2019 年 6 月　　　　　　　　　　　單位：元

成本項目		序號	直接材料	直接人工	燃料及動力	製造費用	合計
月初在產品	定額成本	(1)	45,500	8,000	7,000	10,000	70,500
	定額差異	(2)	2,000	100	80	100	2,280
月初在產品定額變動	定額成本調整	(3)	-500				-500
	定額差異變動	(4)	500				500
本月費用	定額成本	(5)	225,000	40,000	35,000	50,000	350,000
	定額差異	(6)	11,525	1,660	1,075	1,165	15,425
生產費用合計	定額成本	(7)	270,000	48,000	42,000	60,000	420,000
	定額差異	(8)=(2)+(6)	13,525	1,760	1,155	1,265	17,705
	定額變動差異	(9)=(4)	500				500
差異分配率		(10)=(8)/(7)	0.050,1	0.036,7	0.027,5	0.021,1	

表13-4(續)

成本項目		序號	直接材料	直接人工	燃料及動力	製造費用	合計
完工產品成本	定額成本	(11)	180,000	32,000	28,000	40,000	280,000
	定額差異	(12)=(10)×(11)	9,016.67	1,173.33	770.00	843.33	11,803.33
	定額變動差異	(13)=(9)	500				500
	實際成本	(14)=(11)+(12)+(13)	189,516.67	33,173.33	28,770.00	40,843.33	292,303.33
月末在產品成本	定額成本	(15)=(7)-(11)	90,000	16,000	14,000	20,000	140,000
	定額差異	(16)=(8)-(12)	4,508.33	586.67	385.00	421.67	5,901.67

【思考練習】

1. 某企業生產甲產品，本月期初在產品60臺，本月完工產量500臺，期末在產品數量120臺，原材料系開工時一次性投入，單位產品材料消耗定額為10千克，材料計劃單價為4元/千克。本月材料限額領料憑證登記數量為5,600千克，材料超限額領料憑證登記數量為400千克，期初車間有餘料100千克，期末車間盤存餘料為300千克。

要求：計算本月產品的原材料定額費用及脫離定額差異。

2. 某企業生產甲產品，單位產品的工時定額為4小時，本月實際完工產品產量為1,500件。月末在產品數量為200件，完工程度為80%；月初在產品數量為100件，完工程度為60%。計劃工時人工費為3元，實際的生產工時為6,200小時，實際工時人工費為3.1元。

要求：計算甲產品人工費的定額費脫離定額差異。

3. 某廠甲產品採用定額法計算成本。本月份有關甲產品原材料費用的資料如下：

(1) 月初在產品定額費用為1,400元，月初在產品脫離定額的差異為節約20元，月初在產品定額費用調整為降低20元。定額變動差異全部由完工產品負擔。

(2) 本月定額費用為5,600元，本月脫離定額的差異為節約400元。

(3) 本月原材料成本差異為節約2%，材料成本差異全部由完工產品負擔。

(4) 本月完工產品的定額費用為6,000元。

要求：

(1) 計算月末在產品原材料定額費用。

(2) 分配原材料脫離定額差異。

(3) 計算本月原材料費用應分配的材料成本差異。

(4) 計算本月完工產品和月末在產品成本應擔的原材料實際費用。

第十四章　成本報表的編製與分析

【案例導入】

　　海天工廠生產A、B、C三種主要產品，企業實行定額成本制度，成本核算採用品種法，基本生產成本設有「原材料」「直接人工」「燃料和動力」「製造費用」等成本項目。管理當局將成本控制的重點確定為變動成本，為此，管理部門要求財務會計部門每月報告三種主要產品的變動成本資料，提供必要的分析依據。管理部門還定期召開由財會部門、生產單位、計劃部門、銷售部門參加的成本控制的專題會議，該表也是會議的主要材料之一。

　　思考：試設計一張用於變動成本分析的內部報表，以滿足管理部門的信息需求。

【學習目標】

　　瞭解成本報表的特點、種類和設置的要求，掌握產品成本表、主要產品單位成本表、製造費用明細表和期間費用報表等的結構、編製和分析方法，瞭解成本分析的一般方法。

第一節　成本報表的編製

一、企業成本報表概述

　　成本報表是企業會計報表體系的重要組成部分。企業按照統一規定的格式和編製要求，將日常會計核算所獲得的信息資料，加工整理並編製成規範的成本報表。產品成本是反應企業生產經營各方面工作質量的一項綜合性指標，也就是說，企業的供、產、銷的各個環節的經營管理水準，最終都直接或間接地反應到產品成本中來。企業通過成本報表資料，能夠及時發現在生產、技術、質量和管理等方面取得的成績和存在的問題。

（一）成本報表的含義

　　成本報表是根據日常成本核算資料及其他有關資料定期或不定期編製的，用以反應企業產品成本水準、構成及其升降變動情況，考核和分析企業在一定時期內成本計劃執行情況及其結果的報告文件。成本報表根據管理上的要求一般可按月、季、年編報；但因內部管理的特殊需要，也可以按日、旬、周甚至工作班來編報，目的在於滿足日常、臨時、特殊任務的需要，使成本報表資料及時服務於生產經營的全過程。成

本報表是對內報送的報表。

(二) 成本報表的特點

(1) 服務內部。在計劃經濟模式下的成本報表和市場經濟模式下的成本報表編報服務對象和目的是有差別的。在計劃經濟模式下，成本報表與其他財務報表一樣都是向外向上編報，以為上級服務為主。在市場經濟模式下，成本報表主要為企業內部管理服務，滿足企業管理者、成本責任者對成本信息的需求，有利於相關主體觀察、分析、考核成本的動態，有利於其控制計劃成本目標的實現，也有利於預測工作。

(2) 成本報表內容靈活。對外報表的內容，由國家統一規定，強調完整性。內部成本報表主要是圍繞著成本管理需要反應的內容，沒有明確規定一個統一的內容和範圍，不強調成本報告內容的完整性，往往從管理出發對某一問題或某一側面進行重點反應，揭示差異，找出原因，分清責任。因此，內部成本報表的成本指標可以是多樣化的，以適應不同使用者和不同管理目的對成本信息的需求，使內部成本報表真正為企業成本管理服務。

(3) 成本報表相適應性。對外報表的格式與內容一樣，都由國家統一規定，企業不能隨意改動。而內部成本報表的格式隨著反應的具體內容，可以自己設計，允許不同內容可以有不同格式，同一內容在不同時期也可有不同格式。總之，只要有利於為企業成本管理服務，企業可以擬訂不同報表格式。

(4) 成本報表不定時性。對外報表一般都是定期編製和報送的。而內部成本報表主要是為企業內部成本管理服務，所以，內部成本報表可以根據內部管理的需要適時地、不定期地進行編製，使成本報表及時地反應和反饋成本信息，揭示存在的問題，促使有關部門和人員及時採取措施，改進工作，提高服務效率，控制費用的發生，達到節約的目的。

(5) 成本報表體系明確。對外報表一般是按時間編報的，主要是報送財政、銀行和主管部門。而內部成本報表是根據企業生產經營組織體系逐級上報，或者是為解決某一特定問題在權責範圍內進行傳遞，使有關部門和成本責任者及時掌握成本計劃目標執行的情況，揭示差異，查找原因和責任，評價內部環節和人員的業績。

(三) 成本報表的作用

(1) 成本報表可以反應企業報告期內產品成本水準及費用的支出情況。

(2) 成本報表，可以考核企業成本計劃的完成情況，並可以作為評價和考核各成本中心成本管理成效的依據。

(3) 本期成本報表的成本資料是編製下期成本計劃的重要參考依據，即為企業進行成本預測提供信息。

(4) 企業主管部門把所屬單位和部門的成本報表資料和其他報表資料等結合起來運用，可以有針對性地進行指導和監督。

(四) 成本報表編製的依據

企業在編製成本報表時，應當高度重視相關資料的收集、整理工作，為成本報表

編製提供可靠的數據資料。

（1）報告期產品或服務成本的帳簿資料，包括總帳和明細帳。

（2）本期產品或服務成本的計劃資料和費用預算資料。

（3）以前年度的產品或服務成本的報表資料。

（4）本企業內與成本管理有關的統計資料、生產技術資料等，以及本行業的成本資料、國民經濟統計資料等。

（五）成本報表的編製要求

為了提高成本信息的質量，充分發揮成本報表的作用，成本報表的編製應符合下列基本要求：

（1）真實性，即成本報表的指標數字必須真實可靠，能如實地集中反應企業實際發生的成本費用。

（2）重要性，即對於重要的項目（如重要的成本、費用項目），在成本報表中應單獨列示，以顯示其重要性；對於次要的項目，可以合併反應。

（3）正確性，即成本報表的指標數字要計算正確；各種成本報表之間、主表與附表之間、各項目之間，凡是有勾稽關係的數字，應相互一致；本期報表與上期報表之間有關的數字應相互銜接。

（4）完整性，即應編製的各種成本報表必須齊全；應填列的指標和文字說明必須全面；表內項目和表外補充資料不論根據帳簿資料直接填列，還是分析計算填列，都應當準確無誤，不得隨意取捨。

（5）及時性，即按規定日期報送成本報表，保證成本報表的及時性，以便各方面利用和分析成本報表，充分發揮成本報表的應有作用。

二、成本報表的種類

成本報表按照編製時間的不同，可以分為年度報表、半年度報表、季度報表、月報、旬報、周報和日報等。

成本報表按照編製的範圍不同，可以分為企業成本報表、車間成本報表、班組成本報表和個人成本報表等。

按照成本反應的經濟內容的不同，成本報表主要包括反應成本計劃執行情況的報表、反應費用支出情況的報表和反應經營狀況的報表。

（一）產品生產成本表

產品生產成本表是反應企業在報告期內生產的商品產品（包括可比產品和不可比產品）的總成本以及各種主要商品產品的單位成本和總成本的報表。

產品生產成本表所提供的有關信息，可為下一個會計期間的成本計劃及考核指標的確定，提供可供參考的依據。其格式如表14-1所示。

第十四章　成本報表的編製與分析

表 14-1　**產品生產成本表**

編製單位：　　　　　　　　　　　　　年　月　　　　　　　　　　　單位：

產品名稱	計量單位	實際產量 本月	實際產量 本年累計	單位成本 上年實際	單位成本 本年計劃	單位成本 本月實際	單位成本 本年實際平均	本月總成本 按上年實際單位成本	本月總成本 按本年計劃單位成本	本月總成本 本月實際	本年累計總成本 按上年實際單位成本	本年累計總成本 按本年計劃單位成本	本年累計總成本 本月實際	降低情況 降低額	降低情況 降低率
可比產品															
甲產品	臺	200	2,200												
乙產品	臺	60													
丙產品	臺	50													
不可比產品															
丁產品	件	50													
合計															

產品生產成本表的編製方法：

（1）「產品名稱」項目：應填列主要的「可比產品」和「不可比產品」的名稱。

（2）「實際產量」項目：應根據「成本計算單」或「產成品明細帳」的記錄計算填列。

（3）「單位成本」項目：

①「上年實際」反應各種主要可比產品的上年實際平均單位成本；

②「本年計劃」反應各種主要商品產品的本年計劃單位成本。

（4）「本月總成本」項目：

①「按上年實際單位成本」項目是根據上年實際單位成本與本月實際產量的乘積得來的；

②「按本年計劃單位成本」項目是根據本年計劃單位成本與本月實際產量的乘積得來的；

③「本月實際」項目是根據本月實際成本與實際產量的乘積得來的。

（5）「本年累計總成本」項目：

①「按上年實際單位成本」項目是根據上年實際單位成本與本年累計實際產量的乘積得來的；

②「按本年計劃單位成本」項目是根據本年計劃單位成本與本年累計實際產量的乘積得來的；

③「本月實際」項目是根據有關的產品成本明細帳資料填列的。

（6）「降低情況」項目：

①「降低額」按上年實際單位成本計算的本年累計總成本減本年累計實際總成本得來的；

②「降低率」按產品成本降低額除以按上年實際單位成本計算的本年累計總成本

得來的。

(二) 主要產品單位成本表

主要產品單位成本表是反應企業在報告期內生產的各種主要產品單位成本的構成情況和各項主要技術經濟指標執行情況的報表。其格式如表 14-2 所示。

表 14-2 主要產品單位成本表

編製單位：　　　　　　　　　　　年　月　　　　　　　　　　單位：

產品名稱					
規格			本月計劃產量		
計量單位			本月實際產量		
銷售單價			本年累計計劃產量		
成本項目	歷史先進水準	上年實際平均	本年累計實際產量		
直接材料			本年計劃	本月實際	本年累計實際平均
直接人工					
製造費用					
單位成本合計					
主要技術經濟指標	耗用量	耗用量	耗用量	耗用量	耗用量
主要原材料					
燃料					
動力					
……					

主要產品單位成本表的編製方法如下：

(1)「本月計劃產量」和「本年累計計劃產量」項目，應根據本月和本年產品產量計劃資料填列。

(2)「本月實際產量」和「本年累計實際產量」項目，應根據統計提供的產品產量資料或產品入庫單填列。

(3)「成本項目」各項目，應按企業或上級主管部門的規定進行填列。

(4)「主要技術經濟指標」項目，是反應主要產品每一單位產量所消耗的主要原材料、燃料、工時等的數量，應根據有關規定進行填列。

(5)「歷史先進水準」項目，是指本企業歷史上該種產品成本最低年度的實際平均單位成本和實際單位用量，應根據歷史成本資料填列。

(6)「上年實際平均」項目，是指上年實際平均單位成本和單位用量，應根據上年度本表的「本年累計實際平均」單位成本和單位用量的資料填列。

(7)「本年計劃」項目，是指本年計劃單位成本和單位用量，應根據年度成本計劃

中的資料填列。

(8)「本月實際」項目，是指本月實際單位成本和單位用量，應根據本月完工的該種產品成本資料填列。

(9)「本年累計實際平均」項目，應根據年初至本月末止的已完工產品成本計算單等有關資料，採用加權平均法計算後填列。其計算公式如下：

$$某產品的實際平均單位用量 = \frac{該產品累計總用量}{該產品累計產量}$$

本表對不可比產品，則不填列「歷史先進水準」和「上年實際平均」的單位成本和單位用量。

(三) 製造費用明細表

製造費用明細表是反應企業在報告期內發生的各項製造費用情況的報表。其格式如表 14-3 所示。

表 14-3 製造費用明細表

編製單位：　　　　　　　　　　　年　月　　　　　　　　　　單位：

項目	本年計劃數	上年同期實際數	本月實際數	本年累計實際數
工資費用				
職工福利費				
折舊費用				
修理費用				
辦公費用				
水電費用				
物料消耗				
攤銷費用				
運輸費用				
保險費用				
設計制圖費				
試驗檢驗費				
租賃費用				
勞保用品費				
在產品盤虧				
其他費用				
製造費用合計				

製造費用明細表的填列方法如下：
(1)「本年計劃數」項目，根據製造費用的年度計劃數填列。
(2)「上年同期實際數」項目，根據本表上年同期「本年累計實際數」填列。
(3)「本月實際數」項目，根據本月有關資料填列。
(4)「本年累計實際數」各項數字，填列自年初起至編報月月末止的累計實際數。

(四) 期間費用報表

期間費用報表是反應企業在報告期內發生的管理費用、財務費用和銷售費用的報表。其格式如表14-4、表14-5、表14-6所示。

表14-4　管理費用明細表

編製單位：　　　　　　　　　　　　　年　月　　　　　　　　　　　　　單位：

項目	本年計劃數	上年實際數	本年實際數
工資費用			
職工福利費			
折舊費用			
修理費用			
辦公費用			
水電費用			
……			
管理費用合計			

表14-5　財務費用明細表

編製單位：　　　　　　　　　　　　　年　月　　　　　　　　　　　　　單位：

項目	本年計劃數	上年實際數	本年實際數
一、支出類			
1. 利息費			
2. 金融機構手續費			
3. 匯兌損失			
4. 其他財務費用			
二、收入類			
1. 存款利息收入			
2. 匯兌收益			
3. 其他收入			
三、淨收支額			

表 14-6　銷售費用明細表

編製單位：　　　　　　　　　　　年　月　　　　　　　　　　單位：

項目	本年計劃數	上年實際數	本年實際數
工資費用			
職工福利費			
折舊費用			
修理費用			
辦公費用			
水電費用			
……			
銷售費用合計			

期間費用明細表填列方法：
（1）「本年計劃數」項目，根據本年度各項費用預算填列。
（2）「上年實際數」項目，根據上年度本表的「本年實際數」欄相應數字填列。
（3）「本年實際數」項目，根據本年度「管理費用明細帳」「財務費用明細帳」和「銷售費用明細帳」中各項費用的累計數填列。

（五）其他成本報表

1. 責任成本表

責任成本表（見表 14-7）是進行責任成本核算的企業，用以反應各責任單位在報告期內實際發生的責任成本情況及其與責任計劃成本差異情況的報表。

表 14-7　責任成本表

責任單位：　　　　　　　　　　　年　月　　　　　　　　　　單位：

項目	計劃成本	實際成本	成本差異	差異產生原因
可控成本合計				
不可控成本合計 某車間轉入半成品成本 其他成本				
變動成本 直接材料 直接人工 其他消耗				
固定成本				
總計				

2. 生產經營情況表

反應生產經營情況的成本報表主要是企業的內部報表，此類報表具有較大的靈活性、多樣性和及時性。產品成本水準的細微變化，一般都可通過這些報表及時反應出來。具體見表 14-8 至表 14-12。

表 14-8　生產情況表

編製單位：　　　　　　　　　　　　　年　月　　　　　　　　　　　　　單位：

日期	摘要	生產數量				直接材料	直接人工	製造費用	其他	合計
		投產數	完工入庫數	在產品數	廢品數					

表 14-9　材料耗用量月報

倉庫：　　　　材料名稱：　　　　　　年　月　　　　　　　　　　　　　單位：

日期	本月數				本月累計數				本年累計數			
	實際用量	定額用量	差異數額	差異率	實際用量	定額用量	差異數額	差異率	實際用量	定額用量	差異數額	差異率
合計												

表 14-10　材料耗用成本月報

　　　　　　　　　　　　　　　　　　年　月　　　　　　　　　　　　　單位：

部門	計劃價格成本（實際用量×計劃單價）	定額（或標準）成本（定額用量×計劃單價）	差異額	差異率
一部門				
二部門				
三部門				
……				
合計				

表 14-11　材料價格差異分析月報

　　　　　　　　　　　　　　　　　　年　月　　　　　　　　　　　　　單位：

憑證編號	供貨單位	材料名稱	計量單位	採購數量	實際成本		計劃成本		差異		差異率
					單位成本	總成本	單位成本	總成本	單位成本	總成本	

表 14-12　人工成本考核月報

年　月　　　　　　　　　　　　　　單位：

工號或工人名稱	實際人工費用			定額人工費用			差異		
	實際工時	實際小時工資	實際人工費用	實際工時	實際小時工資	實際人工費用	實際工時	實際小時工資	實際人工費用

第二節　成本分析

一、成本分析概述

(一) 成本分析的概念

成本分析是為了滿足企業各管理層瞭解成本狀況及經營決策的需要，以成本報表為分析的主要對象，結合其他有關的核算、計劃和統計資料，採用一定的方法解剖成本變動原因、經營管理缺陷及業績等的活動。

(二) 成本分析的作用

(1) 可以對報告期生產經營耗費情況進行總結和評價。

(2) 可以評價和考核企業與同行業先進水準的差距，分析原因，進一步尋求降低成本的最佳途徑。

(3) 可以認識和瞭解企業成本變動的趨勢和規律，為以後制訂成本計劃、進行成本預測和決策提供重要的信息資料。

(三) 成本分析的程序

取得報表等分析的依據資料；計算成本差異；尋找產生差異的原因和影響因素；通過分析確定各因素的影響程度和主次；根據實際情況採取解決問題的措施。

二、成本分析的方法

(一) 對比分析法

對比分析法，也稱比較分析法，是通過實際數與基數的對比來揭示實際數與基數之間的差異，借以瞭解經濟活動的成績和問題的一種分析方法。具體有以下幾種對比分析：

(1) 實際指標與計劃指標的對比分析；

(2) 本期實際指標與前期（上期、上年同期或歷史先進水準）實際指標的對比分析；

（3）本期實際指標與國內外同行業先進指標的對比分析。

（二）比率分析法

比率分析法是通過計算各項對比指標之間的比率，借以考察企業經濟業務的相對效益的一種分析方法。

1. 相關比率分析法

該方法是將兩個性質不同而又相關的指標對比求出比率，然後再將實際數與計劃數或前期實際數與前期計劃數進行對比分析，以便更客觀更深入地認識某方面的生產經營情況。

$$產值成本率＝成本÷產值×100\%$$
$$銷售收入成本率＝成本÷銷售收入×100\%$$
$$成本利潤率＝利潤÷成本×100\%$$
$$存貨週轉率＝銷貨成本÷平均存貨餘額×100\%$$

2. 構成比率分析法

構成比率分析法也稱比重分析法，它是通過計算某項指標的各個組成部分占總體的比重來進行數量分析，觀察總體指標的構成內容及其變化的一種分析方法。

3. 動態比率分析法

動態比率分析法是將幾個時期的同類指標的數字進行對比以求出比率，揭示該指標增減變化，據以預測經濟發展趨勢的一種分析方法。其比率分為定基比率和環比比率兩種。

$$定基比率＝比較期數值÷固定基期數值×100\%$$
$$環比比率＝比較期數值÷前期數值×100\%$$

（三）因素分析法

因素分析法是將某一綜合指標分解為若干個互相聯繫的因素，按照一定的程序和方法，分別計算、分析每個因素影響程度的一種方法。

1. 連環替代法

連環替代法是根據各影響因素之間的內在依存關係，一次測定各因素變動對經濟指標變動影響的一種分析方法。

連環替代法的分析程序如下：

（1）根據指標的計算公式確定影響指標變動的各項因素，假定某綜合經濟指標 N 受 A、B、C 三因素影響。

（2）排列各項因素的順序，各因素的替代順序一般應根據指標的經濟性質、各個組成因素的內在聯繫和分析的具體要求而定。一般原則是：先數量指標，後質量指標；先實物指標，後價格指標；先分子指標，後分母指標；先替代主要指標，後替代次要指標；同一性質的指標，依據指標間的依存關係確定替代順序。

設定關係式為 $N=A \times B \times C$，基期指標 N_0 由 A_0、B_0、C_0 組成，報告期指標 N_1 由 A_1、B_1、C_1 組成，即：

基期指標：$N_0 = A_0 \times B_0 \times C_0$

報告期指標：$N_1 = A_1 \times B_1 \times C_1$

差異額：$\triangle = N_1 - N_0$

（3）逐次替代因素。具體來說，順序將前一項因素的基數替換為實際數，將每次替換以後的計算結果與前一次替換以後的計算結果進行對比，順序算出每項因素的影響程度，有幾項因素就替代幾次，如表 14-13 所示。

表 14-13　逐次替代因素

基期指標：	A_0	$\times B_0$	$\times C_0$	$= N_0$	
第一次替代：	↓				$N_2 - N_0$ 為 A 因素變動的影響
	A_1	$\times B_0$	$\times C_0$	$= N_2$	
第二次替代：		↓			$N_3 - N_2$ 為 B 因素變動的影響
	A_1	$\times B_1$	$\times C_0$	$= N_3$	
第三次替代：			↓		$N_1 - N_3$ 為 C 因素變動的影響
	A_1	$\times B_1$	$\times C_1$	$= N_1$	

將 A、B、C 三因素變動的影響相加：

$$(N_2 - N_0) + (N_3 - N_2) + (N_1 - N_3) = N_1 - N_0 = G$$

（4）匯總影響結果。將已計算出來的各因素的影響額匯總相加，與綜合經濟指標變動的總差異進行比較，確定計算的正確性。

【例 14-1】某企業的材料消耗情況如表 14-14 所示，已知材料費用總額 = 產量 × 單耗 × 單價。

表 14-14　材料消耗情況對比表

年　　月　　　　　　　　　　　　　　金額單位：元

項目	產量	單耗	材料單價	金額
計劃	100	8	12	9,600
實際	80	9	15	10,800
差異	-20	+1	+3	+1,200

總差異 = 80×9×15 - 100×8×12 = 1,200（元）

其中：產量變化引起的材料費用差異 =（80-100）×8×12 = -1,920（元）

單耗變化引起的材料費用差異 = 80×（9-8）×12 = 960（元）

單價變化引起的材料費用差異 = 80×9×（15-12）= 2,160（元）

總差異 = -1,920 + 960 + 2,160 = +1,200（元）

2. 差額分析法

差額分析法是連環替代法的一種簡化形式，是利用各因素實際數與基數之間的差額，按照順序直接計算出各個因素對經濟指標差異的影響程度。

三、成本報表分析

(一) 產品生產成本報表的分析

1. 全部產品生產成本計劃完成情況的分析

全部產品生產成本計劃完成情況的分析應當是全部產品的計劃總成本與實際總成本的對比，確定實際成本比計劃成本的降低額和降低率。它剔除了產量變動和產品結構變動對總成本的影響。計算公式如下：

全部產品生產成本降低額＝計劃總成本－實際總成本

$\qquad = \Sigma$［（實際產量×計劃單位成本）－實際總成本］

$\qquad = \Sigma$［實際產量×（計劃單位成本－實際單位成本）］

$$\text{全部產品生產成本降低率} = \frac{\text{成本降低額}}{\Sigma（\text{實際產量} \times \text{計劃單位成本}）} \times 100\%$$

【例14-2】博達企業2019年的全部產品生產成本表及有關資料如表14-15所示。

表14-15　全部產品生產成本表

年　月

產品名稱	計量單位	產量		單位成本（元）			總成本（元）		
		計劃	實際	上年實際	本年計劃	本年實際	上年實際單位成本計算	本年計劃單位成本計算	本年實際
可比產品									
甲產品	臺	2,000	2,400	200	188	190	480,000	451,200	456,000
乙產品	臺	4,000	3,800	150	135	140	570,000	513,000	532,000
小計							1,050,000	964,200	988,000
不可比產品									
丙產品	臺	1,000	1,200		120	125		144,000	150,000
小計								144,000	150,000
總計								1,108,200	1,138,000

根據表14-15的資料，完成下面計算：

(1) 全部產品生產成本計劃完成情況：

總成本降低額＝1,108,200－1,138,000＝－29,800（元）

總成本降低率＝－29,800÷1,108,200×100%＝－2.69%

(2) 可比產品生產成本計劃完成情況：

成本降低額＝964,200－988,000＝－23,800（元）

成本降低率＝－2,380÷964,200×100%＝－2.47%

(3) 不可比產品生產成本計劃完成情況：

成本降低額＝144,000－150,000＝－6,000（元）

成本降低率＝－6,000÷144,000×100%＝－4.17%

根據上面的計算可以做以下分析：博達企業在2019年的全部產品生產成本超支了

29,800元，超支率為2.69%。其中，可比產品生產成本超支23,800元，超支率為2.47%；不可比產品生產成本超支6,000元，超支率為4.17%。博達企業並未完成年度的成本計劃，尤其是不可比產品的超支情況較為嚴重，需要進一步進行調查分析，考慮是否將可比產品成本擠入了不可比產品、不可比產品生產是否合理等。

2. 可比產品生產成本計劃完成情況的分析

由表14-15可以將可比產品生產成本的降低額和降低率，與計劃降低額和降低率進行比較，分析計劃完成情況。

$$計劃成本降低額 = \sum[計劃產量 \times (上年實際單位成本 - 本年計劃單位成本)]$$

$$計劃成本降低率 = \frac{計劃成本降低額}{\sum(計劃產量 \times 上年實際單位成本)} \times 100\%$$

$$實際成本降低額 = \sum[實際產量 \times (上年實際單位成本 - 本年實際單位成本)]$$

$$實際成本降低率 = \frac{實際成本降低額}{\sum(實際產量 \times 上年實際單位成本)} \times 100\%$$

【例14-3】 根據【例14-2】的資料計算博達企業2019年的可比產品成本降低指標。

計劃成本降低額 = 2,000×（200-188）+4,000×（150-135）= 84,000（元）

$$計劃成本降低率 = \frac{84\ 000}{2\ 000 \times 200 + 4\ 000 \times 150} \times 100\% = 8.4\%$$

實際成本降低額 = 2,400×（200-190）+3,800×（150-140）= 62,000（元）

$$實際成本降低率 = \frac{62\ 000}{2\ 400 \times 200 + 3\ 800 \times 150} \times 100\% = 5.9\%$$

成本降低額的差異 = 62,000 - 84,000 = -22,000（元）

成本降低率的差異 = 5.9% - 8.4% = -2.5%

影響可比產品成本降低計劃完成情況的因素，概括起來有產品產量、產品結構和產品單位成本。

【例14-4】 下面運用連環替代法對上例的可比產品生產成本情況進行分析。

(1) 產品產量的影響

$$\begin{matrix}產量變動後計\\劃成本降低額\end{matrix} = \begin{matrix}成本計劃\\降低率\end{matrix} \times \sum(全部可比產品實際產量 \times 上年平均單位成本)$$

$$\begin{matrix}產量變動對成本\\降低額的影響\end{matrix} = \begin{matrix}產量變動後\\計劃成本降低額\end{matrix} - \begin{matrix}產量變動前計劃\\成本降低額\end{matrix}$$

產量變動後計劃成本降低額 = 8.4% × 1,050,000 = 88,200（元）

產量變動對成本降低額的影響 = 88,200 - 84,000 = 4,200（元）

(2) 產品結構的影響

$$\begin{matrix}產品結構變動後的\\計劃成本降低額\end{matrix} = \sum\left[全部可比產品實際產量 \times \left(\begin{matrix}上年平均\\單位成本\end{matrix} - \begin{matrix}本年平均\\單位成本\end{matrix}\right)\right]$$

$$\begin{matrix}產品結構變動對成\\本降低額的影響\end{matrix} = \begin{matrix}產品結構變動後\\的計劃成本降低額\end{matrix} - \begin{matrix}產量變動後\\的計劃成本降低額\end{matrix}$$

$$\frac{\text{產品結構變動對成本降低率的影響}}{} = \frac{\text{產品結構變動對成本降低額的影響}}{\sum(\text{全部可比產品實際產量} \times \text{上年平均單位成本})}$$

產品結構變動後的計劃成本降低額 = 2,400×（200-188）+3,800×（150-135）= 85,800（元）

產品結構變動對成本降低額的影響 = 85,800-88,200 = -2,400（元）

產品結構變動對成本降低率的影響 = -2,400÷1,050,000 = -0.23%

（3）產品單位成本的影響

$$\frac{\text{單位成本變動後的計劃成本降低額}}{} = \sum\left[\text{全部可比產品實際產量} \times \left(\frac{\text{上年平均}}{\text{單位成本}} - \frac{\text{本年平均}}{\text{單位成本}}\right)\right]$$

$$\frac{\text{單位成本變動對成本降低額的影響}}{} = \frac{\text{產品結構變動後的計劃成本降低額}}{} - \frac{\text{產品結構變動後的計劃成本降低額}}{}$$

$$\frac{\text{產品結構變動對成本降低率的影響}}{} = \frac{\text{單位成本變動對成本降低額的影響}}{\sum(\text{全部可比產品實際產量} \times \text{上年平均單位成本})}$$

單位成本變動後的計劃成本降低額 = 2,400×（200-190）+3,800×（150-140）= 62,000（元）

單位成本變動對成本降低額的影響 = 62,000-85,800 = -23,800（元）

產品結構變動對成本降低率的影響 = -23,800÷1,050,000 = -2.27%

從上面的計算可以分析出博達企業該年度可比產品成本比計劃少降低了22,000元。原因如下：產品產量的變動使得可比產品成本比計劃多降低了4,200元；產品結構的變動使得可比產品成本比計劃少降低了2,400元；產品單位成本的變動使得可比產品成本比計劃少降低了23,800元。即-22,000 = 4,200 +（-2,400）+（-23,800）。

從成本降低率的角度分析，博達企業該年度可比產品成本降低率比計劃少降低了2.5%。原因如下：產品結構的變動使得可比產品成本比計劃少降低了0.23%；產品單位成本的變動使得可比產品成本比計劃少降低了2.27%。即-2.5% = -0.23% +（-2.27%）。

（二）主要產品單位成本報表的分析

全部產品生產成本的計劃完成情況分析，可以總括地評價企業全部產品和可比產品成本的計劃執行情況。為了解釋成本升降的具體原因，尋求降低產品成本的具體途徑和方法，需要對主要產品成本的計劃完成情況進行深入細緻的分析。

在對主要產品單位成本表進行總體分析之後，可以對如下成本項目進行具體的分析：

1. 直接材料費用的分析

降低材料成本是降低產品成本的重要途徑，特別是直接材料費用占產品成本比重較大的產品，直接材料費用更應作為產品成本分析的重點。

【例14-5】乙產品是博達企業的主要產品之一。某月乙產品的直接材料費用表如表14-16所示，採用連環替代法對直接材料費用的差異進行分析。

表 14-16　直接材料費用表

年　月

項目	單耗	單價	直接材料費用
本年計劃	30	18	540
本月實際	32	16	512
差異	2	-2	-28

乙產品該月耗用直接材料費用的差異是-28元。其中：

單耗引起的差異=（32-30）×18=36（元）

單價引起的差異=32×（16-18）=-64（元）

直接材料費用總差異=36-64=-28（元）

從分析可以看出，博達企業該月在生產乙產品時，實際耗用直接材料費用低於計劃數。

2. 直接人工費用的分析

產品單位成本中的人工費用，受工人勞動生產率（即單位產品所耗工時）和工人小時工資率這兩個因素的影響。

【例4-6】乙產品是博達企業的主要產品之一。某月乙產品的直接人工費用表如表14-17所示，採用連環替代法對直接人工費用的差異進行分析。

表 14-17　直接人工費用表

年　月

項目	單位產品所耗工時（小時）	小時工資率	直接人工費用（元）
本年計劃	18	10	180
本月實際	17	11	187
差異	-1	1	7

乙產品該月耗用直接人工費用的差異是7元。其中：

單位產品所耗工時引起的差異=（17-18）×10=-10（元）

小時工資率引起的差異=17×（11-10）=17（元）

直接人工費用總差異=-10+17=7（元）

從分析可以看出，博達企業該月生產乙產品時，實際耗用直接人工費用高於計劃數。

3. 製造費用項目的分析

對單位產品製造費用的分析，也可以從單位產品所耗工時和小時費用率兩個因素，用連環替代法進行分析。

【例14-7】乙產品是博達企業的主要產品之一。某月乙產品的製造費用表如表14-18所示，採用連環替代法對製造費用的差異進行分析。

表 14-18 製造費用表
年 月

項目	單位產品所耗工時（小時）	小時費用率	製造費用（元）
本年計劃	18	6	108
本月實際	17	8	136
差異	-1	2	28

乙產品該月耗用製造費用的差異是 28 元。其中：

單位產品所耗工時引起的差異 =（17-18）×6=-6（元）

小時費用率引起的差異 =17×（8-6）= 34（元）

從分析可以看出，博達企業該月生產乙產品時，實際耗用製造費用高於計劃數。

（三）製造費用明細表的分析

對製造費用明細表的分析，主要採用對比分析法和構成比率分析法。

在採用對比分析法時，通常先將本月實際數與上年同期實際數進行對比，揭示本月實際與上年同期實際之間的增減變動。

在採用構成比率分析法時，可以計算某項費用占製造費用合計數的構成比率，也可將製造費用分為與機器設備有關的費用（如機器設備的折舊費、修理費、機物料消耗等）、與機器設備無關的費用（如車間管理人員工資、辦公費等）和非生產性損失，分別計算其占製造費用合計數的構成比率。

（四）期間費用報表的分析

管理費用明細表、財務費用明細表和銷售費用明細表的分析方法與製造費用明細表基本相同。在進行這三種報表分析時，要注意以下幾點：

（1）對於變動費用項目，應聯繫業務量的變動，計算相關的節約或超支。

（2）只有固定費用項目，才可以將實際數與計劃數進行絕對比較，確定其是節約還是超支。

（3）對於某些損失或支出的項目，要考慮其抵銷數。

四、成本監督與成本考核

（一）成本監督

成本監督，就是按照一定的標準，對企業生產經營過程的真實性、合法性和有效性進行監查，使生產活動按照有關標準和程序進行，從而保證成本降低目標的實現。

成本監督對於企業的正常生產營運和未來發展具有重要的作用。具體來說，其作用包括：

（1）有利於及時發現企業與成本控制相關的問題；

（2）有利於加強企業的成本管理和控制；

（3）有利於防止違法行為的發生。

（二）成本考核

成本考核是定期根據會計報告期實際成本核算資料與計劃成本指標，結合成本分析的其他有關資料，對目標成本的實現情況和成本計劃指標的完成情況進行全面審核、評價和獎懲的過程。它是評價企業各部門尤其是各責任中心業績的主要手段。

一般來說，成本考核工作主要有以下幾個方面：

1. 成本考核的作用

（1）有利於較好地落實經濟責任制。
（2）有利於調動員工的積極性。
（3）有利於提高企業的經濟效益。

2. 成本考核的原則

（1）責、權、利相結合的原則。
（2）以企業的目標成本為標準的原則。
（3）以完整可靠的資料為依據的原則。
（4）以提高企業的經濟效益為目的的原則。

3. 成本考核的內容

（1）編製責任成本預算。

責任成本預算是根據預定的業務量、生產消耗標準和成本標準，運用彈性預算法編製的各責任中心的預定責任成本。

（2）確定成本考核指標。

常見的成本考核指標有：可比產品成本計劃完成情況指標，全部產品成本計劃完成情況指標，主要產品單位成本計劃完成情況指標，產值費用率指標，成本利潤率考核指標，成本資金率考核指標和責任成本考核指標等。

（3）業績評價與實施獎懲。

在業績評價中，一般將對責任成本的分析與評價編製成本責任報告，以全面反應責任成本的預算完成情況，格式如表14-19所示。

表14-19 成本責任報告

年　月　　　　　　　　　　　　　　　　　　單位：

成本指標	預算	實際	差異
可控成本 　直接材料 　直接人工 　管理人員工資 　辦公費 　……			
不可控成本 　折舊費用 　……			

根據成本責任報告，企業可以進一步對成本差異形成的原因和責任進行剖析，充分發揮信息的反饋作用，並據此對責任人員實施獎勵和懲罰。

成本考核的實施有助於各責任單位採取積極措施，鞏固取得的成績，改正工作中的不足，最大限度地實現企業的經濟效益。

【思考練習】

一、單項選擇題

1. 下列不屬於成本報表的是（　　）。
   A. 商品產品成本表　　　　　　　B. 主要產品單位成本表
   C. 現金流量表　　　　　　　　　D. 製造費用明細表
2. 成本報表屬於（　　）。
   A. 對外報表　　　　　　　　　　B. 對內報表
   C. 既是對內報表，又是對外報表　D. 對內還是對外由企業決定
3. 下列不屬於成本分析的基本方法的是（　　）。
   A. 對比分析法　　　　　　　　　B. 產量分析法
   C. 因素分析法　　　　　　　　　D. 比率分析法
4. 根據實際指標與不同時期的指標對比，來揭示差異，分析差異產生原因的分析方法稱為（　　）。
   A. 因素分析法　　　　　　　　　B. 差量分析法
   C. 對比分析法　　　　　　　　　D. 相關分析法
5. 在進行全部商品產品成本分析時，計算成本降低率，是用成本降低額除以（　　）。
   A. 按計劃產量計算的計劃總成本
   B. 按計劃產量計算的實際總成本
   C. 按實際產量計算的計劃總成本
   D. 按實際產量計算的實際總成本
6. 對可比產品成本降低率不產生影響的因素是（　　）。
   A. 產品品種結構　　　　　　　　B. 產品產量
   C. 產品單位成本　　　　　　　　D. 產品總成本
7. 一定時期銷售一定數量產品的產品銷售成本與產品銷售收入的比例是（　　）。
   A. 成本費用利潤率　　　　　　　B. 銷售利潤率
   C. 銷售成本率　　　　　　　　　D. 產值成本率
8. 採用連環替代法，可以揭示（　　）。
   A. 產生差異的因素和各因素的影響程度
   B. 產生差異的因素

C. 產生差異的因素和各因素的變動原因
D. 實際數與計劃數之間的差異

二、多項選擇題

1. 商品產品成本表可以反應可比產品與不可比產品的（　　）。
   A. 實際產量　　　　　　　　B. 單位成本
   C. 本月總成本　　　　　　　D. 本年累計總成本
2. 工業企業編製的成本報表有（　　）。
   A. 商品產品成本表　　　　　B. 主要產品單位成本表
   C. 製造費用明細表　　　　　D. 成本計算單
3. 工業企業編報的成本報表必須做到（　　）。
   A. 數字準確　　　　　　　　B. 內容完整
   C. 字跡清楚　　　　　　　　D. 編報及時
4. 下列指標中屬於相關比率的有（　　）。
   A. 產值成本率　　　　　　　B. 成本降低率
   C. 成本利潤率　　　　　　　D. 銷售收入成本率
5. 生產多品種的情況下，影響可比產品成本降低額的因素有（　　）。
   A. 產品產量　　　　　　　　B. 產品單位成本
   C. 產品價格　　　　　　　　D. 產品品種結構
6. 影響可比產品降低率變動的因素可能有（　　）。
   A. 產品產量　　　　　　　　B. 產品單位成本
   C. 產品價格　　　　　　　　D. 產品品種結構
7. 成本報表分析常用的方法有（　　）。
   A. 對比分析法　　　　　　　B. 比例分析法
   C. 因素分析法　　　　　　　D. 趨勢分析法
8. 在採用因素分析法進行成本分析時，確定各因素替代順序時，下列說法正確的是（　　）。
   A. 先替代數量指標，後替代質量指標
   B. 先替代質量指標，後替代數量指標
   C. 先替代實物量指標，後替代價值量指標
   D. 先替代主要指標，後替代次要指標
9. 在進行可比產品成本降低任務完成情況分析時，對於產品單位成本的變動，下列說法正確的有（　　）。
   A. 產品單位成本的變動影響成本降低額
   B. 產品單位成本的變動影響成本降低率
   C. 產品單位成本的變動不影響成本降低額
   D. 產品單位成本的變動不影響成本降低率
10. 在計算可比產品成本計劃降低額時，需要計算的指標有（　　）。

A. 實際產量按上年實際單位成本計算的總成本
B. 實際產量按本年實際單位成本計算的總成本
C. 計劃產量按上年實際單位成本計算的總成本
D. 計劃產量按本年計劃單位成本計算的總成本

三、判斷題

1. 商品產品成本表是反應企業在報告期內生產的全部商品產品的總成本的報表。（　　）

2. 企業編製的成本報表一般不對外公布，所以，成本報表的種類、項目和編製方法可由企業自行確定。（　　）

3. 企業編製的所有成本報表中，商品產品成本表是最主要的報表。（　　）

4. 在分析某個指標時，將與該指標相關但又不同的指標加以對比，分析其相互關係的方法稱為對比分析法。（　　）

5. 採用因素分析法進行成本分析時，各因素變動對經濟指標影響程度的數額相加，應與該項經濟指標實際數與基數的差額相等。（　　）

6. 在進行全部商品產品成本分析時，需要計算成本降低率，該項指標是用成本降低額除以實際產量的實際總成本計算的。（　　）

7. 在進行可比產品成本降低任務完成情況的分析時，產品產量因素的變動，只影響成本降低額，不影響成本降低率。（　　）

8. 可比產品成本實際降低額是用實際產量按上年實際單位成本計算的總成本與實際產量按本年實際單位成本計算的總成本計算的。（　　）

9. 不可比產品是指上年沒有正式生產過，沒有上年成本資料的產品。（　　）

10. 本年累計實際產量與本年計劃單位成本之積，稱為按本年實際產量計算的本年累計總成本。（　　）

四、計算分析題

（一）某企業有關產量、單位成本和總成本的資料如表 14-20、表 14-21 所示。

表 14-20　產量成本匯總表

產品名稱		實際產量（件）		單位成本（元）		總成本（元）	
		本月	本年累計	上年實際平均數	本年計劃	本年實際	本月實際	本年累計數
可比產品	A 產品	100	900	800	780	75,000	684,000
	B 產品	30	500	500	480	13,500	235,000
	C 產品	80	1,100	700	710	55,200	748,000
不可比產品	D 產品	300	3,200		1,150	375,000	3,520,000
	E 產品	600	7,800		1,480	894,000	11,076,000

要求：根據上述資料，編製商品產品成本表。

表 14-21　產品生產成本表

編製單位：××工廠　　　　　　　　　　　　　　　年　月

產品名稱	計量單位	實際產量 本月	實際產量 本年累計	單位成本（元）上年實際平均	單位成本（元）本年計劃	單位成本（元）本月實際	單位成本（元）本年累計實際平均	本月總成本（元）按上年實際平均單位成本計算	本月總成本（元）按本年計劃單位成本計算	本月總成本（元）本期實際	本年累計總成本（元）按上年實際平均單位成本計算	本年累計總成本（元）按本年計劃單位成本計算	本年累計總成本（元）本年實際
可比產品合計													
其中：A	件												
B	件												
C	件												
不可比產品合計													
其中：D	件												
E	件												
全部產品													

補充資料：

（1）可比產品成本降低額：＿＿＿＿＿＿元

（2）可比產品成本降低率：＿＿＿＿＿＿％

（二）某企業本年度各種產品計劃成本和實際成本資料如表 14-22 所示。

表 14-22　成本對比分析表

項目	本年計劃成本(元)	本年實際成本(元)	成本差異額	成本差異率
A 產品	1,000,000	980,000		
B 產品	2,500,000	2,600,000		
C 產品	3,800,000	4,000,000		
合計				

要求：根據上述資料，採用對比分析法，分析各種產品的成本差額和成本差異率，並將計算結果填入表 14-22 中。

（三）某企業生產的 A 產品，本月份產量及其他有關材料費用的資料如表 14-23 所示。

表 14-23　產量及其他有關資料

項目	計劃數	實際數
產品產量（件）	200	220
單位產品材料消耗量（千克）	30	28
材料單價	500	480
材料費用		

要求：根據上述資料，採用因素分析法分析各種因素變動對材料費用的影響程度。

（四）某企業本年度生產五種產品，有關產品產量及單位成本資料如表 14-24 所示。

表 14-24 產量及單位成本資料

產品類別		實際產量（件）	計劃單位成本（元）	實際單位成本（元）
可比產品	A 產品	200	150	162
	B 產品	300	200	180
	C 產品	800	1,200	1,150
不可比產品	D 產品	260	380	400
	E 產品	400	760	750

要求：根據上述資料，按產品類別計算企業全部商品產品成本計劃的完成情況，並將計算結果填入表 14-25 中。

表 14-25 全部商品產品成本計劃完成情況分析表

產品名稱		總成本（元）		差異	
		按計劃計算	按實際計算	降低額（元）	降低率
可比產品	A 產品				
	B 產品				
	C 產品				
	小計				
不可比產品	D 產品				
	E 產品				
	小計				
合計					

國家圖書館出版品預行編目（CIP）資料

新世紀成本會計 / 江正峰 編著. -- 第一版.
-- 臺北市：財經錢線文化，2020.05
　　面；　　公分
POD版

ISBN 978-957-680-436-6(平裝)

1.成本會計

495.71　　　　　　　　　　　　　　　109006942

書　　名：新世紀成本會計
作　　者：江正峰 編著
發 行 人：黃振庭
出 版 者：財經錢線文化事業有限公司
發 行 者：財經錢線文化事業有限公司
E - m a i l：sonbookservice@gmail.com
粉絲頁：　　　　　網址：
地　　址：台北市中正區重慶南路一段六十一號八樓815室
8F.-815, No.61, Sec. 1, Chongqing S. Rd., Zhongzheng
Dist., Taipei City 100, Taiwan (R.O.C.)
電　　話：(02)2370-3310　傳　真：(02) 2388-1990
總 經 銷：紅螞蟻圖書有限公司
地　　址：台北市內湖區舊宗路二段121巷19號
電　　話:02-2795-3656 傳真:02-2795-4100　網址：
印　　刷：京峯彩色印刷有限公司（京峰數位）

　本書版權為西南財經大學出版社所有授權崧博出版事業股份有限公司獨家發行電子書及繁體書繁體字版。若有其他相關權利及授權需求請與本公司聯繫。

定　　價：480元
發行日期：2020年05月第一版
◎ 本書以 POD 印製發行